AF368630

LE NOUVEAU

VÉTÉRINAIRE

PRATIQUE

DIJON, IMPRIMERIE J.-E. RABUTÔT, PLACE SAINT-JEAN.

LE NOUVEAU
VÉTÉRINAIRE
PRATIQUE

A L'USAGE DES CULTIVATEURS

et des personnes qui se livrent à l'élève et au commerce des Bestiaux

CONTENANT

un **Traité** complet des connaissances de l'art d'élever les bestiaux, de prévenir les accidents
auxquels ils sont sujets, et de les soigner dans leurs maladies

PAR M. DUFFAILLIT

Médecin-vétérinaire, membre correspondant de plusieurs Sociétés savantes.

<table>
<tr><td>

BRUXELLES

TROLY-GURY, ÉDITEUR

rue de la Sablonnière.

</td><td>

POUILLY-EN-MONTAGNE

(Côte-d'Or)

TROLY-GURY, ÉDITEUR

</td></tr>
</table>

1869

VÉTÉRINAIRE PRATIQUE

PREMIÈRE PARTIE

LE CHEVAL

—

INTRODUCTION

De l'accouplement.

L'âge de l'accouplement pour les juments est de quatre ans, cinq ans pour celles qui sont faibles et légères. Si l'on emploie à la reproduction des pouliches trop jeunes, on s'expose à un abâtardissement de la race, ce qui arrive, par exemple, si l'on fait couvrir des pouliches de deux ans.

L'étalon de selle ne doit être employé à la monte qu'à six ans; cinq ans, si c'est un étalon de chevaux de trait ou de carrosse.

Choix à faire pour l'accouplement.

Il faut avant tout choisir un étalon qui n'ait aucun vice, ni maladie héréditaire. Il est essentiel que la robe de l'animal soit d'une couleur bien déterminée.

Dans l'appareillement, autrement dit les rapports entre l'étalon et la jument, il faut que l'on cherche à modifier les défauts de l'un par les qualité des l'autre. Si la jument a l'encolure maigre, une tête trop busquée, les naseaux étroits, on prend, en revanche, un étalon à large chanfrein, à naseaux bien ouverts et à puissante encolure.

Le poulain tient généralement plus du père que de la mère. On doit néanmoins choisir une jument qui ait le coffre large, la croupe vaste, et particulièrement une belle avant-main, par la raison que lorsque le poulain tient quelque chose de la mère, c'est surtout cette partie.

Époque de la monte.

Les juments entrent ordinairement en chaleur dans les derniers jours de mars, mais plus ordinairement au commencement d'avril. Les signes de chaleur de la jument se tirent de son hennissement continuel, du désir qu'elle a de s'approcher du premier cheval qu'elle aperçoit, du gonflement de la partie inférieure de la vulve, de l'émission ou de la stillation d'une liqueur gluante et blanchâtre.

Il a été observé que les meilleurs poulains proviennent de juments couvertes au commencement de l'époque de la monte. Comme la jument porte onze mois et quelques jours, les poulains naissent au printemps, saison favorable pour une nourriture favorable à la production du lait.

Les durées des chaleurs sont variables et vont toujours en décroissant. Il faut donc profiter des premières chaleurs dans l'intérêt du poulain. S'il naît en été, il souffrira des mouches et des ardeurs de la saison; en automne ou en hiver, il souffrira de la nourriture et n'aura pas assez de force pour résister au froid.

Sans que cela soit absolument nécessaire, il est préférable pourtant que la jument soit en chaleur au moment où elle est couverte, alors elle retient mieux. Les éleveurs provoquent cet état de chaleur en rapprochant la jument de l'étalon pour qu'ils puissent se voir et se sentir; ils nourrissent la jument de manière à lui donner un moyen terme d'embonpoint.

Lorsqu'on veut ménager un étalon, on ne le laisse saillir qu'une fois chaque jour et même de deux jours l'un. Un bon étalon peut saillir deux ou trois fois chaque jour. Pendant la saison de la monte, les étalons de forte race couvrent jusqu'à cent juments.

La jument peut être couverte trois ou quatre fois à deux jours d'intervalle. Aussitôt qu'elle est fécondée, elle repousse l'étalon par instinct ; une nouvelle approche après la fécondation pourrait causer l'avortement.

Manières de la monte. — Monte en liberté et monte à la main.

Il y a deux manières : la monte en liberté et la monte à la main.

Pour la première de ces deux manières, l'étalon et la jument sont libres; mais cette manière n'est pas sans quelque inconvénient, elle peut, si la jument est chatouilleuse, exposer l'étalon à des ruades : s'il arrive qu'une jument soit préférée par l'étalon, les autres juments restent stériles. Cependant cette manière produit un plus grand nombre de poulains.

Pour la seconde manière, c'est-à-dire la monte à la main, la jument et l'étalon sont confiés aux soins des palefreniers, qui les conduisent et les maintiennent au moyen d'appareils divers, tels que longes, entraves, etc., pour la jument, caveçon pour l'étalon.

Soins à prendre après la monte.

Aussitôt l'opération terminée, l'étalon est ramené à l'écurie ; on le bouchonne exactement, s'il a chaud ; on en abat la sueur, s'il est en nage ; on lui remet sa couverture et on le laisse seul et tranquille ; après quelques heures de repos, on lui donne l'avoine.

La jument est reconduite à l'écurie ou au pâturage si elle vit en liberté.

Une fois que la jument a mis bas, il faut la laisser reposer une année sur quatre.

Il est vrai qu'elle redevient immédiatement en chaleur et qu'on peut la présenter à l'étalon dès le neuvième jour du part ; mais il est reconnu par les vétérinaires que cette fécondation ne saurait donner qu'un individu chétif, la mère étant épuisée par la nourriture du poulain et par la formation d'un nouveau produit.

De la gestation.

A six mois on peut, en comptant du jour de la monte, s'assurer par la grosseur du ventre de la jument et par les mouvements déjà apparents du fœtus qu'elle est pleine. Lorsqu'elle est retenue à l'écurie, un travail modéré et l'exercice lui sont utiles. Une fois qu'elle allaite un poulain, il faut lui donner une bonne nourriture : des féveroles concassées ou un mélange de deux parties d'orge et d'une avoine écrasées, arrosées d'eau bouillante Cette espèce de bouillie lui est donnée tiède ; moins échauffante que l'avoine seule, elle est tout aussi nourrissante.

Pour les juments nourries dans les herbages, elles ne peuvent être soumises à aucun travail, cette nourriture moins substantielle ne pouvant suffisamment réparer leurs forces.

Enfin pour les juments dont la vie quotidienne se partage entre la prairie et l'écurie, il faut nécessairement que le travail soit plus léger que pour celles qui vivent dans une stabulation perpétuelle.

Le travail diminué graduellement pendant la gestation, doit être supprimé complètement quelques semaines avant la mise-bas. La jument doit sortir souvent de l'écurie, promenée au pas et pansée avec soin.

De la mise-bas.

L'approche du part ou de la mise-bas s'annonce par différents symptômes : le ventre de la jument s'affaise, ses flancs se creusent, les mamelles gonflées laissent échapper un liquide visqueux et incolore. L'animal paraît souffrant, sa marche est difficile, le vagin se dilate et les eaux percent bientôt eur enveloppe.

La mise-bas s'opère d'ordinaire naturellement et sans secours d'un homme de l'art. Il n'en est pas ainsi lorsque le poulain, au lieu de se présenter par la tête posée sur les jambes de devant et le nez en bas, se présente dans une position anormale. Dans ce cas comme dans tous ceux où le travail de la parturition s'arrête par l'impuissance des efforts de la nature, le secours de l'homme devient nécessaire.

La matrice est-elle réellement fermée ? on est nécessairement obligé d'attendre, plutôt que de fatiguer la mère par des tentatives inutiles.

L'orifice commence-t-il à se dilater ? il est bon de ne pas chercher à hâter la délivrance ; cependant, si l'on croit devoir l'aider et délivrer plus tôt la mère, il faut en venir à l'œuvre de la main. Il s'agit d'abord d'oindre celle dont on doit se servir avec de l'huile, ou quelque autre matière grasse et nouvelle ; on l'introduit ensuite dans le vagin jusqu'à l'orifice de la matrice, après avoir oint de même les parties de la jument. Lorsqu'on est parvenu jusqu'à cet orifice, on y insère les doigts — insensiblement et peu à peu, on augmente la dilatation avec ménagement et par degrés jusqu'à l'introduction de la main entière ; si l'on reconnaît alors que les membranes qui renferment l'animal n'ont point été entamées, ce qui peut être très aisément distingué et senti, car, en ce cas, on imagine toucher une vessie ballonnée, on les perce avec les doigts; on se saisit sur-le-champ du poulain, et on le tire au dehors; mais cette opération, plus ou moins laborieuse suivant l'état dans lequel la mère et le fœtus se trouvent, ne doit être tentée qu'après avoir sollicité et invité la mère par des moyens divers à des efforts qui peuvent donner lieu à l'expulsion. Telle est, par exemple, l'action de lui serrer plusieurs fois et à diverses reprises les naseaux, à l'effet de suspendre quelques moments l'expiration; telle serait l'administration des sternutatoires, et celle de lavements plus ou moins âcres, faits avec des feuilles sèches de tabac, le vin émétique, le sel commun; si, au contraire, l'animal est jeune et si la faiblesse n'est qu'apparente, une saignée diminuant l'afflux du sang vers la matrice produira un effet plus salutaire.

La jument, au moment de mettre bas, doit être enfermée libre et sans licol, dans une écurie séparée et garnie d'une bonne litière. La jument met ordinairement bas debout; le cordon ombilical se rompt de lui-même ou parfois est coupé par la mère à l'aide de ses dents; parfois aussi les personnes présentes le divisent ou le tordent; dans ces cas, la ligature est inutile.

De l'allaitement.

Aussitôt né, le poulain se dresse debout et va se placer près de la tête de sa mère. Celle-ci le lèche et lui enlève ainsi l'enduit muqueux qui recouvre sa peau. Si, comme cela arrive aux juments qui mettent bas pour la première fois, la mère ne se livre pas immédiatement à ce soin, on essaye de saupoudrer le poulain de sel de cuisine bien égrugé, et si la mère tarde encore à lécher son nouveau-né, on l'essuie alors soigneusement.

Bientôt le poulain se présente d'instinct pour teter. S'il a de la peine à trouver la mamelle, on la lui présente avec la main.

Certaines juments mettant bas pour la première fois, et d'une nature chatouilleuse, s'irritent par les attouchements du poulain et cherchent à s'y soustraire. On les distrait alors en les caressant et en leur offrant des friandises.

Si ce poulain a souffert en naissant, s'il est trop faible pour se tenir debout et teter sa mère, il faut traire celle-ci et lui faire avaler le laid tout chaud.

Pendant l'allaitement, la jument doit être bien nourrie. Pour cela, les bons pâturages du printemps sont très convenables, mais si la jument a pouliné à une autre époque où elle ne peut être mise au vert, le mélange d'orge et d'avoine recommandé comme nourriture à l'époque de la gestation est très bon.

Le poulain accompagne ordinairement sa mère. Mais si celle-ci est employée à des travaux prolongés, il faut les séparer; le poulain sans cela serait exposé à une fatigue dangereuse. Cette séparation doit se faire graduellement et de façon à y habituer tout doucement la jument.

Durant les premiers temps de leur naissance, il faut avoir soin de garantir les jeunes poulains du froid et de l'humidité.

Le sevrage a lieu d'ordinaire à six mois, surtout si la jument a été couverte après la parturition. Ce terme est suffisant pour donner au poulain le temps de se familiariser avec l'herbe grasse de la prairie ou le foin délicat de l'écurie.

De l'éducation et des soins à donner aux poulains pendant la seconde et la troisième années pour les accoutumer au travail.

Après le sevrage, on placera les poulains en liberté dans une écurie propre, saine et bien aérée. Les râteliers et mangeoires seront facilement à leur portée. On les promènera souvent, par un temps sec, en évitant les endroits humides et marécageux. On les conduit au moyen d'un licol passé au cou, afin de les habituer de bonne heure aux liens. On les attachera ensuite au râtelier en ayant soin de le garnir d'une nourriture alléchante. On les brossera, on les lavera avec l'éponge, de temps en temps, et on les accoutumera à se laisser toucher les pieds.

A quinze ou dix-huit mois, on séparera les poulains des pouliches, pour les empêcher de s'énerver sous l'influence des sexes.

A la seconde année, on conduira, au printemps, les poulains au pâturage. Aussi longtemps qu'ils resteront dans la prairie, les herbages formeront leur principale nourriture ; à leur rentrée à l'écurie, on leur donnera une ration de grains écrasés ou de féveroles, pour les fortifier au moyen d'une nourriture plus substantielle que les herbes. Si le pâturage est gras, il est de toute nécessité de faire rentrer les poulains avant les pluies d'automne. Sans cette précaution, le régime trop aqueux de la prairie leur rendrait les formes lourdes par l'épaississement de la peau et l'infiltration du tissu cellulaire.

A trois ans, les jeunes chevaux peuvent commencer à travailler dans les champs, mais on doit avoir soin de ménager leur ardeur et de ne point les exposer à trop de fatigue. Leur nourriture, plus substantielle, sera composée de grain et d'avoine mêlés.

Contrairement à l'avis de certains auteurs, il est démontré que les chevaux destinés à la selle, comme au service de trait, peuvent être employés à l'âge de trois ans ; ce service étant plutôt fortifiant, si l'on prend soin de ne l'appliquer qu'avec modération.

L'âge convenable pour le cheval pour être monté est cinq ans, on le peut pourtant à quatre. Si le cheval a déjà été employé au trait, on commence à le dresser pour la selle à quatre ans et demi ; dans le cas contraire, il faut commencer cette éducation plus tôt.

On les fera trotter d'abord tous les jours à la longe, autour d'un pilier, après on les habituera à supporter la selle, le harnais, la croupière et finalement le bridon.

Le cheval destiné au trait sera attelé avec un cheval fait ; on le conduira par la bride au commencement, on l'accoutumera à avancer, à reculer, à tourner, etc. Cette éducation doit se faire avec beaucoup de douceur ; si on le maltraite, il devient rétif et ramingue.

Un cheval non apprivoisé dès sa tendre jeunesse, reste farouche et difficile à approcher. Si on ne parvient pas à l'assouplir à l'aide de la douceur, on se sert de moyens coercitifs, on lui laisse endurer la soif, on le prive de nourriture ou de sommeil ; pour cela on l'attache au rebours du râtelier, où l'on place près de lui, jour et nuit, un palefrenier qui l'empê-

che de dormir en lui donnant de temps en temps
une poignée de foin.

De l'âge du cheval.

On peut juger de l'âge de chevaux par la forme
successive de leurs dents, on peut apprendre à le
connaître aussi par les crochets, c'est-à-dire les
quatre dents angulaires : ces crochets grandissent,
s'émoussent, s'arrondissent et se couvrent de tartre
à mesure que les chevaux vieillissent. Dans la vieillesse, ils ont l'aspect jaune et usé. Dans la vieillesse
très avancée, les pinces ou dents, creuses et noires
au milieu, se déchaussent et s'avancent comme pour
sortir de la bouche ; les gencives sont décharnées et
les lèvres pendantes.

Le cheval possède de trente-six à quarante-quatre
dents, savoir : douze incisives, quatre angulaires
(crochets) et vingt-quatre molaires. Les dents de
devant ou incisives sont au nombre de douze, six à
la mâchoire supérieure et six à la mâchoire inférieure. On les distingue en dents caduques et dents
de remplacement.

Les chevaux ont vingt-quatre dents dites mâchelières placées en quatre rangées, douze en dessus et douze en dessous en quatre rangées, plus
quatre canines (crochets) que n'ont point les juments. Une chair vermeille recouvre les os de la
mâchoire inférieure entre les dents de devant et les
mâchelières.

Les intervalles de la mâchoire qui séparent, de
chaque côté, les incisives des molaires, s'appellent
barres. C'est sur ces barres que s'exerce l'action du
mors.

Douze dents de lait courtes et blanches poussent au poulain après sa naissance et lui restent jusqu'à trente mois.

Arrivé à l'âge de trois ans environ, il perd une dent du milieu de chaque mâchoire ; en quinze jours, il lui en repousse d'autres qu'on nomme pinces. Ainsi que nous l'avons dit plus haut, ces dents, qui prennent la place des premières, sont moins blanches et en outre creuses et noires au milieu.

Lorsque l'animal a atteint trois ans et demi, il perd les deux dents de lait qui sont à côté des deux pinces de chaque mâchoire, c'est-à-dire les mitoyennes, mais il lui en repousse d'autres semblables aux pinces, et cela quinze jours après la chute des premières.

Il lui reste encore quatre dents de lait, deux en haut et deux en bas ; le creux de la pince est à demi usé. C'est à cet âge que paraissent les crochets d'en bas. A quatre ans et demi, il perd ses deux dernières dents de lait, appelées coins parce qu'elles terminent de chaque côté les dents de devant, puis il lui en pousse d'autres qui sont creuses et noires. Avant cinq ans, les coins ne dépassent pas la gencive.

Un cheval qui a atteint l'âge de cinq ans, possède ainsi ses dents incisives d'adulte. Les coins sont de niveau avec les mitoyennes. Le bord antérieur de ces dernières est quelque peu usé ; quant aux pinces, elles sont à peu près usées entièrement.

A cinq ans et demi, les coins creux se montrent à quatre millimètres, de cinq ans et demi à six ans à quinze millimètres, et n'offrent plus alors que l'aspect d'un petit point noir.

Rasement de la dent. Les incisives de remplacement ont la forme d'un cône renversé et un peu aplati ; leur partie extrême, par où elles se mettent en contact, présente un creux plus ou moins profond selon l'âge. Ce creux est limité par les bords tranchants du cornet dentaire extérieur et par ceux du cornet dentaire intérieur. Ce creux se remplit de matière noirâtre nommée *germe de fève.* Plus le cheval avance en âge, plus les bords supérieurs s'usent ; une fois de niveau, la partie supérieure de la dent prend le nom de *table dentaire.* Le creux se remplit, la tache noire disparaît, c'est là ce qui s'appelle rasement de la dent.

A six ans, les bords antérieurs des coins sont nivelés ; les mitoyennes presque entièrement rasées ; les pinces, ayant atteint toute leur longueur, le sont entièrement.

A sept ans, les mitoyennes et les pinces sont complétement rasées. Les coins présentent une échancrure au bord supérieur. le creux est peu apparent.

A huit ans, lorsque le creux et la marque noire ont disparu, on dit que le cheval est rasé. Les dents sont devenues ovales et la cavité est remplacée par le cul-de-sac du cornet dentaire intérieur.

A neuf ans, la table des pinces inférieures s'arrondit insensiblement ; la forme ovale des mitoyennes et des coins sa modifie et devient plus arrondie.

A dix ans, les mitoyennes s'arrondissent, le bord du cornet intérieur se rapproche du bord supérieur externe de la dent. On commence à voir l'étoile radiale et le cul-de-sac du cornet externe. On nomme étoile radiale une tache blanche formée par le fond du cornet dentaire interne, lorsque l'usure de la dent est arrivée jusqu'à ce point.

A onze ans, arrondissement des coins.

A douze ans, toutes les incisives de la mâchoire inférieure sont arrondies ; l'émail central a disparu, il se maintient dans la mâchoire supérieure.

A quatorze ans, la forme triangulaire est bien prononcée dans les pinces et elle commence dans les mitoyennes.

A quinze ans, les mitoyennes sont tout à fait triangulaires.

A seize ans, toutes les dents de la mâchoire inférieure sont triangulaires.

A dix-sept ans, les dents ont les trois côtés d'une longueur égale et présentent ainsi la forme d'un triangle équilatéral.

A dix-huit ans, le triangle se rétrécit et sa hauteur augmente dans les pinces.

De dix-neuf à vingt et un ans les dents de côté s'aplatissent successivement en partant des pinces.

On peut encore juger de l'âge des chevaux par les crochets qui grandissent, s'émoussent, s'arrondissent et se couvrent de tartre à mesure qu'ils avancent en âge. Dans la vieillesse les crochets ont un aspect jaune et usé. Dans l'extrême vieillesse, les pinces se déchaussent et semblent vouloir sortir de la bouche ; les gencives sont décharnées et les lèvres pendantes.

Les chevaux qui ne rasent point, à cause, prétend-on, de la dureté de l'émail de leurs dents, s'appellent *bégus*.

Il y a aussi des *faux-bégus*; ce sont ceux où le cul-de-sac du cornet persiste encore, bien qu'il eût dû disparaître.

Le seul moyen de connaître à peu près l'âge de ces chevaux est d'examiner la forme et la longueur de leurs dents. Si elles ont plus de 16 millimètres (sept lignes) à partir de la gencive, longueur normale de la partie libre des dents, on doit augmenter l'âge que le cheval annonce, à raison d'une année par ligne d'excédant, les dents du cheval s'usant de cette quantité par an.

Ruses des maquignons pour dissimuler les défauts et l'âge du cheval.

Lorsque les maquignons veulent tromper un acheteur sur l'âge d'un cheval, ils contre-marquent l'animal. Cette opération se fait en pratiquant, au moyen d'un burin, une cavité au milieu des dents rasées, puis en remplissant cette cavité d'un corps gras et noir imitant le germe de la fève; mais comme cette cavité artificielle n'est pas entourée du ruban d'émail qui doit circonscrire la cavité dentaire, la fraude est facile à découvrir.

Il arrive aussi qu'ils arrachent les dents de lait d'un poulain pour hâter la venue des dents de remplacement et pouvoir le vendre alors comme un cheval fait.

Ces honnêtes marchands ont trente-six autres moyens qui ne concernent pas précisément l'âge, mais qui n'en sont pas moins autant de mauvais tours pour surprendre la bonne foi de leurs clients.

Par exemple, veulent-ils donner à un cheval mou et sans énergie une apparence de vivacité, ils accablent chaque jour la pauvre bête de coups de fouet et l'excitent ainsi par la crainte. Veulent-ils que le cheval porte élégamment la queue, ils lui font introduire adroitement dans l'anus, par un garçon d'écurie, un morceau de gingembre ou toute autre substance irritante. Ils rapprochent ou éloignent les oreilles au moyen de quelque point de suture ; ils insufflent d'air les salières trop creuses, au moyen d'une petite incision et d'un chalumeau ; à force d'eau et de son, ils produisent chez un animal étique et épuisé, une sorte de bouffissure qui lui donne l'apparence de l'embonpoint. Ils suppriment même momentanément les symptômes de la morve et les apparences extérieures des eaux aux jambes.

Ainsi donc si, avant d'acheter un cheval, on veut s'assurer de ses qualités ou de ses défauts, il faudra qu'on l'examine minutieusement dans toutes ses parties. On commence par faire enlever la bride, la selle et la couverture. On se rend compte après cela de l'attitude du cheval au repos. On procède successivement à l'examen de son poil pour s'assurer qu'il est bien lisse et bien net. On vérifie l'état des yeux, on explore la bouche, on manie la ganache, on inspecte les naseaux, on palpe les jambes, les jarrets, les canons ; on examine avec grand soin le dessous des pieds. Puis vient le tour du garrot, des épaules, des reins ; on s'assure que la respiration est bien libre, que le flanc n'est pas altéré et qu'il bat d'une manière bien régulière. Après l'avoir fait marcher au pas et au trot, on regarde si le cheval ne boite pas, si en rentrant dans l'écurie il mange de bon appétit et sans tiquer l'avoine qu'on lui jettera dans la mangeoire. Il est bon d'essayer soi-même un cheval ou de le faire essayer par une personne de confiance, et non pas par les gens du marchand.

Il va sans dire qu'en citant ici ces ruses de maquignons, nous n'avons voulu signaler que les exceptions du métier, et non la généralité qui comprend autrement les transactions.

MALADIES DES CHEVAUX

SYMPTÔMES, CAUSES, AUTOPSIES ET TRAITEMENT,
CONNAISSANCES PRÉLIMINAIRES.

Du pouls.

Manière de tâter le pouls chez tous les animaux domestiques.

Il faut s'approcher de l'animal sans l'effrayer, ce qui accélérerait le mouvement du pouls ; il faut choisir le moment où il est en repos et où il a achevé le travail de la digestion.

Dans le cheval, on tâte le pouls au rameau de l'artère sous-maxillaire (ou maxillaire-interne), qui passe le long de la face interne de l'os de la mâchoire inférieure. On peut aussi le tâter à l'artère temporale qui passe au devant de l'oreille. On a conseillé aussi de le tâter sous la queue où passe l'artère coccygienne.

Dans les ruminants, on juge du pouls par les mouvements du cœur ; ce qui est difficile dans le cheval, à cause de la position de ses extrémités antérieures. Il en est de même dans les chiens, le chat et le cochon.

On ne doit, au reste, tirer aucune conclusion de l'état du pouls, quand ce symptôme n'est pas réuni à d'autres symptômes remarquables, et que l'animal persévère dans ses habitudes.

On doit apprécier dans le pouls : 1° sa force, 2° sa plénitude, 3° sa régularité, 4° son irrégularité, 5° sa vitesse.

1° *Force du pouls.* En jugeant de la force du pouls, on peut le trouver dans deux états différents : 1°, *dur* quand il heurte avec force le doigt qui le comprime ; 2° *mou.* Ce pouls faiblit sous le doigt, et, quand il est pressé, il ne laisse même plus sentir de pulsation.

2° *Plénitude du pouls.* 1° *Pouls plein,* quand on sent le diamètre de l'artère bien rempli, bien développé. Le pouls plein peut être mou, et alors il n'annonce qu'un état pléthorique sans réaction des solides (inflammation fausse). 2° *Pouls petit.* C'est celui où le diamètre de l'artère augmente peu, semble rapetissé, et où il y a peu de déplacement.

3° *Régularité du pouls.* 1° *Pouls régulier,* quand chaque pulsation dure le même temps que la précédente et que la suivante, et qu'elles se succèdent après le même espace de temps. 2° *Pouls dicrote,* quand, après deux pulsations vives, il survient une pulsation lente et molle. 3° *Pouls intermittent,* quand, après un certain nombre de pulsations, l'artère cesse de battre pendant un moment, et recommence ensuite par un certain nombre de pulsations, suivies d'un nouveau repos. 4° *Pouls accéléré,* quand les pulsations se pressent. 5° *Pouls retardé,* quand les pulsations deviennent toujours moins fréquentes.

Nota. Ces deux dernières espèces de pouls sont ordinairement *intermittentes.*

4° *Pouls irrégulier,* quand les pulsations se pressent ou se retardent sans aucune règle.

5° *Vitesse du pouls.* 1° *Pouls fréquent,* celui dont les pulsations se succèdent plus vite que dans l'état naturel. 2° *Pouls vite,* quand la durée de la pulsation elle-même est petite. Il faut donc bien distinguer le pouls vite du pouls fréquent. 3° *Pouls lent,* celui dont les pulsations sont moins pressées que dans l'état naturel.

Les pulsations sont plus pressées dans les jeunes animaux, et elles deviennent toujours plus lentes à mesure que l'animal avance en âge.

Suivant l'espèce de l'animal, le nombre des pulsations par minute est de :

Poulain	65	pulsations.
Cheval de 3 ans	55	»
Cheval de 5 ans	48	»
Vieux cheval	30	»

Nota. A égalité d'âge et de vigueur, il paraît que les vibrations sont toujours plus nombreuses dans la jument.

Veau	70	pulsations.
Bœuf de moyen âge	36	»
Vieux bœuf	30	»
Bélier d'âge fait	65	»
Chèvre	55	»
Porc	75	»
Chien de garde de taille moyenne . .	96	»

Nota. Le pouls varie beaucoup dans cette espèce, selon la grosseur de l'animal.

Nous ajouterons ici quelques aphorismes généraux sur les conclusions que l'on peut tirer de l'état du pouls :

1° Le pouls plein, dur et lent annonce les inflammations des organes éloignés du centre de la circulation et de la respiration, et de l'organe cérébral.

2° Le pouls plein, dur et vite accompagne ordinairement les inflammations du cerveau, et d'autres inflammations.

3° Mais dans les inflammations fausses de cet organe, ou dans les dépôts du crâne, le pouls est petit et lent.

4° Le pouls fréquent, mou et vite annonce la faiblesse, et si ces qualités sont poussées bien loin, la mort prochaine.

5° Le pouls plein et mou annonce les inflammations fausses.

6° Le pouls petit et dur, accompagné de force dans la vibration du cœur, annonce l'inflammation des organes thoraciques.

7° Le pouls très petit (semblable à un fil), qui ne bat plus que par petits mouvements convulsifs, annonce une mort prochaine.

8° Le pouls très faible et intermittent est aussi fatal.

9° Le pouls irrégulier, tantôt fort, tantôt mou, tantôt pressé, tantôt lent, annonce les fièvres malignes et contagieuses.

10° Dans les inflammations des organes éloignés du cœur, le pouls est régulier.

11° Il est régulier dans les asthénies et dans les inflammations des organes voisins du cœur ; quand l'irrégularité augmente dans les fièvres, c'est une annonce de danger.

De la fièvre.

La fièvre, considérée comme maladie essentielle existant par elle-même, constitue un phénomène rare chez nos animaux domestiques, ordinairement on voit la fièvre accompagnée d'autres maladies dont elle est la conséquence. Il est peu d'affections ayant quelque gravité, dont la fièvre ne forme pas un symptôme.

Les phénomènes fébriles sont une réaction de l'organisme contre les effets d'une cause morbide ; dès que ces effets cessent, la fièvre disparaît, sans que l'on observe une affection locale caractérisée. Les accès fébriles déterminés par l'ingestion d'une grande quantité d'eau froide, par un refroidissement ou une surcharge de l'estomac, nous offrent des exemples de ces fièvres éphémères. Si la réaction fébrile persiste, une maladie locale qui l'entretient se déclare.

La fièvre doit être considérée comme l'expression de changements morbides ; elle indique la puissance avec laquelle l'organisme réagit contre le principe de la maladie. Les différences que l'on remarque, sous ce rapport, déterminent le caractère de la fièvre. Celui-ci peut être ramené à trois caractères principaux, qui sont l'*éréthique*, l'*inflammatoire* et l'*adynamique*.

Le caractère éréthique se reconnaît à l'accélération du pouls qui, quant à son état, se trouve à peine modifié ; les muqueuses ont conservé leur coloration normale ou elles se présentent légèrement injectées et plus ou moins humectées ou sèches. L'appétit a diminué, mais ce symptôme est passager.

C'est à peine si des altérations se manifestent dans d'autres fonctions. La fièvre éréthique ne saurait être mieux comprise qu'en disant qu'elle constitue cette légère exaltation des phénomènes vitaux qui accompagne les affections catarrhales.

Le caractère inflammatoire surgit dans les inflammations d'une certaine intensité. Il se reconnaît au pouls qui est accéléré, plein, dur, ou petit et serré; les battements de cœur sont peu ou point perceptibles; les muqueuses rouges, ordinairement sèches; l'appetit est remplacé par la soif; les excréments sont rares, la peau sèche, les urines peu abondantes. Le sang extrait d'une veine se coagule rapidement, forme un caillot consistant qui ne sépare qu'avec lenteur le sérum dont il est imprégné.

Le caractère adynamique, qui se distingue par une réaction faible ou nulle, par la pauvreté du sang en matière plastique, par une tendance à la décomposition, se déclare rarement de prime abord; c'est le plus souvent dans le cours des maladies qu'il se manifeste.

Un pouls accéléré, petit, mou; des battements du cœur très perceptibles; la pâleur, la lividité des muqueuses; la mollesse du caillot sanguin, qui est lent à se former et sépare une grande abondance de sérum : tels sont les signes généraux de la fièvre adynamique. Lorsqu'elle s'est développée à un haut degré, le pouls faiblit encore, tout en devenant plus fréquent; les battements du cœur sont bondissants, les sécrétions répandent une mauvaise odeur; le sang ne se coagule plus, il se présente sous forme d'une masse gélatineuse d'un rouge foncé. Des tumeurs œdémateuses, la gangrène des lésions faites à la peau, une diarrhée fétide, sanguinolente, ne laissent pas de doute sur la fièvre adynamique et présagent une fin prochaine.

Au début d'une fièvre et aussi longtemps que sa nature et l'affection locale à laquelle elle se relie ne sont pas décidées, l'on se borne à un traitement hygiénique ; le séjour dans un local tempéré, des couvertures, le bouchonnement, des boissons rafraîchissantes, une nourriture peu substantielle, relâchante, le repos, constituent l'ensemble des moyens préliminaires.

La médication subséquente reste subordonnée au caractère de la fièvre et à la maladie locale dont elle est la conséquence.

La fièvre éréthique ne demande que le régime hygiénique.

Le traitement de la fièvre inflammatoire se confond avec celui de l'inflammation, de l'intensité de laquelle elle est le thermomètre.

Dans la fièvre adynamique, il faut développer et soutenir la réaction par des toniques et des excitants.

De la saignée.

Nous ne parlerons ici que de la saignée de la jugulaire. C'est la seule opération qui puisse être pratiquée avec sécurité et succès par d'autres personnes que par des hommes de l'art. Les autres saignées, telles que celles des veines de la cuisse, de l'ars, de l'avant-bras, du palais, etc., exigent des connaissances anatomiques qu'on ne trouve guère que chez un vétérinaire instruit.

La saignée de la jugulaire se fait avec une lancette appelée *flamme*. Lorsqu'on veut opérer, on se procure un vase d'une capacité suffisante et connue, pour recevoir le sang, une forte épingle et une mèche composée de six ou huit brins de fil de chanvre ou de crins assez longs.

Le cheval, qu'il est bon d'avoir tenu à la diète cinq ou six heures avant d'être saigné, doit être maintenu par un aide qui lui couvre avec la main l'œil du côté de la veine à ouvrir, afin que l'animal ne soit pas effrayé du mouvement que fera l'opérateur en frappant sur la flamme et ne rejette pas la tête en arrière.

La tête du cheval étant tenue un peu relevée afin que la jugulaire soit plus tendue et plus apparente, l'opérateur choisit la flamme la plus convenable, en applique la pointe contre la jugulaire en tenant l'instrument entre l'index et le pouce, et de manière que les autres doigts de la main allongés par en bas, servent de point d'appui et, en pesant sur la partie à opérer, compriment la veine en dessous, interceptent le cours du sang et font gonfler la jugulaire qui devient plus apparente. L'opérateur frappe alors un coup sec sur la tige de la flamme avec un bâton de bois dur de 35 à 38 centimètres de longueur, sur 3 centimètres de diamètre. Le sang jaillit à l'instant et on le reçoit dans le vase dont nous avons parlé. Si on saigne à la jugulaire gauche, la flamme doit être tenue de la main gauche, et c'est même de ce côté qu'on saigne de préférence.

La saignée moyenne pour un cheval est de deux kilogrammes et demi à trois kilogrammes.

Dès que la quantité de sang jugée nécessaire est

sortie, on cesse de comprimer la veine, alors l'écoulement s'arrête. On pince ensuite les deux lèvres de la plaie avec le pouce et l'index, en évitant de les tirer à soi, et on les traverse avec l'épingle, puis, au moyen des brins de crin ou de fil un peu fort, on dispose le *nœud* de la *saignée*. On serre ensuite ce nœud, toujours sans tirer la peau en avant, ce qui pourrait donner lieu à un épanchement de sang dans le tissu cellulaire, on coupe les deux extrémités du lien à 3 centimètres du nœud, on lotionne l'endroit de la saignée avec de l'eau froide, et l'opération est achevée.

Divers accidents peuvent suivre la saignée. Ces accidents souvent très graves, exigent les conseils d'un vétérinaire. Telle est la blessure de l'artère carotide, située au-dessous de la jugulaire. On reconnaît que l'artère est ouverte à la couleur écarlate du sang qui s'échappe et surtout à ce qu'il sort par jets intermittents comme les battements du cœur. Cet accident est souvent mortel. Telle est encore l'introduction de l'air dans la veine ouverte ; c'est pourquoi on doit éviter d'ouvrir la veine en face d'un courant d'air et la laisser ouverte le moins de temps possible lorsque la quantité de sang nécessaire a été tirée. Enfin, une tumeur appelée *trombus*, et procédant de l'épanchement du sang sur la peau, a quelquefois lieu ; mais cet accident est peu dangereux s'il ne se complique pas avec l'ulcération de la veine. Un tampon maintenu par un bandage et comprimant la tumeur, la fait disparaître au bout de quelque temps.

Du séton.

L'on distingue trois espèces de sétons : le séton simple ou à mèche, le séton à rouelle, employé pour les chevaux de luxe, et consistant en une rondelle de feutre ou de cuir de 6 à 8 centimètres de diamètre, percée d'un trou à son centre, et qu'on introduit sous la peau à l'aide d'une incision, et enfin le séton trochisque formé par une substance irritante également introduite sous la peau.

Le séton à mèche étant le plus usité, nous ne nous occuperons que de celui-ci. Il consiste dans un ruban de fil ou une tresse de chanvre qu'on introduit sous la peau. C'est ordinairement au milieu du poitrail qu'on le place ; on en met aussi à la fesse, et, plus rarement, aux parties latérales de l'encolure et à la pointe de l'épaule.

Après avoir attaché le cheval, l'opérateur, pinçant la peau du poitrail entre le pouce et l'index, un peu au-dessous de la pointe du sternum, et dans la ligne médiane, forme un pli longitudinal, et fait au sommet de ce pli, avec un bistouri, une incision transversale. Cette incision doit avoir environ 27 millimètres de longueur. Prenant ensuite l'aiguille à séton, qui doit être longue de 36 à 38 centimètres, il écarte les lèvres de l'incision, et engage la pointe de l'aiguille entre la peau et les muscles; il la pousse doucement en avant, en prenant garde d'offenser aucune de ces parties. A mesure qu'il l'enfonce dans une direction parallèle au poitrail, il pince la peau au-dessus de la pointe de l'instrument afin de l'écarter des muscles. Lorsque l'instrument a pénétré à 33 centimètres sous la peau, et que l'on voit

sa pointe correspondre au milieu de l'inter-ars, on
pousse fortement cet instrument, et on voit la pointe
sortir de la peau. On engage alors la mèche, longue
de 75 centimètres, dans l'œil du talon de l'aiguille,
puis, retirant celle-ci par en haut, on entraîne la
mèche sous la peau.

La mèche passée, on réunit ses deux extrémités
par un double nœud, ou bien on remplit ces extrémités, afin de faire à chaque bout un gros nœud
en forme de bourdonnet. La mèche doit avoir 5 ou
6 centimètres de jeu entre chaque ouverture de séton et le nœud.

Quand cette mèche est trempée dans l'essence de
térébenthine ou enduite de beurre ou de graisse et
légèrement recouverte de poudre d'heuphorbe ou de
cantharides, on dit que le séton est *animé*.

Quelquefois on met deux sétons au poitrail; on
les place alors à droite et à gauche de la ligne médiane, dans le milieu des deux muscles appelés petits pectoraux.

Ce n'est guère que le troisième jour que la suppuration du séton est bien établie. Le pansement
est très simple; on comprime chaque jour, matin
et soir, la mèche pour exprimer le pus. — Lorsque
l'humeur a coulé sur la peau et s'est épaissie, il faut
l'enlever avec de l'eau tiède.

Au bout de trois semaines ou d'un mois, on enlève la mèche pour en substituer une autre, si la
maladie pour laquelle on a établi le séton n'est pas
guérie, ou bien on place un nouveau séton dans un
endroit voisin.

Il arrive quelquefois qu'un muscle et quelque ar-
tériole ayant été blessés dans le cours de l'opération,

le sang coule goutte à goutte de la plaie inférieure, où il s'accumule et engorge le trou du séton. Quelques lotions d'eau froide suffisent souvent pour arrêter l'hémorragie; sinon il faut enlever la mèche et opérer, à l'aide d'un bandage, une compression continue sur la partie offensée.

Le cas est plus grave lorsqu'à la suite de cet accident on voit se former un engorgement, accompagné de signes inflammatoires. Cet engorgement, auquel succède quelquefois la gangrène, est causé, soit par la plaie elle-même, soit par des caillots de sang putréfié qui séjournent sous la peau. Ici l'expérience d'un homme pratique est indispensable pour le traitement de ce mal qui demande un prompt remède.

On voit quelquefois se former de petits abcès sur le trajet du séton; il est bon de les ouvrir à mesure qu'ils sont en maturité et d'en faire sortir l'humeur.

Les sétons employés avec prudence et discernement sont fort utiles, mais souvent on en abuse en les pratiquant à tort ou à travers, dans toutes les maladies, comme si c'était un remède universel. Nous engagerons donc les propriétaires de chevaux à consulter un vétérinaire toutes les fois qu'ils n'auront pas la certitude absolue de l'opportunité d'un séton. (E. HOCQUART.)

Asthme, pousse, animal gros d'haleine, gêne de respiration.

Gêne de la respiration, le temps de l'inspiration sensiblement plus long que celui de l'expiration, point de fièvre.

Symptômes. Dans le cheval, le mouvement des

flancs pendant l'expiration se fait en deux temps très marqués ; le flanc, exécutant d'abord une contraction subite (1er temps), reste un moment en repos, et achève doucement de se resserrer (2e temps). L'inspiration a lieu dans un seul temps plus long, pendant lequel les côtés s'élèvent avec force, et les flancs sont très tendus. Ces caractères sont essentiels et caractéristiques pour le cheval.

On dit avoir remarqué dans cet animal, affecté de la pousse, que le diaphragme se dirigeait en arrière dans l'expiration, et en avant dans l'inspiration, ce qui est le contraire de ce qui se passe dans l'état sain. Cette observation est-elle applicable à tous les cas ?... Plusieurs expériences conduisent à penser que la pousse est une affection organique du cœur, dont l'asthme ne serait qu'un symptôme ; mais il n'est pas encore temps d'établir la théorie de cette maladie sur de nouvelles bases.

L'asthme est continu ou intermittent : dans ce dernier cas, l'accès arrive ordinairement le matin ; alors l'animal est plus fatigué, mais il reprend plus de tranquillité le reste de la journée, après avoir expectoré un peu de mucus en toussant.

Souvent la pousse paraît tenir à un état d'éréthisme des vaisseaux pulmonaires, annoncé par la plénitude et la dureté du pouls, la toux sèche et nerveuse ; mais plus tard elle perd ce caractère d'excitation, il survient de la laxité, de l'épuisement.

D'autres fois la pousse commence par le relâchement du système vasculaire des bronches. Le pouls de l'animal est alors à peine sensible. Cette dernière espèce de pousse survient aux animaux d'un tempé-

rament faible et lymphatique. Elle est ordinairement accompagnée d'une toux grasse et d'expectoration.

La trachée-artère du cheval est ordinairement
molle dans cette maladie. La toux est le plus souvent sèche, mais quelquefois aussi elle est accompagnée d'une excrétion muqueuse. Dans plusieurs
cas, cette excrétion n'a lieu que quand l'animal boit.
Quand la respiration est très embarrassée, le cheval siffle encore pendant l'exercice. On a regardé
comme un signe de pousse, quand l'animal petait
en toussant. J'ai en effet observé ce signe sur beaucoup d'animaux poussifs.

Tous les signes que nous avons décrits sont à
peine sensibles, même aux yeux exercés, au début
de la maladie, et ils restent souvent stationnaires, si
d'ailleurs le régime de l'animal est bien dirigé.
Mais s'il augmente d'intensité, l'animal ne peut plus
faire d'exercice un peu pénible, sans risque d'être
suffoqué. Les mouvements de flancs sont alors très
marqués; la toux est sèche et fréquente; la maigreur devient excessive. La maladie se complique
alors souvent de phthisie, qui est annoncée par l'é-
coulement purulent des naseaux et la fièvre lente. Il
meurt, dans ce cas, de cette dernière maladie, ou
de quelque course forcée, ou d'étouffement provenant d'un emphysème de la masse pulmonaire, ou
enfin d'atrophie.

Dans les derniers temps, on dit que le cheval est
outré. Les flancs ont alors un mouvement continuel
et des plus marqués, les naseaux se dilatent fortement à chaque expiration; les côtes s'abaissent et
se relèvent beaucoup.

Causes. L'irritation nerveuse ou vasculaire de la poitrine ; la faiblesse ou la masse pulmonaire, provenant des suites d'une inflammation de poitrine ; le séjour prolongé dans une écurie peu aérée. Les animaux qui ont le ventre trop volumineux y sont exposés, à cause du poids de la masse intestinale, qui gêne les mouvements du diaphragme : les femelles pleines y sont sujettes ; mais, dans ce cas, elles guérissent ordinairement après le part ; le peu d'amplitude de la poitrine produit aussi le même effet, et y contribue très souvent. L'abus des aliments échauffants, la méthode détestable de nourrir les chevaux à discrétion et de les laisser se bourrer de foin, ont souvent causé la poussé chez ces animaux.

Traitement. Le cours de cette maladie est précipité par les fatigues, et surtout par le vert donné aux chevaux malades. Ils paraissent se rétablir les premiers jours, par la nourriture fraîche, mais ils deviennent outrés immanquablement, dès qu'ils reprennent la sèche. Mais il est probable qu'un cheval attaqué de l'asthme avec irritation se guérirait, si l'on prolongeait pour lui le régime frais, par le moyen des herbes et des racines.

On évitera donc toute fatigue considérable, on ne fera pas tirer avec le poitrail, mais avec le collier.

Si les symptômes annoncent l'éréthisme des organes, on placera plusieurs sétons à la face extérieure de la poitrine ; on donnera chaque matin le bol suivant :

Fleur de soufre	60 grammes.
Miel	60 »

et on fera même plusieurs petites saignées, dans le cas où la dureté du pouls serait très considérable. Enfin on n'oubliera pas les fumigations avec la décoction de mauve tiède.

L'animal sera mis au régime suivant :

Paille en moins grande quantité que l'on ne donne d'autre fourrage;

Eau blanchie avec le son mouillé et exprimé, ou avec un peu de farine d'orge pour toute nourriture.

On l'acidule avec le nitre, selon le cas.

Mais quand la pousse ne tiendra qu'à un relâchement, ou que l'orgasme pulmonaire aura cessé; que le pouls sera faible et même intermittent, on devra fonder peu d'espérance sur la guérison, et les moyens prescrits ci-dessus ne feraient qu'empirer l'état de l'animal. On aura recours à des moyens actifs. On mettra les vésicatoires sur les côtes; mais on ne les laissera pas suppurer; on administrera le bol suivant :

Gomme ammoniaque en poudre.　10 grammes.
Miel . . . .　30　　»

On porte progressivement la dose de gomme ammoniaque à 60 grammes; on en fait alors plusieurs bols pour la facilité de la digestion.

On fumiguera matin et soir l'animal avec des baies de genièvre ou la cascarille, jetées sur un brasier, en tenant la tête de l'animal bien enveloppée et en lui donnant cependant de l'air de temps en temps. L'animal sera bien nourri au pain et aux croûtons, et on ne lui donnera pas de nourriture d'un trop grand volume.

Les vétérinaires danois conseillent, quand il y a une expectoration considérable, l'usage de la douce-amère (Solanum dulcamara), donnée à la dose d'une livre, mêlée avec la racine fraîche d'aunée (Inula helenium.)

Au reste, le malade peut subsister encore long-temps par l'effet du seul régime, et il ne succombera qu'à la longue aux efforts de la maladie. Une écurie sèche et aérée, un exercice modéré, une nourriture substantielle, peu volumineuse et réglée, voilà les vrais moyens de prolonger l'existence des chevaux *outrés*.

Apoplexie ou coup de sang.

Le sentiment, les mouvements volontaires suspendus ; les mouvements involontaires communs, la circulation et les sécrétions continuent.

Symptômes. L'attaque de la maladie est précédée par l'engourdissement de l'animal, sa disposition marquée à l'assoupissement, sa sensibilité à la tête, des mouvements convulsifs ; le chancellement dès qu'on veut le faire changer de place, quoiqu'il paraisse sain et éveillé quand il est en station. Peu de temps avant l'attaque les chutes sont fréquentes (état de vertige). Enfin l'animal s'abat subitement, reste étendu sans sentiment, sa respiration est pénible, il râle et bave, il y a quelquefois un écoulement visqueux et fétide par la bouche et les naseaux, le pouls est petit, contracté, convulsif, quelquefois à peine sensible. Ce sont ces derniers symptômes qui caractérisent proprement une *attaque d'apoplexie*.

L'écoulement involontaire des urines, la faiblesse croissante du pouls, l'écume ou le sang sortant en abondance de la bouche, la sueur froide, annoncent une fin prochaine.

Quand l'accès est passé, il reste quelquefois une *paralysie* générale ou partielle; quelque lésion remarquable dans les organes des sens. Un accès est bientôt suivi d'un autre qui tue l'animal; rarement il y a guérison parfaite.

Cette maladie attaque les sujets les plus gras, les plus vigoureux, les plus jeunes, les mieux nourris, ceux qui ont l'encolure courte, ou qui ont été exposés à des travaux pénibles pendant les grandes chaleurs.

Causes. Dans bien des cas, l'apoplexie sanguine pourrait n'être regardée que comme un résultat de maladies qui ont précédé. Ainsi elle suit le céphalitis et en est le plus souvent le terme fatal. Mais dans un grand nombre de cas, les causes maladives agissent avec tant de rapidité, l'apoplexie succède si promptement à leur action, qu'on ne peut pas supposer qu'une inflammation du cerveau ait précédé; mais qu'on pourrait dire qu'elle est instantanée avec l'attaque d'apoplexie, ou plutôt que cette dernière est un céphalitis, dont les périodes sont très pressés. C'est ainsi qu'agissent les coups de soleil, les écuries trop chaudes, les coups sur la tête, les fractures, etc. Les nourritures trop substantielles et échauffantes, l'oubli des saignées annuelles, quand l'habitude en est formée, déterminent aussi beaucoup d'apoplexies.

Traitement. Quelle que soit l'espèce de l'apoplexie, on doit chercher à la prévenir, si quelques signes précoces l'annoncent au vétérinaire. On cherche donc à remédier aux causes maladives indiquées ci-dessus.

Si l'état du pouls, la chaleur habituelle de la tête,

et la force de l'animal font craindre une apoplexie sthénique, on appliquera des compresses d'eau fraîche sur la tête ; on fera une saignée ; on donnera le breuvage suivant :

> Racine de chélidoine en poudre.   20 grammes.
> Saponnaire . . . .   2 poignées.

Faites bouillir dans deux litres d'eau.

Jetez la poudre de chélidoine dans la décoction, administrez froid.

On mettra l'animal au régime blanc. En pareil cas, on emploie aussi avec succès les vésicatoires aux cuisses.

Si au contraire la lenteur et la faiblesse de la circulation, la somnolence et la lenteur de l'animal, et les autres signes indiqués, font craindre une apoplexie asthénique, on aura recours aux moyens propres à ranimer la circulation aux frictions stimulantes sur les reins, sur la nuque, avec le suivant :

> Huile de laurier. . . . .   120 grammes.
> Ammoniaque   30   »
> Mêlez exactement.

Mais quand l'attaque est déterminée, voici ce qu'il reste à faire.

1° *Apoplexie sthénique.* On pratique une saignée abondante ; on l'a portée à sept kilogrammes (quatorze liv.), pour un fort cheval de trait. On fait, sur la tête, de continuelles douches d'eau fraîche vinaigrée. La tête sera maintenue haute, par le moyen d'une botte de paille. On donne abondamment la boisson suivante :

> Chiendent . . . .   6 litres.
> Sel de nitre. . . . . .   16 grammes.

On place cette boisson froide devant l'animal, qui en prend proportionnellement à sa soif; on administre le lavement irritant :

Feuilles de tabac séché . . . 60 grammes.

Faites infuser dans 2 1/2 litres d'eau bouillante, coulez à travers un linge.

Cette dose sert pour un lavement dans les grands animaux ; on injecte tiède, pour opérer une révulsion.

Après l'accès, on modère le régime de l'animal, et on ne le remet que peu à peu à sa ration ordinaire.

Amaurose ou goutte sereine.

Cécité, avec immobilité, de la pupille qui conserve une égale dilatation au grand jour et dans l'obscurité ; les humeurs de l'œil sont claires et transparentes, et cet organe paraît jouir de la meilleure santé.

Symptômes. 1. L'ouverture de la pupille est un peu plus grande que dans l'état sain.

2. Quand l'animal marche, il porte en avant tantôt l'une, tantôt l'autre de ses oreilles, quelquefois toutes les deux ; il hésite, il lève les pieds très haut, surtout si la maladie est nouvelle.

3. Les humeurs de l'œil ont une teinte verdâtre.

4. Si l'amaurose n'était pas encore complète, il existerait un peu de mobilité dans la pupille, quoique bien moindre que dans l'état sain, et l'animal y verrait quoique confusément.

5. Cette maladie est très souvent incurable quand elle est ancienne et essentielle; mais souvent aussi elle est très passagère, et n'est qu'un symptôme ac-

cidentel d'une indigestion, d'une plaie. Dans ce dernier cas, elle se guérit avec facilité et disparaît avec
l'affection principale.

Cause. La paralysie du nerf optique arrive à la
suite soit d'une inflammation locale, soit d'une lésion
nerveuse particulière à l'organe, et dont la cause
déterminante n'est pas connue.

Traitement. On cherche à remédier à l'amaurose
nouvelle par des sétons à l'encolure, par l'insuffla-
tion dans les naseaux de poudres sternutatoires :

> Sulfate de mercure jaune . . .   4 gr.
> Feuilles de bétoine official. . . 10 décigr.

Pulvérisez, et soufflez dans les naseaux de l'animal une dose proportionnée à son volume.

On peut employer également le tabac en poudre,
la poudre des feuilles de cabaret, et la racine de
l'ellébore blanc, aussi en poudre.

Le tabac produit des effets moins énergiques que
toutes les autres substances.

Par les vapeurs qui s'exhalent d'un flacon d'ammoniaque liquide, que l'on dirige dans l'œil, par l'application des sangsues à la conjonctive, s'il y a de
l'engorgement sanguin ; par le purgatif suivant :

> Aloès en poudre . . . . 40 gr.
> Scammonée. . . . .   4 »
> Miel, quantité suffisante.

si les fonctions digestives ne sont pas régulières.

Nota. Pour un animal jeune et faible, la dose de
l'aloès ne sera que de 20 grammes.

On donne intérieurement à l'animal le bol, que
l'on porte progressivement au maximum de la dose
indiquée.

On a recommandé aussi contre l'amaurose divers moyens qui ne sont pas tous à la portée des vétérinaires, mais que l'on peut essayer, si l'occasion s'en présente : 1° tirer des étincelles électriques de l'œil. On électrise le cheval en plaçant ses quatre extrémités sur des plaques de poix résine, pour l'isoler, et en le mettant en communication avec la machine électrique. 2° On fait éprouver à l'œil des commotions galvaniques.

Tous les animaux sont sujets à l'amaurose.

APHTHES OU ULCÈRES DANS LA BOUCHE.

Petits ulcères superficiels, ronds ou irréguliers, qui couvrent les membranes de la bouche, et s'étendent quelquefois jusqu'au larynx et au pharynx.

Symptômes. On avait cru jusqu'à présent que les aphthes étaient toujours précédés de petits boutons miliaires qui s'ouvraient et donnaient naissance aux ulcères dont il s'agit.

Mais d'un côté, on observe des éruptions semblables de boutons qui ne sont pas suivis d'aphthes dans les inflammations de la bouche; d'un autre côté, on observe que les aphthes proprement dits ne sont pas toujours précédés d'une semblable éruption. On a cru observer que les aphthes n'étaient autre chose que la dilatation des pores ou des extrémités des vaisseaux exhalants, laissant suinter un liquide dégénéré qui attaque l'épiderme.

Quoi qu'il en soit, on observe les aphthes dans deux circonstances qui apportent quelques changements à leur traitement : 1° ou bien ils accompagnent une autre maladie principale, comme la *fièvre maligne,* la *gourme,* la *morve,* le *farcin,* et alors ils sont dits *symptomatiques*; 2° ou bien l'animal ne paraît affecté que localement dans la bouche, et alors il y a tout au plus une légère *fièvre inflammatoire éphémère.*

Les symptômes que l'on observe dans ce dernier cas sont les suivants :

La respiration et les sécrétions varient peu, à moins que la surface affectée en soit très considérable; l'appétit se conserve aussi; néanmoins la sensibilité de la bouche peut mettre obstacle à la déglutition, l'haleine devient fétide, et il y a épanchement de bave au bout de quelques jours. Enfin sept à huit jours après le début et sans employer de moyens internes, il se forme des croûtes sur les ulcères et ils guérissent naturellement.

Dans les jeunes animaux, les aphthes qui sont communs peuvent mettre obstacle à l'allaitement en rendant la succion douloureuse.

Causes. Peu connues, difficiles à désigner.

Traitement. Les aphthes simples qui ne sont accompagnés d'aucune autre maladie, ne nécessitent ordinairement que le soin de choisir une nourriture de facile mastication, comme les bouillies de pain et de farine. On fait des injections dans la bouche avec le suivant :

> Chaux vive, une quantité quelconque.
> Eau de fontaine, quantité suffisante pour éteindre entièrement la chaux.

On agite le mélange dans un baquet et on le laisse reposer; on filtre ensuite à travers un papier gris, et on a une eau de chaux claire, limpide, dont on se sert pour injection.

Cette liqueur est sans danger à l'intérieur, on ne doit pas craindre d'en voir avaler quelques portions à l'animal.

Si la fièvre inflammatoire prenait de l'intensité, ce qui arrive au moment où l'écoulement commence, quand il est précédé de beaucoup de chaleur dans la bouche, on mettrait l'animal au traitement prescrit à l'article *Fièvre inflammatoire.*

Quant aux aphthes qui sont symptomatiques d'une maladie plus grave, on ne peut regarder leur traitement que comme un faible accessoire, et on se contente de tenir la bouche propre par le moyen des injections d'eau miellée.

ANGINE STHÉNIQUE.

Esquinancie ou étranguillon.

Inflammation de la gorge et des parties environnantes, caractérisée par les signes suivants : la déglutition, surtout celle des liquides, et la respiration difficiles ; tuméfaction douloureuse de la gorge.

Symptômes. La maladie débute par la fièvre inflammatoire et par un peu d'ardeur à la gorge, que l'animal témoigne par de fréquents ébrouements. Bientôt la bouche devient sèche, sa chaleur augmente rapidement ; la gorge se tuméfie ; la langue est pendante. les yeux brillants, leurs vaisseaux infiltrés de sang ; l'animal élève et allonge la tête. il semble craindre de la rapprocher du corps ; il râle ; il souffre beaucoup en toussant. Les glandes parotides sont plus ou moins tuméfiées. Quand l'inflammation est à son plus haut degré, l'animal engloutit difficilement; quand il boit, une partie de sa boisson sort par le nez; l'habitude de son corps est tantôt fraîche et tantôt chaude, ainsi que les oreilles.

Causes. Le passage du chaud au froid, du froid au chaud, la boisson d'eau glacée; des courants d'air dans les écuries, les coups de soleil; les nourritures échauffantes, les changements subits de température, les vents impétueux du nord. Dans ces derniers cas, la maladie se montre si généralement que quelques personnes ont pu croire qu'elle était contagieuse.

Traitement. La saignée générale doit précéder tous les autres remèdes, si la fièvre est violente et que l'inflammation marche avec rapidité. Dans le cas où le danger ne serait pas imminent, on se contentera des moyens suivants, qui doivent être employés pour seconder la saignée, si on la pratique. On fait des scarifications sur les parties affectées, et on laisse couler le sang.

On donne le lavement tempérant suivant :

> Décoction de mauve . . . 1 1/2 litre.
> Nitrate de potasse . . . . 30 gr.

On donne le lavement froid et la boisson nitrée suivante :

> Décoction de chiendent. . . 6 litres.
> Sel de nitre . . . . 16 gr.

On place cette boisson devant le cheval qui en prend à sa soif.

On place sur les tumeurs de la gorge des cataplasmes de feuilles de mauve, on les bassine sans relâche avec l'eau de mauve froide; on fait dans la bouche des injections tempérantes. Enfin on donne un breuvage purgatif.

Pendant toute la durée de la maladie, on supprime soigneusement toute nourriture échauffante et même trop substantielle; dès que les symptômes sont un peu tombés, c'est par les racines fraîches et la paille que l'on débute pour rendre la nourriture à l'animal.

On seconde ces moyens par l'application de deux sétons aux côtés de l'encolure, et par l'introduction de la racine d'ellébore sous la peau du poitrail; ces moyens sont considérés comme révulsifs.

Tant que le danger durera, on quittera l'animal le moins qu'il sera possible, et on lui prodiguera les injections et les lotions rafraîchissantes.

Si la résolution a lieu et qu'il y ait écoulement par les naseaux et la bouche, on la favorisera en désobstruant les canaux par des injections d'eau d'orge.

S'il se forme des abcès à l'intérieur, on sera attentif à en procurer la maturation par les onctions d'onguent *basilicum*. On ne cherchera pas à les répercuter par des saignées ou des astringents qui pourraient causer des métastases fatales. On ouvrira les abcès dans la partie la plus basse, quand la fluctuation sera bien établie; on n'attendrait pas ce moment, si leur position, ou le volume, menaçait de la suffocation.

Le plus souvent les dépôts se forment dans l'intérieur de l'arrière-bouche. On peut alors attendre qu'ils s'ouvrent spontanément; on a soin de tenir la tête basse à l'animal et de l'exciter à la mastication en lui tenant un bâton entre les dents.

Mais comme l'ouverture de ces abcès dans un

moment où l'animal est seul peut lui être fatale, un grand nombre de vétérinaires pensent qu'il est utile de les percer par le moyen d'un nerf de bœuf garni de linge, que l'on introduit dans l'arrière-bouche, et qui, par l'effort qu'il fait sur les enveloppes du dépôt, parvient à les rompre. On ne tente cette opération que quand il n'existe plus de fièvre, ni d'inflammation, et que cependant la gêne de la respiration et de la déglutition annoncent la présence de l'abcès.

Quelquefois le dépôt s'établit dans les poches d'Eustache, et exige l'opération de l'*hyo-vertébrotomie.*

Si, dans le cours de la maladie, le sujet paraissait menacé d'une suffocation prochaine, on ferait pratiquer l'opération de la trachéotomie.

Si la rougeur extrême des yeux, et l'état soporeux de l'animal annonçaient que la tumeur des parotides s'oppose au retour du sang et menace l'animal de l'apoplexie, il pourrait être utile d'en tenter l'extirpation ; mais cette opération délicate et dangereuse ne doit être tentée qu'à la dernière extrémité.

AVANT-COEUR.

Cause. Cette maladie attaque particulièrement les chevaux de trait et dont le siége est au poitrail.

Traitement. Quand le mal est récent, des frictions d'eau-de-vie et de savon le font souvent disparaître, mais lorsque la maladie est ancienne, elle résiste à ce moyen résolutif, et se termine par un abcès qu'on panse avec l'onguent suivant :

Onguent basilicum . . . 30 grammes,
Cantharides en poudre . . 1 »

que l'on ajoute par once.

ASCITE.

Hydropisie du bas-ventre.

Collection de fluide dans l'abdomen, qui se manifeste par sa tuméfaction ; cette tuméfaction tombe du côté où l'animal se couche ; le fluide est sensible au tact comme quand on agite l'abdomen avec les deux mains, et souvent il l'est aussi à l'ouïe.

Symptômes. — L'avant-main est maigre, les extrémités postérieures sont gonflées et se meuvent avec peine ; les yeux sont tristes, les paupières infiltrées ; l'albuginée d'un blanc obscur, les lèvres pendantes, la soif considérable, l'appétit nul, la respiration courte et gênée ; les urines rares et sédimenteuses, le pouls petit ; les forces générales affaiblies.

La maladie peut se développer avec un appareil de causes et de symptômes inflammatoires, ou dépendre de l'affaiblissement chronique du système absorbant. Il y a donc au début deux indications différentes à saisir.

1° *Etat sthénique de l'ascite.* Malgré la petitesse du pouls, on y sent de la dureté, la rougeur des membranes et la chaleur intérieure annoncent un état d'excitation générale. La maladie s'est formée rapidement et dans un sujet vigoureux, jeune et sain.

On peut alors considérer cette maladie comme un spasme inflammatoire des vaisseaux lymphatiques de l'abdomen, et conserver quelque espoir de guérison.

2° *Etat asthénique de l'ascite.* La maladie s'est formée lentement, la faiblesse du pouls et celle de l'individu ont toujours été croissant et dans une pro-

gression uniforme. Le sujet est vieux, épuisé, attaqué de maladies lymphatiques, ou de faible constitution.

On pourra considérer cette maladie comme tenant
à l'inertie des extrémités des vaisseaux absorbants,
et on ne pourra guère porter qu'un mauvais pronostic.

Quelquefois, surtout dans le premier cas, la maladie disparaît spontanément d'elle-même, soit par
un flux d'urine, soit par le déchirement de la peau
de l'abdomen qui crève et laisse échapper les eaux
par ses fissures. Mais le plus souvent la faiblesse
s'accroît ainsi que l'infiltration, et l'animal s'é-
teint, sans qu'on puisse lui porter aucun remède efficace.

Causes. L'habitation des animaux dans les lieux
humides, dont l'air est épais, malsain, une mauvaise nourriture, un vice humoral ; la répercussion
des maladies cutanées, une course violente, une
transpiration arrêtée, etc.

Traitement. 1° On examinera attentivement la
maladie dans son début ; s'il y avait des symptômes
que nous avons qualifiés d'inflammatoires, une saignée pourrait procurer l'absorption du fluide, en
faisant cesser l'état de crispation des vaisseaux absorbants. On en favoriserait l'effet par le breuvage
suivant :

    Oignon de scille maritime.   30 grammes.

Faites infuser dans un litre d'eau bouillante.

Coulez et ajoutez à l'infusion :

    Acétate d'ammoniaque . . 30 grammes.

Et par la boisson suivante :

    Racine de fraisier . . . 120 grammes.
    Racine de guimauve. . . 120 »

Faites bouillir dans 4 litres d'eau jusqu'à diminution d'un tiers.

Coulez et ajoutez :

> Nitrate de potasse. . . .   9 grammes.

On mêle avec la boisson ordinaire, que l'on tient habituellement devant l'animal, pour qu'il en puisse boire à volonté.

2° Mais si la maladie ne présentait pas ces symptômes, et qu'au contraire l'état de l'animal, sa faiblesse et l'inactivité de la circulation ne permissent pas de douter que cette maladie tient à sa débilité, on se garderait bien de le saigner. On lui donnerait tous les cinq jours le bol purgatif drastique suivant :

> Aloès en poudre . . . .   40 grammes.
> Scammonée.   4   »
> Miel, quantité suffisante.

Chaque matin, on administrera le breuvage suivant :

> Cantharides en poudre . .   4 grammes.
> Térébenthine   30   »
> Aloès en poudre   8   »

Nota. Pour que les cantharides, en s'arrêtant à la bouche, n'excorient pas la membrane, on administre, après ce bol, un litre de lessive de cendre, et on met quatre ou cinq litres de cette lessive dans la boisson de l'animal. On réduit la dose des cantharides à 2 grammes quand le cheval est de moyenne taille, en alternant avec le bol fondant :

> Oxyde noir de fer. . . .   16 grammes.
> Gomme ammoniaque . .   10   »
> Miel, quantité suffisante.

L'animal serait nourri avec de la bonne avoine;
s'il y avait du dégoût, on remplacerait quelquefois
le bol fondant par le bol stomachique:

> Racine d'aunée en poudre.   30 grammes.
> Extrait de genièvre, quantité suffisante
>   pour faire un bol.

On donnerait d'ailleurs chaque jour le lavement
excitant :

> Feuilles de tabac séché.   .   60 grammes.

Faites infuser dans 2 litres 1/2 d'eau bouillante,
coulez à travers un linge.

Cette dose sert pour un lavement dans les grands
animaux, mais elle servira pour plusieurs dans les
petits.

Les parois de l'abdomen seraient frictionnées avec
l'alcool camphré. Si l'on apercevait de l'irritation à
la membrane du rectum, on le cesserait pendant
quelques jours.

L'écurie serait sèche et aérée ; on ferait faire chaque jour à l'animal une promenade de demi-heure.
Il serait exactement pansé de la main. Si la quantité du liquide épanché était très considérable et la
respiration difficile, on pourrait tenter la ponction,
qui devrait être exécutée par un artiste. Mais on ne
peut faire que bien peu de fond sur un cheval qui a
subi cette opération, et le reste de sa vie ne présente guère que des rechutes et des infirmités continuelles.

AGLAXÉE.

Absence du lait dans les mamelles des juments nourrices.

Sans faire mention des mauvaises laitières, des juments mal nourries, des maladies générales et locales, aiguës ou chroniques, qui diminuent ou tarissent la sécrétion laiteuse, nous appliquons le mot aglaxée aux juments saines chez lesquelles le lait diminue ou disparaît tout à coup. La cause de ce phénomène reste hypothétique.

On cherche à rappeler la lactation; outre la traction répétée, il est quelques agents médicamenteux qui favorisent la sécrétion, par le traitement suivant, administré tous les jours :

> Souffre doré d'antimoine .   8 grammes.
> Semences de phellandre. .   60   »

On peut remplacer le phellandre, par la pimprenelle, l'anis, le fenouil, le cumin et les ombellifères.

ATTEINTE. — MEURTRISSURE.

Plaie contuse, occasionnée par un coup que reçoit un animal au boulet, au pâturon, à la couronne ou le long du canon.

Symptômes. L'atteinte est *simple* quand elle n'a fait qu'enlever la peau sans toucher à la couronne et sans offenser le corps d'un tendon. Elle est *sourde* quand on ne voit aucune meurtrissure ; on ne la détermine alors que par la connaissance de la cause, et la claudication de l'animal ; la partie qui a été contuse est plus chaude que le reste de l'extrémité.

Cet accident détermine un phlegmon et un abcès
dans cette partie, à moins que l'inflammation locale
ne vienne à se résoudre. L'atteinte est dite *tendineuse*, quand elle a frappé et entamé un tendon ;
dans ce cas, le cours du mal est plus long, la suppuration est lente et peu animée. Si l'atteinte offense
la couronne même, et qu'elle pénètre sous la corne,
elle est dite *encornée*.

Causes. Le cheval qui marche mal, le cheval jeune
que l'on fait travailler de trop bonne heure, et dont
les extrémités se croisent et se frappent en marchant, ainsi que le cheval faible auquel on fait faire
un travail qui surpasse ses forces, sont sujets à se
donner des atteintes eux-mêmes. Mais elles sont ordinairement produites par un cheval qui en suit un
autre de trop près. Quand le cheval s'atteint lui-
même au boulet avec le pied latéral, on dit qu'il se
coupe.

Traitement. L'atteinte simple ne demande que le
traitement ordinaire des plaies ; on coupe tout autour la peau qui peut avoir été détachée par la contusion, on lave la plaie avec de l'eau fraîche, et on
panse avec des étoupes sèches. S'il se présente des
accidents pendant la suppuration, on suit la con-
duite suivante.

Lorsque, après les deux premiers jours, il existe
beaucoup d'inflammation à la plaie et aux environs
lorsqu'elle n'est pas recouverte d'une pellicule qui
annonce la transsudation qui doit former la cicatrice ; lorsque les chairs sont rouges, violettes, que
leur sensibilité est augmentée, on ne doit plus espérer d'obtenir la guérison par réunion immédiate ;
la suppuration est le moyen que la nature adopte
pour sa guérison.

Alors, pour diminuer l'irritation de la plaie, on applique dessus du miel frais, que l'on renouvelle toutes les cinq ou six heures pour la mettre à l'abri des insectes et surtout des mouches ; on peut, après ce pansement, recouvrir la partie d'un linge dont la circonférence soit enduite de poix, ou bien on saupoudrera la plaie avec la poussière de charbon, que l'on recouvre, pour qu'elle ne tombe pas, avec un mélange de blanc de baleine et d'huile d'olive, ou de blanc d'œuf battu dans l'eau.

Dans tous les cas, on maintiendra les bords de la plaie propres, en la lavant avec du vin miellé tiède.

On évitera toujours avec soin toutes les causes d'irritation qui tiendraient à augmenter l'étendue du mal ou à retarder la période où se montre la suppuration. Ces causes sont le contact de l'air, le froid, la chaleur, la présence des insectes, les substances âcres, les pansements trop rares ou trop fréquents, la malpropreté, etc.

Pour éviter l'influence de l'air, on aura soin de préparer d'avance les choses nécessaires au pansement, que l'on fera avec diligence. Il aura lieu dans l'étable ou l'écurie.

On usera de douceur lorsqu'il s'agira de panser une plaie, et si quelque pièce de l'appareil est adhérente aux bords, on l'humectera pour pouvoir la détacher sans tiraillement.

Mais comme l'atteinte est souvent accompagnée de froissement et de désorganisation des portions de vaisseaux qui passent dans la partie affectée, et qu'il faut que la suppuration, par son action lente, détruise et ronge ces vaisseaux dilacérés, le cours du mal serait long, si l'on ne prenait le parti d'appliquer le feu dès le principe sur la plaie, quand elle a été fortement contuse. On le fait par le moyen du cautère actuel, ou en remplissant l'atteinte de poudre à canon, à laquelle on met le feu. On se procure ainsi une plaie vive et facile à guérir, au lieu d'une plaie contuse et rebelle.

Il faut se méfier des suppressions subites de suppuration dans les atteintes qui sont près du sabot; quelquefois l'ulcère se forme, le pus travaille en dedans, et pénètre dans le sabot, où il cause des ravages terribles, la chute de l'ongle, ou la corruption du cartilage. L'atteinte change alors de nature et devient encornée, de simple qu'elle était.

On insistera sur les bains de rivière, qui dureront une heure chacun, et que l'on réitérera plusieurs fois de suite; au défaut, on fera le bain dans un baquet, ou l'on tiendra des compresses mouillées autour de la partie.

On remédie quelquefois au défaut du cheval qui se coupe par le moyen du fer dit à la *Turque*, mais cette ressource est vaine si le cheval se coupe par faiblesse, par fatigue, ou par quelque défaut de construction; dans ce cas, si l'on ne peut procurer du repos à l'animal, il faut lui mettre des bottines de cuir qui entourent le bas de ses jambes.

ABCÈS.

On donne le nom d'*abcès* à une collection de pus dans une cavité accidentelle, dont la formation est due à la production de ce liquide au milieu des tissus. L'inflammation détermine l'exsudation d'un fluide qui se métamorphose en pus.

Le pus est de deux espèces : blanc, jaunâtre, épais, crémeux, d'une odeur fade, on le dit *bon* et *louable* ; liquide, d'une couleur jaune verdâtre, brunâtre, gris sale, etc., d'une odeur fétide, repoussante, il prend le nom de *sanie*. Entre ces deux extrêmes se présentent plusieurs variétés intermédiaires.

Symptômes. Dès que l'inflammation d'un organe tend à la suppuration, il se forme un abcès. La tuméfaction inflammatoire, accompagnée de chaleur et de douleur, prend du développement ; elle est dure, rénitente, puis elle se circonscrit et se limite. L'abcès se ramollit du centre vers la circonférence et se change en une tumeur molle, élastique, fluctuante. Au point le plus saillant, la peau s'amincit, sa surface s'humecte, le poil tombe, l'épiderme se détache, une ouverture s'y forme ; elle donne issue au pus qui s'écoule au dehors. Les parois de la cavité se rétractent, se rapprochent et finissent par adhérer. Lorsque la suppuration continue, et c'est ce qui a lieu dans tous les abcès de quelque étendue, des bourgeons charnus, des granulations s'élèvent du fond et des parois de l'abcès, prennent de la consistance, remplissent la cavité, gagnent le niveau de la peau ; la suppuration se sèche ; une croûte, sous laquelle se produit la cicatrice, couvre la superficie. Des granulations, petites, coniques, rougeâtres, uniformes, ne dépassant pas le niveau des bords de la plaie, conduisent à la cicatrisation. L'absence de bourgeons, des végétations boursouflées, luxuriantes, saignant au moindre attouchement, qui finissent par s'élever au-dessus des bords de la solution de continuité ; celles qui restent pâles, flasques, qui se couvrent d'un pus liquide, ne conduisent pas à la cicatrisation.

Les amas purulents profondément situés ne présentent pas le caractère de la fluctuation; la présence du pus est décelée par la durée et la marche de l'inflammation, par la tuméfaction œdémateuse du pourtour et de la superficie de la tumeur.

L'ouverture spontanée d'un abcès est loin d'être constante, ou bien elle se fait trop tard. Le pus, par son séjour prolongé, fuse entre les tissus, donne ainsi naissance à de grands désordres et à des foyers étendus.

Traitement. La maturité des tumeurs inflammatoires qui tendent à s'abcéder est activée par une couche épaisse d'un corps gras et la chaleur humide que l'on maintient au moyen de cataplasmes émollients. Si le travail inflammatoire se ralentit, que la tumeur dure, peu chaude et sensible, on l'excite par l'huile de laurier, au besoin par l'onguent vésicatoire.

La tumeur ramollie, l'abcès arrive à maturité ; on n'attend pas l'ouverture spontanée, on plonge la pointe du bistouri dans le point ramolli de la peau, on agrandit ensuite l'ouverture, afin de donner un libre écoulement au pus ; l'incision est prolongée vers la partie déclive.

Dans les abcès profonds, on commence par diviser le tégument, le doigt va ensuite à la recherche du point fluctuant, qui est percé par l'instrument tranchant.

L'abcès ouvert, le traitement vraie suivant quelques circonstances qui se présentent dans sa marche vers la cicatrisation. Une suppuration bonne et louable, avec une granulation convenable, n'exige que des soins de propreté, des pansements aux

étoupes sèches. Les granulations, lentes à se produire, sont provoquées par des excitants, l'onguent
basilicon, le digestif, l'eau-de-vie, une teinture alcoolique résineuse. L'excitation est-elle exagérée, on
la calme par les cataplasmes émollients. Des végétations luxuriantes sont détruites par des caustiques
plus ou moins énergiques, l'alun calciné, le sulfate
de cuivre, la chaux vive, le nitrate de mercure,
le feu, etc. ; on applique ensuite un appareil compressif.

Les légers caustiques sont encore indiqués lorsque les végétations s'élèvent au-dessus du niveau de
la peau et s'opposent à la cicatrisation.

BLEIMES. Voyez à la *Maréchalerie*.

BRULURE.

Inflammation d'une partie de la peau et même
des tissus cellulaires et des chairs qui sont au-dessous, produite par l'application immédiate d'un corps
incandescent. La peau se soulève, est rouge, sensible, chaude.

Symptômes. Si la blessure est légère et peu étendue, elle ne présente pas de danger; mais il y en
aurait si elle avait offensé une surface considérable
et avec quelque violence, elle serait alors accompagnée d'une fièvre inflammatoire très sensible.

La brûlure se termine : 1° par résolution ; c'est ce
qui a lieu quand elle est légère, et qu'elle est traitée
à temps par les tempérants; 2° par suppuration,
alors les téguments brûlés forment une croûte noirâtre ou escarre, qui, après sa chute, laisse à découvert un ulcère qui suppure; 3° par gangrène, alors
elle se couvre d'ampoules et de points noirâtres.

Si la brûlure était vaste, il faudrait, dans le temps
de la suppuration, soutenir les forces par une meilleure nourriture et par le bol stomachique :

> Racine d'aunée en poudre. 30 grammes.
> Extrait de genièvre, quantité suffisante
> pour faire un bol.

CATARACTE.

Opacité du cristallin, caractérisée ainsi qu'il suit.
L'animal étant placé dans l'obscurité et l'observateur au jour (1), on aperçoit une tâche grisâtre,
jaunâtre, quelquefois noirâtre, dans l'ouverture de
la pupille.

Symptômes. La cécité est complète quand l'animal
est affecté des deux yeux. Elle l'est aussi quand il
n'est affecté que d'un œil et qu'on ferme l'autre.
Dans ces deux cas, on remarque les signes d'hésitation que nous avons décrits à l'article *Amaurose.*

Mais si la cataracte n'est pas encore formée entièrement, il y a de l'embarras dans la vue, et non
pas cécité complète. Le cheval est sujet alors à être
ombrageux ; à l'inspection de l'œil, on aperçoit le
cristallin offusqué, blanchâtre ; l'animal est inquiet,
il se frotte fréquemment les yeux sur les corps en-
vironnants.

Causes. Des coups, des contusions, les suites des
inflammations de l'œil ; les affections du système
absorbant de cet organe ; des humeurs épaisses
dans la circulation ; la vieillesse, la pousse des dents,
la réverbération des sables brillants.

(1) La position la plus favorable est la porte d'entrée d'une
écurie obscure. On amène le cheval vers la porte et en face
de l'observateur, qui se place un peu en dehors.

Traitement. Dans la cataracte commençante, on peut employer en topique quelques gouttes d'éther introduites dans l'œil, ou un peu d'onguent de styrax :

> Oxyde de mercure rouge. . . . 2 gr.
> Beurre frais (ou graisse blanche) . 16 »
> Mêlez exactement.

On prend de ce mélange la grosseur d'un pois, que l'on introduit sous la paupière.

Séton à l'encolure. Intérieurement on donnera à l'animal l'extrait d'anémone des prés, tous les matins :

> Extrait d'anémone des prés. . . 2 gr.

Roulez dans un peu de poudre de réglisse. On porte progressivement la dose à 4 grammes. Si la première dose fatiguait, on commencerait par un gramme pour la porter ensuite et progressivement au maximum. On pourrait aussi donner ce médicament sous forme liquide, en faisant dissoudre l'extrait dans un verre d'eau.

Si ces remèdes ne produisent pas l'effet attendu, et qu'on s'aperçoive que l'extrait d'anémone fatigue beaucoup l'animal, on les suspendra ou on les cessera.

Quand la cataracte est formée, l'opération seule peut y remédier, et l'impossibilité d'obtenir des animaux l'immobilité nécessaire à une opération délicate dans un organe aussi sensible que l'œil, rend déjà l'opération très difficile. Mais ce qui contribue à en rendre le succès très douteux dans le cheval, c'est la force rétractive des muscles du fond de son orbite. Ces muscles, agissant contre les humeurs de l'œil, les poussent dehors. Cependant on a plusieurs exemples de réussite d'une telle opération.

GLOSSANTHRAX ou CHARBON A LA LANGUE

Le charbon de la langue sévit habituellement sur une grande étendue de pays ; il attaque les herbivores par des ampoules sur la langue ; le liquide qu'elles renferment est extraordinairement corrosif.

Symptômes. Perte de l'appétit, cessation de la rumination ; salivation, chaleur et tuméfaction de la langue. A la face supérieure, près de la base, vers le centre ou sur les bords de cet organe, s'élèvent des vésicules du diamètre d'un pois à celui d'un œuf de pigeon ; leur volume est subordonné au nombre D'une couleur blanc jaunâtre, elles passent successivement au rouge, au brun, au violet, au noir. Elles renferment un liquide âcre et corrosif ; leur rupture spontanée amène la destruction des parties avec lesquelles il vient en contact. Cette action destructive marche avec une rapidité telle, qu'au bout de quelques heures la langue se trouve compromise, et qu'elle finit par tomber en lambeaux. La déglutition du liquide provoque les mêmes désordres à l'intérieur, et l'animal ne tarde pas à succomber.

Traitement. Le succès est subordonné à l'évacuation prompte du liquide. La tête de l'animal maintenue dans un état de flexion, on tire la langue à soi, et à l'aide d'un instrument tranchant on perce la vésicule et on enlève ses parois ; la portion de la langue sur laquelle elle siégeait est sacrifiée, puis on la touche plusieurs fois par jour avec un collutoire composé d'une infusion de sauge, d'alcool camphré et d'acide chlorhydrique.

CORNAGE.

Sifflage ou hallage, bruits particuliers à la respiration du cheval.

On désigne sous le nom de *cornage* un bruit que le cheval en mouvement fait entendre et qui part des organes respiratoires.

Symptômes. Au repos et au pas, l'on n'aperçoit ordinairement pas ce phénomène; mais dès que l'animal est mis à une allure accélérée ou qu'il doit faire un effort dans le tirage, l'on entend au même moment un bruit qui varie entre le sifflage et le ronflement; il disparaît dès que l'allure se ralentit. Suivant la lésion donnant lieu au cornage, la respiration s'accélère, devient pénible, laborieuse, et l'animal peut être frappé d'asphyxie comme dans la pousse.

Causes. Le cornage persiste comme affection secondaire de l'angine qui a déterminé une tuméfaction, un épaississement de la muqueuse ou une exsudation. Dans les angines, le cornage est un phénomène ordinaire; il disparaît avec la cause qui l'a produit, lorsque la maladie ne laisse pas après elle une lésion rendant le cornage chronique D'autres affections, comme le polype nasal, des tumeurs comprimant le larynx, les bourrelets résultant de la cicatrisation des ouvertures faites à la tranchée, la dépression des cerceaux de ce tuyau provoquent également le cornage. Il est encore la conséquence d'un collier trop étroit, d'une sous-gorge trop serrée, du défaut d'écartement des ganaches, de naseaux trop peu ouverts.

Traitement. Il ne peut être question de combattre ce symptôme que s'il dépend d'un obstacle mécanique qu'il est permis d'enlever par l'instrument tranchant. Certains chevaux corneurs sont du reste aptes à un travail soutenu, même à une allure accélérée; dans quelques cas, le bruit diminue dès que l'animal est en sueur. Les chevaux qui cornent au point de ne plus pouvoir être utilisés sont rendus à leur service par la trachéotomie et l'application d'un tube permanent.

La bête bovine, principalement le jeune bétail, et parfois aussi le mouton, sont sujets à une inflammation chronique du larynx, accompagnée de tuméfaction de la muqueuse, et qui détermine, même au repos, le phénomène du cornage. L'application sur la gorge d'un vésicatoire que l'on entretient pendant un certain temps, est ordinairement suivie d'un bon résultat.

COLIQUE CHEZ LE CHEVAL.

Symptômes. La maladie se déclare tout à coup, sans phénomènes précurseurs; elle se caractérise de suite par des douleurs abdominales intermittentes, c'est-à-dire, des douleurs qui cessent pendant un certain temps, pour se reproduire avec un redoublement de violence. Ces douleurs se décèlent par une agitation constante; l'animal gratte le sol avec les pieds de devant, trépigne de derrière, regarde du côté du flanc, fléchit à moitié les genoux, porte sous lui les membres postérieurs, reste quelques instants dans cette position, comme s'il hésitait à se coucher, puis il se laisse tomber sur le sol, en faisant entendre un gémissement prolongé. Alors il se

roule, se place sur le dos, et dans cette position il
détend avec violence ses membres dans l'espace.
Bientôt il se relève, recommence à s'agiter, se re-
couche encore, et ainsi de suite.

Le bruit intestinal est modifié ou imperceptible.
Le malade pousse à la défécation ou se campe pour
uriner, ordinairement sans succès, ou ses efforts ne
sont suivis que d'évacuations insignifiantes ; la constipation finit toujours par se déclarer. L'excrétion
urinaire est également rare ou suspendue. Les douleurs ne sont pas continues ; dans l'intervalle il
cherche parfois à saisir une bouchée d'aliments ;
cette envie instinctive ne tarde pas à faire place à
un dégoût pour la matière nutritive. La colique débute sans fièvre, le pouls n'a pas changé ; bientôt la
circulation s'accélère, les pulsations sont petites,
concentrées, irrégulières.

Ce cortège symptomatique marche de pair avec
quelques phénomènes accessoires qui n'en sont que
la conséquence. Tels sont : accélération de la respiration, sueurs, bouche sèche ou pâteuse, langue
chargée, ballonnement, chaleur inégalement répar-
tie, tremblements, etc.

Lorsque la colique fait des progrès, que les symptômes ont atteint leur maximum d'intensité et que
la mort est imminente, l'animal tend l'encolure,
éprouve des étranglements, fait des éructations, vo-
mit, tombe et meurt. L'estomac, l'intestin ou le diaphragme se sont rupturés. Le volvulus, l'intus-
susception provoquent des douleurs intestinales
violentes ; la position du chien assis que prend le
malade doit faire craindre cet accident. Une constipation opiniâtre, que des efforts expulsifs continus

ne parviennent pas à vaincre, dénote la présence d'un obstacle mécanique dans le trajet intestinal.

·La marche d'une colique est toujours aiguë ; sa durée varie de quelques heures à deux jours ; celle qui reconnaît la constipation pour cause peut se prolonger davantage. Les phénomènes persistant , la colique se transforme en gastro-entérite, ou elle se termine par la gangrène, par la rupture d'un intestin.

Diagnostic. Toutes les maladies des organes abdominaux accompagnées de douleurs peuvent être confondues avec la colique ; cependant le doute ne surgit que dans la rétention d'urine. L'exploration de la vessie rend le diagnostic facile. Dans la rétention d'urine, la vessie est pleine, tendue ; elle se présente vide ou médiocrement remplie dans la colique. Cette distinction établie, il est un autre fait dont on doit s'assurer chez des chevaux entiers, à savoir, si une anse d'intestin n'a pas franchi l'anneau inguinal, pour provoquer les symptômes que l'on observe.

Distinction. Les variétés de coliques établies sont basées sur les causes qui leur donnent naissance. D'après ce principe on a distingué :

1° La colique par *indigestion*, qui est la plus fréquente ; elle se déclare peu de temps après le repas et dépend d'une surcharge d'aliments ou d'une inaction du viscère ;

2° La colique *venteuse* ou par *météorisation* se reconnaît au dégagement des gaz qui ballonnent l'abdomen ; la percussion fait entendre un son tympanique, comme dans la météorisation de la bête bovine ;

3° La colique *stercorale* déterminée par l'obstruction du cœcum ou d'une partie du côlon. Le cœcum est plein, ne peut se dégorger, ou une pelote stercorale enclavée dans le côlon coupe le passage. L'obstacle mécanique peut être déterminé par des calculs, du sable ou des vers intestinaux roulés en pelotons. L'exploration du rectum permet quelquefois de reconnaître la cause de ce genre de colique.

4° La colique *rouge* ou *tranchée rouge* est une congestion de la muqueuse intestinale, avec épanchement de sang dans la lumière de l'intestin. On la reconnaît si du sang est expulsé par l'anus. Du reste, cette colique soudaine, accompagnée de douleurs atroces, est promptement mortelle.

Traitement. Il diffère suivant le genre de colique que l'on a à combattre.

COLIQUE D'INDIGESTION.

On appelle *indigestion* le trouble passager et subit des fonctions digestives ; il survient ordinairement quelques heures après l'ingestion des aliments.

Tous les animaux y sont sujets.

Symptômes. Ils refusent les aliments, s'éloignent de la mangeoire ; la respiration est profonde, anxieuse, les bâillements sont fréquents. Il survient de l'inquiétude, le cheval regarde son flanc, se couche et se relève alternativement sans se livrer à des mouvements désordonnés.

Pendant que ce manége dure, on entend des gargouillements dans le ventre, et avec de légers accès de coliques, il lâche des vents et des excréments mous, abondants. Ces phénomènes annoncent la terminaison du mal.

Si l'estomac ne peut évacuer les aliments dont il

est surchargé, et qu'au contraire, par la fermentation qu'il contient, il gagne en volume, les animaux
trahissent une anxiété extrême; ils deviennent in-
quiets, frappent et grattent le sol du pied; ils se
couchent, se relèvent, se roulent ; le corps se couvre
de sueur, les extrémités sont froides; parfois surviennent des vomissements, précurseurs ordinaires
de la rupture de l'estomac et de la mort.

Après un calme apparent, l'inquiétude reparaît ;
la marche est roide, elle s'exécute en écartant les
membres, la croupe vacille, la chute devient imminente, et au bout de huit à douze heures survient
la mort.

La marche de l'indigestion est donc très rapide ;
elle ne se prolonge guère au-delà de vingt-quatre
heures. L'amélioration se manifeste par des gargouillements abdominaux, par les vents qui s'échappent et auxquels succèdent des défécations abondantes. Ces signes indiquent le rétablissement des
fonctions de l'estomac.

Causes. Des aliments abondants surpassant la
faculté digestive de l'estomac, une nourriture pesante, indigeste, détermineront d'autant plus vite
une surcharge, que les animaux sont affamés ou
épuisés par le travail. Certaines dispositions de
l'estomac paraissent favoriser l'indigestion, car l'on
rencontre des chevaux chez lesquels elle est fréquente, alors même qu'on leur donne une ration
ordinaire.

1er *traitement.* Les premiers moyens à employer
sont de courtes promenades à la main, le bouchonnement et les lavements à l'eau tiède, que l'on rend
excitants par une addition de sel commun ou de

savon. On excite l'estomac en administrant un breuvage d'un demi-litre d'eau simple, de menthe ou de
camomille avec une à deux onces d'éther sulfurique,
breuvage que l'on répète d'une à deux heures, si
les symptômes ne s'amendent pas.

Après la guérison, on fait faire une légère diète,
en donnant par petites portions des aliments de facile digestion. Si l'estomac faible conserve une prédisposition au retour de l'indigestion, on fait avaler
à l'animal, chaque jour, et à des intervalles convenables, deux à trois bols composés d'un gros d'aloès
et d'autant d'assa fœtida.

Ce traitement est aussi applicable à la colique par
météorisation. Lorsque les gaz augmentent, que le
ballonnement du ventre s'accroît; on prévient une
mort certaine en donnant une issue artificielle au
gaz, par un petit trocart qu'on plonge dans le flanc.

Colique stercorale.

2° *traitement*. La colique stercorale, celle due à
des vers intestinaux, demande des agents susceptibles de provoquer des contractions énergiques de
l'intestin et dont les effets sont rapides. Vingt-cinq
à trente graines de croton tiglium réduites en bol
avec de la poudre de guimauve remplissent ce but.

Colique des calculs intestinaux.

3° *traitement*. Dans les calculs intestinaux, on
calme la douleur, on ne saurait les expulser; on
administre, à cet effet, un breuvage d'éther lauda-
nisé.

Colique ou tranchées rouges.

4° *traitement*. Les tranchées rouges, dont la marche est si rapide, sont combattues par les saignées;

elles doivent être proportionnées à l'énergie du mal.
Sans avoir égard à la plénitude de l'estomac, on
extrait de huit à douze livres de sang et même plus;
car la mort est inévitable, si la saignée n'est pas
faite avec promptitude, si on y met de l'hésitation.

Les moyens accessoires sont le bouchonnement,
les lavements et la promenade.

On frotte le corps et principalement le ventre,
l'épine dorsale et les membres. Afin de produire
une plus forte excitation à la peau, on se sert, dans
les cas graves, d'essence de térébenthine dont on
frictionne l'abdomen.

Les lavements sont l'accessoire obligé du traitement des coliques; on varie leur composition suivant l'effet qu'on désire produire. La sécheresse du
rectum fait donner la préférence aux décoctions de
son, de graine de lin : les lavements excitants au
sel, au savon, remplacent avec avantage les précédents, quand la contre-indication précitée n'existe
pas.

Dans les constipations opiniâtres, les lavements
de décoction de tabac ou de fumée de tabac rendent
de bons services.

La promenade empêche l'animal de se débattre et
de se léser pendant les mouvements désordonnés
auxquels il se livre. Si, étant couché, il reste calme,
la promenade devient inutile.

Si la colique ne cède pas à l'ensemble du traitement que nous venons de décrire, elle se transforme
en entérite, qu'on doit combattre par de larges et
abondantes saignées. La grande irrégularité du pouls
est encore une indication pour la saignée.

CONSTIPATION.

L'animal rend avec difficulté les matières fécales, et, quand il y parvient, elles sont dures et peu abondantes.

Symptômes. Le mal est ordinairement un symptôme des différentes coliques (voyez ce mot). D'autres fois l'animal ne paraît pas souffrir, et alors cette indisposition est très peu alarmante. Cependant si elle dure, il faut y opposer les moyens de l'art, d'autant mieux qu'elle peut entraîner la maigreur et le marasme. Cette maladie peut tenir à plusieurs causes.

1° *Constipation par causes inflammatoires.* L'anus est enflammé, chaud, l'habitude du corps ainsi que la bouche le sont aussi ; les membranes apparentes sont rouges, le pouls très sensible.

2° Constipation par causes qui affaiblissent le canal intestinal, dont le mouvement péristaltique cesse ou diminue. L'anus est peu chaud, mais quelquefois rouge à cause de l'entassement des matières dans les intestins, qui empêche la sécrétion du mucus. La chaleur en est mordicante. Le poil est terne, l'animal triste, l'œil languissant, la bouche n'est pas chaude, les membranes pâles. Enfin dans les poulains, quelques jours après leur naissance, la constipation tient à des viscosités des restes de méconium, ou à un lait trop épais et mal digéré, surtout si l'animal est nourri par un autre que par sa mère et que le lait soit trop vieux. Ils ont alors la fièvre, battent du flanc, peuvent à peine se soutenir sur les jambes, n'ont pas la force de teter, souffrent des coliques ; leur ventre est tendu.

Causes. Les nourritures échauffantes et débili-
tantes, selon le cas ; la sécheresse ou l'humidité de
l'atmosphère ; les boissons.

Traitement. 1° Quand la constipation tient à des
causes inflammatoires, on donne le lavement suivant :

> Décoction de mauve . . . . . 1 litre.
> Nitrate de potasse . . . . . . 30 gr.

Cette dose suffit dans les grands animaux. On
donne ce lavement à froid. Dans les petits animaux,
on s'en sert pour plusieurs lavements, dont on règle
la dose par rapport au volume du corps de l'animal.

Le breuvage suivant :

> Décoction de chiendent . . . . 6 litres.
> Sel de nitre . . . . 16 gr.

On place cette boisson devant l'animal qui en
prend à sa volonté.

On donne le breuvage purgatif suivant :

> Pulpe de casse . . . . 300 gr.

Faites fondre dans un litre et demi de décoction
d'oseille ; laissez refroidir.

On soumet l'animal aux bains de rivière. Son régime consiste en paille et en eau blanche.

2° Quand la constipation est asthénique, on donne
le lavement suivant :

> Feuilles de tabac séché . . . . 60 gr.

Faites infuser dans deux litres et demi d'eau
bouillante, passez à travers un linge.

Le breuvage suivant :

> Camphre. . . . . 30 grammes.
> Vin rouge chaud . . . . 1 litre.

On pousse la dose du camphre à 60 grammes,

quand il y a un grand abattement de forces et que la première dose n'a pas paru produire d'effet.

On pratique sous le ventre des fumigations de baies de genièvre. Le régime consiste en luzerne, ou bon foin et avoine.

3° Enfin on remédie à la constipation des poulains par le purgatif suivant :

Pulpe de casse. . . . . 120 grammes.

dans un litre de décoction d'oseille.

Et le lavement suivant :

Feuilles de mauve. . . . une poignée.

Faites bouillir dans un litre d'eau ; administrez tiède.

CAPELET.

Tumeurs molles, chaudes ou froides, suivant qu'elles sont récentes ou anciennes ; elles ont leur siége à la pointe du jarret. Les contusions en sont les causes les plus ordinaires. Après des infiltrations étendues des membres postérieurs, les capelets persistent quelquefois, lorsque celles-ci sont dissipées.

Au capelet récent on oppose les réfrigérants ; le liniment préconisé contre les éponges se montre aussi actif contre les capelets froids sans inflammation ; l'onguent vésicatoire est encore efficace. Nous ne conseillons pas, en cas d'insuccès, d'en faire l'ouverture.

CRAPAUD.

Nom donné à une maladie du tissu sécréteur de la corne, et caractérisée surtout par des végétations cornées en forme de filaments. Cette affection exclusive au cheval, se montre plus souvent dans les localités humides et marécageuses que dans les contrées sèches et élevées. La forme du pied, la constitution de l'animal ne présentent pas des garanties de préservation. Les causes du *crapaud* sont, du reste, inconnues.

Symptômes. Une sécrétion purulente, fétide, se fait dans la lacune médiane et les lacunes latérales de la fourchette ; la corne se sépare du tissu sous-jacent ; celui-ci, dégarni de son enveloppe, se couvre de végétations produites par l'hypertrophie des papilles sécrétant la corne. Des faisceaux de fibres cornées s'en élèvent ; l'altération gagne la circonférence de la sole, s'insinue sous la paroi, détache les feuillets de chair des feuillets cornés, et un moment arrive où le sabot ne tient plus au pied que par la couronne. Dans cet état, le cheval ne boite pas toujours.

Le crapaud attaquant un pied peut successivement s'étendre à tous les quatre.

Traitement. On a considéré le crapaud comme étant de nature cancéreuse : de là lui est venu le nom de *carcinome du pied*, et sur cette idée fausse a été basé le traitement. La sécrétion de la corne seule étant altérée, il importe de respecter la structure organique du tissu qui la produit. Pour remplir cette indication, on enlève toute la corne désunie, les végétations sont excisées près de leur base, et on applique sur toute la surface dénudée une couche de goudron avec une étoupade. Ces applications amènent la sécrétion d'une corne de bonne nature. Dans les lacunes où le crapaud est plus tenace, on fait usage de caustiques, on les saupoudre de chaux vive. Si ce traitement reste inefficace, on

a recours à une pâte caustique composée d'alun
calciné et d'acide sulfurique, dont on continue l'usage
pendant dix à quinze jours, sans autre pansement.

La sécrétion permanente dont un ou plusieurs
pieds sont le siége enlève des sucs nutritifs à l'économie; il faut donc soutenir la malade par une
bonne alimentation et de petites doses de toniques
ferrugineux, dont l'abus conduit à la perte de l'appétit et à la constipation.

CERISE.

Tumeur charnue, rougeâtre, située aux environs
de la fourchette, et qui est causée par un déborde-
ment de chair à travers une ouverture de la sole du
pied.

Toutes les fois qu'à la suite de quelque opération
ou de quelque coup de boutoir maladroit en fer-
rant un cheval, ou de toute autre cause facile à supposer, on a pénétré jusqu'à la sole de chair, il est à
craindre qu'il ne naisse une semblable fongosité, si
l'on ne fait pas une forte compression, qui empêche
les chairs de déborder par l'ouverture qui se présente.

Traitement. Dans le cas où l'on aurait cet accident
à traiter, on couperait exactement avec le bistouri
toutes les chairs qui débordent. On panserait ensuite
avec des étoupes imbibées d'essence de térébenthine, et l'on ferait une forte compression.

CONTUSIONS.

Lésions produites dans les tissus par le choc d'un
corps à surface plus ou moins large, sans solution de
continuité à la peau. Les tissus sont froissés, les

fibres rompues, du sang epanché s'y infiltre ; une inflammation plus ou moins intense s'en empare, une tumeur se forme. Elle se dissipe par résolution, s'abcède, et si les tissus sont écrasés, broyés, la gangrène s'en empare.

Symptômes. Une tumeur plus ou moins volumineuse se développe avec rapidité ; elle est formée par l'épanchement d'un liquide et se présente sous trois aspects différents :

1° La tumeur est tendue, rénitente, chaude et douloureuse ; elle gagne de l'extension sans offrir une ligne de démarcation bien tranchée ; 2° elle est molle, pâteuse ; la douleur, la chaleur sont à peine marquées ; 3° elle est circonscrite, élastique, fluctuante.

Dans le premier cas, l'épanchement est nul ou presque nul et l'inflammation considérable ; dans le second, le liquide occupe les mailles du tissus cellulaire ; dans le troisième, il s'est réuni dans une cavité sous la peau.

Lorsque le corps contondant agit par une pression longtemps continuée, la peau devient dure, sèche, noirâtre ; elle est frappée de gangrène. La partie gangréneuse se détache par la suppuration du tissu sous-jacent.

Traitement. Dans toutes les contusions récentes, les réfrigérants et les résolutifs sont les meilleurs topiques ; les cataplasmes d'argile et de vinaigre souvent renouvelés sont appliqués jusqu'à ce que la chaleur et la douleur se dissipent. Si le froissement est considérable, que la partie semble paralysée, on a recours à l'eau-de-vie camphrée. Ils suffisent assez ordinairement pour obtenir la résolution. Dès que la tension et la douleur, au lieu de céder, augmentent, il faut cesser l'emploi des réfrigérants et les remplacer par les émollients. Ces signes indiquent la formation d'un abcès, que l'on ouvre aussitôt que la fluctuation annonce la présence d'un amas purulent.

Les plaques gangréneuses de la peau sont ramollies par des onctions de corps gras et enlevées au moyen de l'instrument tranchant, quand elles commencent à se détacher.

CARIE.

Suppuration de l'os, suite de l'inflammation de cet organe.

On la reconnaît à l'écoulement d'un pus noirâtre, fétide et peu lié ; la sonde introduite jusqu'à l'os affecté, rencontre une surface couverte d'aspérités, qui proviennent de l'érosion de cette surface.

Symptômes. Quand, à la suite d'un coup, d'une piqûre, ou de tout autre stimulant local, un os a été enflammé, et que l'inflammation ne s'est pas résolue dans les premiers jours, il ne tarde pas à présenter une suppuration que l'on a nommée *carie*. Dans un sujet sain, l'ulcère de l'os est suivi de l'apparition de bourgeons charnus qui se développent à sa surface et annoncent la cicatrisation. Mais le plus souvent la suppuration de l'os est d'une autre nature, elle tient plutôt du cancer : il se communique de proche en proche, et finit par causer la fièvre lente, le marasme et la mort.

On ne peut alors obtenir de guérison qu'en se procurant la chute des parties affectées (exfoliation), abreuvées de ce pus âcre, après quoi on n'a qu'une carie bénigne qui se granule et marche rapidement vers la cicatrisation.

Quand la carie accompagne un ulcère, celui-ci est toujours de mauvais caractère et ne guérit qu'après la guérison de la carie; ou s'il se referme auparavant, il ne tarde pas à se rouvrir et à donner de nouveau un pus noirâtre et fétide.

Quand la carie n'est pas accompagnée de plaie ou d'ulcère ouvert, les chairs qui la recouvrent deviennent violettes, molles, et finissent par s'ulcérer à travers l'ouverture qui se forme, ou pénètre jusqu'à l'os carié.

La carie est plus fréquente et s'étend plus rapidement dans les os spongieux. Les jeunes animaux y sont plus exposés. La carie des os de la tête s'explique facilement.

Causes. Un coup, un heurt, une piqûre qui causent l'inflammation de l'os ; le séjour du pus d'un ulcère voisin en contact avec l'os, ou enfin la dégénération interne des sucs osseux, et dans ce cas il est constitutionnel et ordinairement incurable.

Traitement. Il est très important, pour prévenir la carie, d'empêcher que le pus ne séjourne longtemps, surtout quand il n'a pas un écoulement convenable et que par son propre poids il porte sur des parties osseuses ou cartilagineuses.

Quand la carie est reconnue, on ne doit pas différer d'y appliquer le feu ; c'est le remède le plus sûr. On mettra donc les parties cariées à découvert si on ne peut pas y pénétrer librement, et on y appliquera un bouton de fer rouge à plusieurs reprises et à toute la surface cariée.

Si la plaie était profonde et qu'on crût ne pouvoir parvenir à l'os carié sans brûler les chairs, on ferait pénétrer le fer rougi à travers une canule.

Le pansement qui succédera à cette opération, sera fait avec l'étoupe hachée, imbibée de teinture d'aloès. L'appareil ne sera levé qu'au bout de sept à huit jours. On s'apercevra alors du changement de nature du pus et de la régénération des chairs, phénomènes qui constateront le succès de l'opération.

Cependant si la carie attaquait un os du crâne, on ne recourrait pas au cautère actuel, mais on opérerait l'exfoliation de l'os par les lotions et les applications de teinture de myrrhe et d'aloès, à moins que la carie n'attaquât quelque éminence osseuse considérable, et par là bien éloignée de la surface interne du crâne.

La carie attaque aussi les cartilages, et comme ils ne peuvent s'exfolier, on doit en venir à l'amputation de tous ceux qui en sont attaqués ; c'est ainsi que l'on doit agir très souvent dans le *mal de garrot* et dans le *javart encorné*. C'est ainsi que le *petit sésamoïde* (os de la noix, os naviculaire, *Lafosse*; os articulaire, *Bourgelat*) étant garni d'un cartilage à sa face intérieure, la mort doit suivre, dans les jeunes sujets, la suppuration de ce cartilage dans le cas de clou de rue, parce qu'il est impossible de l'extirper ; mais les vieux chevaux guérissent aisément, parce qu'alors le cartilage est ossifié.

CLOU DE RUE.

On se sert de cette expression pour désigner les blessures pénétrantes de la sole et de la fourchette par des corps aigus ou tranchants. Ce genre de blessure, plus commun chez le cheval, peut atteindre tous les animaux dont l'extrémité des membres est renfermée dans un étui corné.

Symptômes. Le clou de rue est *superficiel* ou *pénétrant* ; le premier, traversant la corne, n'atteint que le tissu mou sous-jacent ; le second va au-delà et lèse encore d'autres parties. Au centre du pied, le corps étranger peut atteindre l'articulation, le petit sésamoïde et l'aponévrose plantaire ; en avant il arrive contre l'os du pied ; en arrière, il se perd dans le coussinet plantaire.

Le degré de la claudication, les douleurs manifestes plus ou moins vives qu'éprouve l'animal, la présence ou l'absence de la fièvre, donnent la mesure de la gravité de la lésion et l'indice des parties atteintes.

L'écoulement de la synovie par la blessure est un signe que l'articulation se trouve atteinte. A ces caractères de gravité viennent se joindre l'extrême difficulté de l'appui, le gonflement de la couronne où se forment des abcès ainsi que dans le pli du paturon ; il s'en écoule un pus fétide, sanguinolent ; après leur ouverture, il reste un ulcère fistuleux. La douleur force l'animal au décubitus ; il succombe dans de longues souffrances, quand on ne parvient pas à prévenir cette issue fatale.

Le clou de rue pénétrant constitue toujours un accident dangereux, car, dans les cas favorables, il conduit souvent à la déformation du sabot. L'appui qui, dans les pieds de derrière, se fait longtemps sur le sabot sain, peut y dévolopper une inflammation chronique ; la déformation en est la conséquence : de manière qu'à la guérison complète de l'accident succède une claudication permanente du pied qu'il n'a pas atteint.

Traitement. Le clou de rue superficiel récent et sans froissement des parties molles, peut se guérir par première intention.

Après avoir enlevé le fer, on amincit la sole et on enveloppe le sabot dans un cataplasme réfrigérant. Le séjour plus ou moins prolongé du corps étranger dans la plaie, la présence du pus réclament une brèche circulaire de la corne au pourtour de la solution de continuité, de manière à en mettre le fond à découvert. Quelques pansements d'étoupes trempées dans l'eau-de-vie suffisent pour amener la guérison en peu de jours.

Dans le cas de clou de rue pénétrant, les délabrements sont subordonnés au siége de la lésion et aux organes intéressés. La blessure de l'os du pied, du sésamoïde, est suivie d'une exfoliation. Après avoir débridé la corne par des brèches, on incise les tissus mous jusque sur le point atteint, que l'on met ainsi à découvert; on attend l'exfoliation, si on ne préfère l'accélérer en ruginant.

La lésion de l'expansion aponévrotique exige son débridement. Pour y arriver on enlève la sole en totalité ou en partie, on extirpe le coussinet plantaire, et une incision longitudinale est pratiquée dans l'aponévrose.

Après ces opérations, on attache un fer, la plaie est pansée à l'aide d'étoupes mouillées et maintenues par des éclisses. Afin de prévenir une forte inflammation, le pied est lotionné avec de l'eau froide. Le deuxième jour, ce premier appareil est enlevé, on fait un second pansement, les premiers plumasseaux imbibés d'eau-de-vie; on continue ainsi jusqu'à guérison. S'il y a carie de l'os, on panse avec le baume opodeldoc.

La capsule synoviale étant ouverte, on applique sur la solution de continuité un plumasseau chargé de pâte camphrée qu'on laisse en place aux pansements subséquents.

L'état général de l'animal demande une grande attention, suivant l'intensité de la fièvre; on combat celle-ci par la diète et la saignée répétée au besoin.

COURBE.

Nom que l'on a donné à une tumeur osseuse oblongue, située en dedans du jarret, sur l'extrémité inférieure et interne du tibia, et gênant souvent le mouvement de l'articulation.

Causes. Elle est produite le plus communément par un effort, un coup, une chute, un exercice trop grand, etc.

Traitement. Cette tumeur attaque le condyle interne du tibia. Elle fait boiter l'animal quand elle est parvenue à une certaine grosseur, et finit par produire l'ankylose de l'articulation. Alors le jarret est entièrement cerclé, noyé dans un empâtement général; le tissu cellulaire et les ligaments ont dégénéré en une masse lardacée. A cette époque avancée, on ne peut plus espérer de guérison. Mais la maladie reconnue avant qu'elle ne fasse boiter l'animal, on prévient cet inconvénient en appliquant le feu au jarret; et dans les premiers moments de la maladie, quand il y a encore sensibilité et inflammation, par l'usage des bains froids ou tièdes et des cataplasmes émollients de feuilles de mauve.

COURONNÉ (CHEVAL).

Celui qui, dans une chute sur les genoux ou par l'effet d'un coup, a la peau du genou dilacérée ou seulement privée de poils, ce qui suppose qu'il est tombé, et qu'il s'est abattu. Quelquefois cependant le cheval se couronne en se heurtant le genou contre l'auge ou la muraille.

Traitement. Quand le coup a seulement enlevé les poils, le cas, quoique désagréable, puisque le poil ne repousse plus qu'en partie et que le cheval en reste marqué, n'est nullement dangereux et n'exige aucune espèce de remèdes. Si l'épiderme est écorché, on aura seulement une écorchure à raiter et que l'on traitera de la même manière que pour une plaie (voyez page 160).

Mais si la peau est entièrement dilacérée, la plaie devient très grave, en ce que le mouvement du genou l'empêche de se régénérer. Il faut alors appliquer derrière le genou une pièce de bois, que l'on serre dessus et dessous et qui en arrête le mouvement. On ne l'enlève que quand la peau est entièrement régénérée.

Autre traitement. Chacun sait qu'un cheval couronné a perdu beaucoup de sa valeur, surtout si la couronne, comme cela arrive souvent, laisse des traces visibles. Pour éviter cet inconvénient, lorsque le cheval vient d'éprouver cet accident, reconduisez-le au pas jusqu'à l'écurie.

Lavez à l'eau froide la blessure pour la nettoyer parfaitement sans l'irriter par aucune friction ; essuyez ensuite avec un linge très doux, et mettez ensuite une couche d'environ un travers de doigt d'épaisseur de coton bien cardé ; fixez le coton par une large bande de flanelle (et non de toile), recouvrez le tout d'une genouillère de peau, afin de prévenir les coups, mais sans la serrer trop. Laissez reposer le cheval pendant trois jours sans toucher l'appareil.

Lavez alors la genouillère et le bandage; enlevez ensuite, mais délicatement, le coton autour de la plaie, sans toucher la croûte qui se sera formée; promenez le cheval au pas afin que la croûte ne se rompe pas, puis mettez une nouvelle couche de coton, sans enlever celui qui est adhérent à la croûte; remettez le bandage et la genouillère; en douze ou treize jours la croûte tombe, et l'on voit dessous une peau nouvelle recouverte de poils sans aucun changement, même dans la couleur.

DIARRHÉE.

La fréquence et la liquidité des déjections alvines constituent la *diarrhée*. Tous les animaux y sont sujets; elle attaque de préférence les jeunes individus.

Symptômes. Outre les évacuations liquides rapprochées, lancées par jets, qui salissent la queue et les membres postérieurs, on ne remarque pas de phénomènes sensibles, à moins que, dès le début, la diarrhée ne soit accompagnée de douleurs abdominales et de réaction fébrile. Lorsque la maladie se prolonge et passe à l'état chronique, l'appétit diminue ou devient irrégulier, la soif se prononce, les flancs se creusent, la peau devient sèche, adhérente; l'animal maigrit considérablement.

La durée est indéterminée, la diarrhée se prolonge de quelques jours à quelques semaines, elle passe à l'état chronique et entraîne le malade à la mort. Elle offre le plus de danger pour les jeunes animaux à la mamelle.

Autopsie. La muqueuse intestinale est rouge, infiltrée, enflammée par plaques, principalement vers
l'extrémité ; ou bien elle se présente pâle, livide,
comme si elle était ratissée ; souvent on observe des
altérations dans le foie. La panse et la caillette des
veaux et des agneaux contiennent encore des caillots caséeux ou des pelotes de fourrages secs qu'ils
n'ont pu digérer, et qui entretenaient une excitation
permanente.

Causes. On sait que le passage du régime sec au
régime vert provoque une diarrhée cessant spontanément au bout de quelques jours ou par la dispensation de fourrages secs. Des aliments pauvres en
matières nutritives, avariés, moisis, exposés à des
pluies continues, des prés humides, bas, marécageux ; des eaux dures, bourbeuses, sont des causes
qui, quand elles persistent, font passer la diarrhée
à l'état chronique.

Les jeunes animaux contractent la diarrhée par
des aliments indigestes : tel est un lait gras ayant
séjourné longtemps dans les mamelles.

Traitement. Les bouillies de farine suffisent,
dans les cas ordinaires, à mettre un terme à la diarrhée. Si elle persiste ou récidive, on y ajoute de l'o-
pium, à la dose de deux gros dans les vingt-quatre
heures. La nourriture se compose de foin, de farine
d'orge ou de féveroles.

La diarrhée menaçant de devenir chronique, on
prépare les breuvages de bouillie avec des décoctions astringentes d'écorces de chêne, de saule, de
marronnier d'Inde, de racine de tormentille. La racine de columbo, en poudre ou en décoction, à la
dose de deux à quatre onces par jour, est un moyen

précieux, mais il ne faut pas attendre que le mal soit invétéré, surtout chez la bête bovine où les vieilles diarrhées résistent opiniâtrément à toutes les médications. L'alun, le chlorure de fer, les sulfates de zinc et de cuivre, à la dose d'un à deux gros par jour, dans une décoction mucilagineuse, sont des moyens à tenter, mais dont on ne saurait garantir le succès.

Le changement de régime des mères est souvent nécessaire dans la diarrhée des nourrissons ; une alimentation forte se modifie par des fourrages moins substantiels et quelques jours de diète légère, ou bien encore, on donne à boire au jeune animal du lait de vache qu'on peut réduire en bouillie, en y ajoutant de la farine ; le blanc d'œuf, l'amidon bouilli, rendent encore de bons services. Une évacuation de matières jaunes caillebotées, d'une odeur aigre, demande l'addition au breuvage de dix à vingt grains de magnésie. Dans la diarrhée chronique des jeunes animaux, les astringents n'ont qu'un succès momentané, si ce n'est la rhubarbe, qui produit des effets durables. Cet agent relève l'atonie du tube digestif.

On ne saurait apporter trop de soin à débarrasser de la diarrhée les jeunes animaux, car cette affection les épuise et les retarde considérablement dans leur croissance.

DIABÈTE (URINE PALE).

La sécrétion très abondante des urines avec absence de fièvre s'appelle diabète ; les urines sont insipides. Le diabète a été observé sur le cheval, le mouton et la bête bovine.

Symptômes. Abondantes excrétions d'une urine limpide, claire comme de l'eau, soif inextinguible ; la peau sèche, aride, se colle aux os ; l'appétit se perd à la longue, l'animal maigrit, tombe dans le marasme et périt d'épuisement. Chez la bête bovine, les urines, claires d'abord, prennent un reflet verdâtre et ont une saveur sucrée.

Autopsie. Les reins sont flasques, décolorés ; les uretères et la vessie se présentent tantôt épaissis, tantôt amincis et dilatés.

Causes. Les eaux dures, chargées de sels calcaires, des fourrages avariés et surtout l'avoine moisie qui a séjourné dans les bateaux où elle a été mouillée d'eau de mer, sont doués de la propriété de provoquer des flux immodérés d'urine. Le dompte-venin partage cette propriété, ainsi qu'il a été constaté sur le mouton ; la pulsatille, l'adonis, l'anémone, se classent parmi les végétaux suspects. Les écuries froides et humides ne sont pas à l'abri dé reproche.

Traitement. Des fourrages sains, des eaux pures, des locaux secs, chauds, dont on favorise l'action par des couvertures, sont des conditions sans lesquelles la médication devient inutile. L'agent médicamenteux le plus actif et qui ne compte, pour ainsi dire, pas d'échecs, est le bol d'Arménie à la dose de deux à quatre onces par jour, donné seul ou associé aux astringents. Le carbonate de fer constitue encore un moyen fort actif.

DARTRES.

Symptômes. Les pustules sont petites, la tumeur s'étend peu et semble bornée tout autour et régulièrement par une induration de la peau. L'ulcère est superficiel et ne creuse pas; le pus fourni par les pustules se dessèche et prend aussitôt la forme farineuse.

Elle attaque surtout la tête, les hanches et les parties de la peau qui sont le plus immédiatement situées sur les os.

Causes. La contagion.

La disette, la mauvaise nourriture, les habitations humides, les bivacs, la saleté, les sueurs excessives, les travaux forcés, le changement subit de température, etc.

Traitement. Séparer les animaux malades des animaux sains.

Dans les premiers temps que la maladie paraît, l'affection étant purement locale, il est sans inconvénient de la supprimer brusquement. On n'emploiera donc alors que le traitement local, qui consistera dans l'application d'une des substances suivantes : la décoction de tabac; l'huile empyreumatique étendue dans trois ou quatre fois la même quantité d'eau; l'onguent mercuriel, l'onguent citrin, l'huile de laurier, l'huile de cade, le cérat de Saturne.

Sur les dartres qui résistent à ces remèdes, on emploie avec succès les onctions d'onguent vésicatoire qui excite une suppuration dans la plaie, à la suite de laquelle elle se dessèche facilement par le moyen d'un des médicaments proposés ci-dessus.

EAUX AUX JAMBES DU CHEVAL.

Cette affection a son siége au paturon; elle se manifeste plus souvent aux membres postérieurs qu'à ceux du devant ; elle gagne peu à peu le boulet et le canon. On l'a encore appelée *phymatose*, nom impropre, car elle n'a rien de commun avec le tubercule.

Symptômes. Une inflammation érésipélateuse s'empare de la peau du paturon ; cette partie se tuméfie, est rouge, plus ou moins tendue, chaude et douloureuse. Ces phénomènes sont plus ou moins sensibles : tantôt la tuméfaction, assez peu prononcée, n'occasionne que de la gêne dans la marche ; d'autres fois, le mouvement devient fort pénible. Quelques symptômes fébriles accompagnent communément l'évolution du mal local ; ils se dissipent bientôt, si ce dernier n'éveille pas de vives douleurs.

Vers le deuxième ou troisième jour, il suinte des vésicules ou des pores cutanés un liquide jaunâtre d'une odeur particulière, légèrement âcre et corrosif. Quelques poils tombent, d'autres se dressent et s'agglutinent par le liquide, qui prend de plus en plus de la consistance et de la viscosité ; la peau légèrement corrodée se crevasse transversalement. Le liquide se concrète, forme des croûtes, la sécrétion cesse, la peau reprend son état normal, et la guérison a lieu au bout d'une quinzaine de jours.

Telle est la forme aiguë des eaux aux jambes, celle dont la sécrétion, recueillie tout au commencement et inoculée à l'homme et à la vache, produit des pustules vaccinales.

Si le suintement persiste, la maladie passe à l'état chronique ; le liquide âcre, sanieux, d'une mauvaise odeur, fait adhérer les poils qui se dressent ; la peau et le tissu cellulaire s'indurent ; les gerçures et les crevasses à bords cailleux gagnent en profondeur, s'ulcèrent ; des fics se développent. Le mal, dans cet état, peut persister des mois et des années ; quelquefois il descend vers les lacunes latérales de la fourchette et se complique de crapaud.

Causes. Les eaux aux jambes fébriles sont la conséquence d'une cause interne; elles attaquent de préférence les jeunes chevaux, au printemps et en automne. La malpropreté, le froid humide provoquent également l'exanthème.

Traitement. Les cataplasmes de farine de lin et un purgatif, après la disparition de la fièvre, suffisent pour amener la guérison.

Si le suintement persiste, que l'état chronique soit évident, on emploie les astringents, les solutions d'alun, de sulfate de zinc, de cuivre, de décoction d'écorce de chêne. Il est plus commode de saupoudrer la surface avec une poudre composée d'une partie de sulfate de cuivre et de huit parties de racine de tormentille. Lorsque le mal ne cède pas à ces moyens, on a recours à des agents plus énergiques : une solution de sublimé corrosif, de sulfate de cuivre ammoniacal. La plus grande propreté doit être observée.

Les purgatifs aloétiques, les diurétiques, le séton, contribuent beaucoup à une issue favorable.

ÉPARVIN.

On appelle ainsi, dans le cheval, une tumeur qui occupe la face interne du jarret, et qui, molle dans son origine, passe graduellement à l'état de plâtre frais.

Symptômes. Quand cette tumeur commence à paraître, on y distingue de la fluctuation, et elle est très petite ; peu après elle grossit et s'endurcit. Elle a son siége dans la capsule même de l'articulation, et pourrait passer, à juste titre, pour une hydropisie articulaire. Elle ne diffère pas par sa nature du vessigon, mais seulement par sa position.

Il arrive quelquefois que les éparvins de bœuf ne font pas boiter l'animal, mais plus souvent il en boite, et même en souffre beaucoup dans ses mouvements.

Causes. Des efforts, des fatigues excessives, des coups sur les jarrets, les inflammations chroniques des ligaments capsulaires. etc., etc.

Traitement. Prenez :

Sel de Saturne. . . . . . 4 grammes.

que vous ferez fondre dans un 1/2 litre d'eau, ou mieux dans un 1/2 litre de vinaigre, avec lequel vous laverez la partie malade. S'il ne guérit pas passé un mois, appliquez-lui quelques pointes de feu, mais jamais de corps gras ni onguent.

ÉPONGE.

Tumeur qui se développe sur la pointe du coude du cheval se couchant *en vache*, et qui est causée par les contusions répétées de l'éponge ou du crampon de la branche interne du fer fixé au pied correspondant.

Symptômes. Ces tumeurs, dont la forme et le volume ne sont pas toujours les mêmes, varient encore suivant leur âge. Récentes, elles sont inflammatoires et remplies d'un épanchement séreux ou séro-sanguinolent ; anciennes, elles sont froides et le liquide épanché s'est organisé : le tissu de nouvelle formation se présente mou, spongieux, lardacé, cartilagineux et même osseux. Les tumeurs sont mobiles ou elles ont contracté une adhérence avc le coude.

Traitement. On commence par écarter la cause, en raccourcissant l'éponge de fer interne, et autour du paturon de ce membre on boucle un coussinet, afin d'empêcher le sabot de toucher le coude. Les réfrigérants sont appliqués sur les éponges récentes ; la suppuration exige l'ouverture ; cette terminaison est désirable, car elle amène une guérison radicale. On ouvre également celles qui renferment un épanchement séreux ou sanguinolent.

Les éponges froides, chroniques, peuvent encore se dissoudre par un liniment composé de quatre onces de savon vert, une once de sel ammoniac, six gros d'huile de pétrole et autant de teinture de cantharides. On fait une forte friction par jour ; tous les trois ou quatre jours, on suspend pour laver la région à l'eau de savon.

Les tumeurs froides indurées sont extirpées.

EXANTHÈME PAPULEUX.

P etites élevures cutanées ne contenant ni pus, ni sérosité ; elles sont solides et dépendent d'une inflammation de la peau. On les appelle encore *efflorescences papuleuses.*

PRURIGO.

Ce mot latin, synonyme de *démangeaison,* sert à désigner une affection de la peau, générale ou locale, qui porte les animaux à se frotter contre les corps durs à leur portée.

Symptômes. La démangeaison, le seul symptôme

tombant directement sous les sens, est, pour ainsi dire, continue ; elle devient intolérable lorsque le corps est échauffé par le mouvement. La peau, qui dans le principe ne présente que peu ou point de changement, se trouve, à un examen attentif, parsemée de petites papules que les frottements dénudent et qui se couvrent ensuite de croûtes minces ; le frottement enlève les poils.

Le prurigo a principalement son siége à la tête et sur le dos ; il se localise aussi à la crinière et à la base de la queue. Il est fort rebelle dure des semaines, des mois ; il disparaît souvent en automne et en hiver, pour se reproduire au printemps.

Causes. Le prurigo dépend d'une cause interne inconnue. Il faut donc distinguer cette démangeaison de celle que provoquent la gale, la vermine et la malpropreté.

Traitement. On commence par un purgatif aloétique, qu'on renouvelle tous les huit à dix jours. Le régime consiste en une nourriture rafraîchissante, composée de jeunes chardons, d'herbes, de trèfles, de racines. A des animaux forts et bien nourris, on pratique une saignée. Localement la peau est soumise à de fréquents lavages à l'eau de savon. Ces lavages sont surtout efficaces dans le prurigo de la queue et de la crinière. S'ils se montrent insuffisants, on scarifie la peau, et quand le sang s'est arrêté on y fait une friction à l'essence de térébenthine.

Dans les cas opiniâtres, et les purgatifs restant inefficaces, on administre des bols composés de soufre et de goudron, à la dose journalière d'une once de chacune de ces substances. Maintes fois l'arsenic

employé avec persévérance, à la dose de dix grains
par jour, a triomphé d'un prurigo rebelle.

ÉRÉSIPÈLE PHLEGMONEUX DE LA CUISSE.

Symptômes. Une tumeur inflammatoire se développe rapidement à la face interne de la cuisse ; elle
n'est pas toujours très forte, mais, par contre, on y
ressent une chaleur brûlante, et le toucher y éveille
une grande souffrance ; l'animal boite. Elle se déclare ordinairement en une nuit, sans cause connue.
Elle est accompagnée de phénomènes inflammatoires, de manque d'appétit, de constipation ; la langue
se couvre d'un enduit jaune.

L'affection marche vite ; elle se termine en quelques jours, par résolution, gangrène ou formation
d'abcès. Le cours peut aussi se ralentir, et la tuméfaction rester stationnaire. Dans ce cas, les phénomènes généraux sont moins saillants et les symptômes locaux n'ont pas un caractère inflammatoire
aussi développé, quoique la pression de la partie supérieure du plat de la cuisse provoque encore de
vives douleurs.

La terminaison phlegmoneuse, plus commune
dans la tuméfaction circonscrite, donne naissance à
un abcès unique assez profondément situé, ou à des
dépôts purulents disséminés dans le tissu cellulaire
intermusculaire.

Traitement. Le traitement antiphlogistique, la
diète, les saignées générales, répétées au besoin, les
émissions sanguines et les lotions émollientes locales, les boissons nitrées, sont indiquées dans l'état
suraigu. Lorsque les phénomènes fébriles sont peu
ou point prononcés, outre le traitement local qui

reste le même, on administre un purgatif à l'aloès. La formation d'un abcès exige son ouverture ; on anime les tissus par des injections de chlorure de chaux liquide, jusqu'à ce que le pus soit devenu bon et louable.

ENCHEVÊTRURE.

Écorchure ou plaie au paturon, produite par l'effet de la longe dans laquelle le cheval s'embarrasse.

Dans ce cas, le cheval impatienté d'être trop longtemps pris, se débat, et si l'on n'arrive pas promptement pour le dégager, le frottement réitéré de la longe produit les écorchures dont nous venons de parler.

Traitement. Si l'on s'aperçoit de l'inflammation à la couronne, on y applique le cataplasme restrictif suivant :

> Séné en poudre . . . . 1 kilogramme.
> Vinaigre, quantité suffisante pour faire un
>   cataplasme.

Appliquer autour du pied, avec un linge que l'on serrera peu autour du paturon.

ENTORSE.

L'*entorse* consiste en un tiraillement violent des parties molles et des ligaments qui environnent une articulation.

Symptômes. Le premier phénomène est la douleur qui s'exprime par une claudication ; puis survient une inflammation plus ou moins forte et saisissable, suivant que l'articulation, à son pourtour, est riche ou pauvre en tissus mous. L'inflammation se résout au bout de six à huit jours dans les cas favorables, et, sauf une sensibilité de l'articulation qui persiste encore quelque temps, l'animal peut être considéré comme guéri, si toutefois on le ménage, car ce genre de claudication est très sujet à récidiver. Dans les cas défavorables, l'inflammation passe à l'état chronique; l'exsudation se produit, les ligaments s'épaississent. des modifications organiques surviennent dans les articulations; les cartilages d'encroûtement disparaissent, etc. Ces désordres consécutifs entraînent une claudication permanente.

Causes. L'entorse est toujours due à l'action d'une cause qui tend à faire exécuter à l'articulation un mouvement forcé, et un mouvement auquel ne se prêtent pas la disposition des surfaces articulaires ni celle des appareils ligamenteux qui les assujettissent.

Traitement. Les réfrigérants, appliqués avec une grande persévérance, constituent le moyen le plus efficace dans les entorses récentes : les lotions, les douches à l'eau froide, sans jamais laisser sécher la partie, suffisent à amener la guérison. Si, malgré l'emploi de l'eau, l'inflammation fait des progrès, si la chaleur et la douleur sont vives, la tuméfaction considérable, il faut recourir aux cataplasmes et aux lotions émollientes. Quand les symptômes inflammatoires ont à peu près cessé, on remplace les émollients par l'eau de Goulard.

Cette dernière complication ne se produisant pas, l'eau froide est discontinuée, dès que la chaleur et la douleur ont disparu; on dissipe la sensibilité, qui entretient une légère claudication, par des frictions d'alcool camphré, d'essence de térébenthine, de lavande, suivant la persistance de la boiterie. Celle-ci étant devenue habituelle, et l'inflammation ayant passé à l'état chronique, on passe à l'onguent vésicatoire, au séton, au feu.

Le repos absolu est une condition indispensable de succès ; l'utilisation prématurée, après la guérison, occasionne maintes fois des récidives.

ÉCART D'ÉPAULE.

L'animal boite de l'épaule, c'est-à-dire qu'il décrit un arc de cercle avec l'extrémité affectée en marchant ; la claudication diminue par l'exercice. Les muscles des bras et de l'épaule sont gonflés et douloureux.

Cet accident survient à l'animal en faisant une chute, un effort, ou quand les deux jambes de devant glissent en sens contraire. La durée de la maladie est proportionnée à la gravité de l'écart ; quelquefois les ligaments de l'épaule ne sont que légèrement distendus ; d'autrefois ils sont rompus.

On ne peut sans doute admettre aucune comparaison entre ces deux affections ; la première se guérira aisément, la seconde ne se guérira jamais. Au reste, on jugera du plus ou moins de gravité de l'écart par la manière plus ou moins forte dont l'animal fauchera ; quelquefois il fauche si peu, que ce mouvement est imperceptible au pas, et qu'on ne le reconnaît qu'au trot.

Traitement. On frictionnera la partie malade avec l'huile essentielle de térébenthine pendant quelques jours ; si ce moyen ne produisait pas un effet satisfaisant, on pourrait se servir de la charge suivante :

<pre>
Poix grasse . . . . 120 grammes.
Térébenthine   30   »
</pre>

Faites fondre, trempez dans le mélange fondu des étoupes que vous placerez sur la partie malade, dont on aura rasé le poil.

Si l'étendue de cette partie était peu considérable, on pourrait préparer une moins grande quantité de cette composition, ou bien du feu.

ÉPILEPSIE OU MAL CADUC.

Maladie qui se manifeste par des accès plus ou moins rapprochés de mouvements convulsifs et d'abolition complète des fonctions des sens et de l'intelligence.

Symptômes. L'accès commence par le vertige, auquel succède un tremblement général ; les membres s'écartent, le corps perd l'équilibre, tombe, et les convulsions s'en emparent. Les yeux pirouettent dans leurs orbites, l'encolure se contourne convulsivement ; on entend des grincements de dents, et la bave s'écoule de la bouche. L'accès se calme ; le corps se couvre de sueur ; les urines et les excréments partent involontairement. Le sentiment reprend son empire et, sauf de l'abattement, l'accès ne laisse pas de trace. Sa durée est de cinq à quinze minutes ; il revient à des intervalles indéterminés, qui se rapprochent ou s'éloignent sans régularité.

Causes. Les vers intestinaux, des troubles gastriques peuvent occasionner des accès épileptiformes, et, chez le porc, l'irrégularité dans la distribution des repas. L'épilepsie véritable consiste en une affection du cerveau dont la nature varie, et qui assez souvent ne laisse pas de traces matérielles après la mort.

7

Traitement. Le rétablissement du tube digestif, l'évacuation des vers font cesser les accès épileptiformes ; l'épilepsie dépendant d'une affection cérébrale est incurable.

FOURBURE CHRONIQUE.

Douleur chronique du pied, caractérisée par sa sensibilité, la difficulté de le poser à plat, et surtout l'action de l'appuyer du talon et d'éviter toute compression de la pince, sans chaleur locale ni fièvre générale.

Symptômes. Cette maladie, qui naît de l'engorgement des vaisseaux du pied qui compriment les parties molles, ou des désordres de la corne (les croissants, l'encastellure, les cercles, etc.), qui, en changeant de forme, produit les mêmes effets, est une suite assez commune de la fourbure inflammatoire.

La douleur des pieds se prolonge souvent indéfiniment, et l'animal éprouve toujours de la gêne à marcher, surtout sur les corps durs ; la moindre compression le fait tellement souffrir, qu'il boite ensuite pendant quelques instants.

D'autrefois la maladie se termine par une nouvelle fourbure inflammatoire, qui dissipe l'engorgement en communiquant un mouvement à ces vaisseaux engourdis, dilatés par des fluides sans action.

La douleur peut devenir si vive et si constante, que l'animal soit incapable de mouvement et qu'il faille renoncer à en tirer service.

Enfin on a vu la fourbure chronique se terminer subitement par la gangrène des parties molles du pied qui causait la chute du sabot.

Traitement. On traite les différentes affections du pied du cheval que l'on peut soupçonner d'être la cause de la fourbure chronique.

Quelquefois les désordres du pied sont tels et le sabot tellement contrefait, qu'on ne peut pas espérer de lui rendre une meilleure forme par la ferrure, et qu'on doit se décider à l'extirpation complète de l'ongle.

Dans tous les cas, on fera des frictions le long du canon et du boulet avec le liniment volatil suivant :

> Ammoniaque liquide . . .   8 grammes.

Ajoutez huile d'olive jusqu'à ce qu'en secouant bien le mélange, vous obteniez une pommade blanche, de la consistance du beurre légèrement chauffé, ou bien seulement avec l'huile essentielle de térébenthine.

On seconde ces moyens par la promenade, et au retour, on remplit le dessous du pied de plumasseaux imbibés d'huile de laurier chaude, que l'on maintient par des attelles.

FRAIEMENT DES ARS.

Ecorchure dans cette partie (le point de réunion des extrémités antérieures avec le corps, les aisselles dans l'homme).

Quand l'écorchure est considérable, l'animal boite et fauche. Quelquefois on jugerait, au premier abord, que l'animal a un écart, tant la douleur rend ses mouvements irréguliers.

Cet accident arrive aux animaux trop gras, peu faits à la fatigue. Pour la cure, quand l'écorchure est enflammée, on abat l'inflammation par l'application du blanc de baleine ou de l'huile battue dans l'eau, ou de la poudre de charbon seule ou incorporée à quelque graisse précédée de douches d'eau de mauve sur la partie.

S'il y avait de la fièvre, on saignerait l'animal, ou au moins on le mettrait à l'usage des boissons nitrées.

> Décoction de chiendent . . 6 litres.
> Nitrate de potasse . . . . 16 grammes.

On place cette boisson froide devant les animaux, qui en prennent proportionnellement à leur soif.

Il est sans aucun danger, mais il fait craindre la récidive; et comme il se guérit principalement par le repos on doit éviter de choisir un animal qui se fraie aux ars, si on le destine à un service actif.

FOURMILIÈRE.

Désunion de la paroi (la corne) et de la chair cannelée, ce qui produit un vide sous la muraille, prolongé souvent jusqu'à la couronne, et plus ou moins étendu en largeur.

Symptômes. On reconnaît la fourmilière au son creux que rend la corne dans cet endroit; on découvre le vide en parant beaucoup le pied du cheval. Cette maladie n'entraîne aucun inconvénient.

Causes. La fourmilière est ordinairement une des suites de la fourbure; mais elle a souvent lieu aussi, dans les chevaux qui ont la corne sèche, après un voyage dans la saison chaude, dans les chevaux que l'on conduit trop souvent à l'eau et dont on ne graisse pas les pieds.

Traitement. La cure palliative consiste à appliquer au pied un fer privé d'étampure à la partie qui répond à la fourmilière, et sous lequel on mettra des morceaux de feutre pour empêcher le gravier et la poussière de pénétrer dans la cavité. On a soin de graisser constamment les pieds du cheval.

La cure radicale consiste à ouvrir la fourmilière dans toute son étendue avec une rénette ; on a par ce moyen une véritable *seime,* que l'on traite par les moyens indiqués à cet article.

FARCIN.

Cachexie lymphatique qui se caractérise par l'inflammation suivie du ramollissement des ganglions et des vaisseaux lymphatiques. On l'observe chez le cheval, rarement sur l'âne et le mulet, quelquefois sur le bœuf. On distingue le farcin en *aigu* et *chronique.*

Symptômes. Quelques avant-coureurs précèdent parfois l'éruption du farcin : de mouvements fébriles, des œdèmes aux membres, au poitrail, à l'abdomen, disparaissaient pour se reproduire. Bien souvent ces phénomènes précurseurs font défaut et le farcin éclate tout à coup. A la périphérie surgissent des boutons tantôt isolés (farcin *boutonneux*), tantôt réunis par des tumeurs allongées, sous forme de cordes (farcin *cordé*), et simulant une corde noueuse, dont les nœuds sont espacés ; d'autres fois, un paquet de ganglions lymphatiques forme des tumeurs farcineuses. Les boutons et les cordes se ramollissent ; ils donnent issue à un liquide purulent, dans lequel nage une matière caséeuse ; les ulcères qui en résultent s'étendent, mais ne manifestent aucune tendance à la cicatrisation. De ces ulcères s'élèvent parfois des végétations fongueuses, se reproduisant à mesure qu'on les détruit ; cette forme a reçu le nom de farcin *cul-de-poule*.

Lorsque le farcin se fixe sur un ou sur les deux membres postérieurs, il leur fait acquérir un volume énorme.

A mesure que les anciens ulcères se cicatrisent, il s'élève de nouveaux boutons, de nouvelles cordes ; l'animal dépérit, malgré la persistance de l'appétit ; les ganglions de l'auge se tuméfient ; la morve chronique, dégénérant en morve aiguë, vient compliquer le mal et termine la vie. La morve aiguë peut survenir d'emblée.

Le farcin aigu, plus rare que le chronique, commence par de petits boutons, des cordes peu volumineuses, qui disparaissent et ne tardent pas à faire une nouvelle éruption. En un temps très court, les boutons s'ulcèrent, les parties contiguës sont corrodées, la morve aiguë se déclare, et le malade succombe.

Le farcin du bœuf, toujours chronique, se présente sous forme de tumeurs et de cordes ; elles persistent longtemps sans ulcères ; cette terminaison n'est même pas ordinaire : plus communément elles dégénèrent en un tissu lardacé.

Autopsie. A côté des désordres superficiels de la peau, on trouve une altération des ganglions plus profondément situés, principalement de ceux du mésentère ; les poumons contiennent des tubercules.

Causes. Elles sont les mêmes que celles de la morve. Comme la morve, le farcin est contagieux ; il se transmet au cheval, à l'âne, au mulet et à l'homme. Le virus morveux peut donner naissance au farcin ;

le virus farcineux, inoculé à son tour, peut engendrer la morve.

Diagnostic. On pourrait confondre le farcin avec l'urticaire, les larves de l'œstre sous-cutané et l'angioleucite. La différence entre le bouton farcineux et ceux des deux premières affections n'offre aucune difficulté ; il n'en est pas de même des boutons et des cordes de l'angioleucite.

Pendant les premiers temps de l'acclimatation des jeunes chevaux, vers le moment où des signes d'indisposition font croire à une gourme commençante, les lèvres se tuméfient, des phlegmons diffus s'y forment, elles présentent un aspect irrégulièrement bosselé. Des cordes partent des points phlegmoneux des lèvres, parcourent le chanfrein, les naseaux, la mâchoire, et vont rejoindre un ganglion tuméfié de l'auge ; quelquefois elles s'étendent jusqu'à l'encolure. Des nodosités s'y forment, celles-ci se ramollissent et donnent issue à un pus liquide, souvent sanguinolent. Malgré la similitude, il existe une différence essentielle ; l'ulcère farcineux tend à creuser, à s'élargir, celui de l'angioleucite se borne vite et marche spontanément vers la cicatrisation.

L'angioleucite, dans des conditions identiques, se déclare encore aux membres postérieurs par des boutons et des cordes, dont les phases de ramollissement et d'ulcération sont les mêmes que celles de l'affection de la tête, à cette différence près qu'elles renferment un pus blanc, crémeux, parfaitement élaboré. Après l'évacuation du pus, la cicatrisation spontanée est tout aussi rapide.

En tenant compte de ces caractères, on ne s'exposera pas à confondre ce que l'on a appelé *farcin bénin* ou l'angioleucite avec le *farcin malin*.

Traitement. Le farcin aigu, celui qui se présente avee les symptômes de la cachexie, avec l'intumescence éléphantique des membres postérieurs, étant incurable, on renonce à toute tentative de guérison. Une constitution paraissant intacte, un farcin local offrent des chances de conserver l'animal.

Les boutons et les cordes de farcin encore durs, indolents, sont couverts d'une couche de topique de sublimé corrosif, dit onguent de Girard, ou de topique arsenical de Terrat; du jour au lendemain, on obtient la résolution des boutons et des cordes. Ces moyens sont inefficaces contre les tumeurs farcineuses, qui doivent être extirpées.

Lorsque les boutons et les cordes se ramollissent sur un point, qu'on y sent une fluctuation, on les ouvre et on cautérise l'ulcère à l'aide du fer rouge. Les plaies consécutives sont pansées avec une teinture alcoolique ou saupoudrées de charbon; si le bourgeonnement s'élève au-dessus de la peau, on y applique une couche d'alun calciné.

Le traitement interne est composé des médicaments de la classe des ferrugineux, des amers et des aromatiques. Nous avons plus de confiance dans une alimentation saine et abondante, un séjour sec et aéré, la promenade et les soins de propreté. Les jeunes chardons découpés et mélangés à l'avoine sont, quand la saison permet de s'en procurer, une excellente nourriture.

On proscrit généralement le vert pendant le cours du farcin; nous ne saurions partager cette opinion, après avoir vu se rétablir plusieurs chevaux soumis seulement à un traitement local, et recevant pour nourriture du vert et de l'avoine.

L'engorgement des membres postérieurs réduit dans de justes limites, persiste après la guérison du farcin; le vert en liberté et les bains d'eau courante produisent les meilleurs effets dans cette infirmité secondaire.

La cautérisation des tumeurs ramollies du farcin du bœuf, l'extirpation des autres amènent une guérison assez prompte.

Mesures de police sanitaire. L'isolement et la séquestration sont de rigueur, ainsi que la désinfection, après la mort ou la guérison. Le farcin étant transmissible à l'homme, on se lavera au savon après avoir touché un cheval farcineux. Ceux qui portent des excoriations aux mains ne doivent pas le panser.

GOURME DU CHEVAL.

Cette maladie catarrhale lymphatique, propre au jeune âge, est exclusive au cheval; il est rare qu'il en soit attaqué plus d'une fois dans le cours de sa vie.

Symptômes. La gourme débute par les phénomènes du catarrhe; ils sont précédés, accompagnés ou suivis d'une tuméfaction des ganglions lymphatiques de l'auge; ceux-ci sont chauds et douloureux. L'inflammation, se transmettant au tissu cellulaire environnant, envahit parfois tout l'intervalle entre les deux branches du maxillaire postérieur. Peu à peu, la tension diminue, la tumeur se rétrécit, se ramollit, et arrive à maturité comme un abcès ordinaire. Lorsqu'on ne l'ouvre pas à temps, il perce spontanément, et fournit un pus blanc, crémeux, dont la sécrétion cesse au bout de quelques jours, et la solution de continuité marche vers la cicatrisation. Les autres symptômes sont ceux du catarrhe ; la fièvre cède dès qu'apparait le flux nasal, et que le foyer purulent a été évacué. La durée totale de la maladie est de deux à quatre semaines.

La gourme ne parcourt pas toujours aussi régulièrement ses diverses phases ; il se présente sous ce rapport des anomalies importantes à connaître.

1° L'affection catarrhale ne se borne pas à la membrane du nez ; elle gagne la muqueuse respiratoire située plus profondément, ainsi que celle des yeux. Il surgit alors des symptômes d'angine, de bronchite, d'ophthalmie.

2° Les tumeurs et les abcès ne se circonscrivent pas dans la région de l'auge ; ils s'étendent à la ganache, aux lèvres, aux parotides ; ces parties présentent des tuméfactions plus ou moins considérables. Celles-ci, par la pression qu'elles exercent, peuvent donner lieu à des accidents variés dérivant des obstacles qu'elles opposent à la liberté de la déglutition, de la respiration et de la circulation cérébrale. La maturation des abcès et l'évacuation du pus dissipent ces accidents.

3° La maladie ne se développe pas régulièrement ; elle se ralentit dans sa marche. L'inflammation des muqueuses est peu prononcée, le flux nasal peu abondant ; la tuméfaction glandulaire reste stationnaire et n'annonce aucune tendance à la suppuration ; le toucher n'y décèle ni chaleur, ni sensibilité. L'art parvient encore à faire prendre à la gourme un cours normal, mais il arrive qu'au bout de huit à quatorze jours, ou au-delà, des tumeurs s'élèvent subitement sur diverses régions du corps, au poitrail, aux fesses, à l'encolure, au garrot, etc.;

elles s'abcèdent vite, mais souvent le pus est de mauvaise nature ; ou bien elles persistent sans modifications Il arrive aussi qu'elles disparaissent pour se reproduire ailleurs ; des œdèmes envahissent les membres, la tête, le fourreau, etc.

4° Le cours ordinaire, normal de la gourme se trouve brusquement interrompu ; le jetage, la suppuration cessent ; la fièvre se déclare, et bientôt une affection se localise dans un organe interne.

La gourme n'offre aucun danger, quand elle est normale ; on peut même la considérer comme salutaire, car on voit des animaux chétifs se développer dès que cette crise est passée. Les irrégularités sont à craindre ; elles prolongent outre mesure la durée de la maladie, et entraînent des affections secondaires, chroniques, pouvant se terminer par la mort.

Causes. La disposition à cette affection spécifique est innée chez le cheval. La gourme se développe ordinairement sous l'empire de certaines circonstances, qui sont : la seconde dentition, les changements de régime, l'émigration et toutes les causes déterminantes du catarrhe. La contagion ne peut être perdue de vue ; c'est à cette cause qu'il faut surtout attribuer la gourme chez les vieux chevaux. Les anomalies sont à redouter chez les animaux malingres, chez ceux qui habitent des écuries froides, humides, que l'on expose aux intempéries atmosphériques ou envers lesquels on commet des écarts de régime.

Traitement. La gourme bénigne ne demande pas une médication spéciale ; celle préconisée pour les affections catarrhales lui est applicable. La saignée est rarement utile; il faut s'en abstenir dès que le flux nasal a commencé.

Les engorgements glandulaires sont conduits à maturité par des onctions de saindoux ; on y entretient la chaleur en les couvrant d'une étoffe de laine ou d'un cataplasme de farine de lin. On les ouvre à l'aide de l'instrument tranchant, aussitôt que la fluctuation s'y fait sentir. L'angine et les autres tuméfactions phlegmoneuses sont traitées d'une manière analogue. Si la pression exercée par les tumeurs développe des accidents graves, il est nécessaire de les ouvrir de bonne heure, même avant leur parfaite maturité.

Lorsque les tumeurs de l'auge restent stationnaires, qu'elles ne marchent pas vers la suppuration, on les excite par des onctions d'huile de laurier ou l'application d'un vésicatoire. On cherche aussi à obtenir la suppuration des tumeurs se présentant à d'autres régions du corps, et, suivant qu'il faut y exciter ou y modérer l'activité inflammatoire, on les couvre de substances émollientes ou excitantes.

Le développement irrégulier de la gourme, la présence de tumeurs qui disparaissent pour se reproduire ailleurs, exigent l'emploi d'un purgatif et d'un séton au poitrail, puis l'usage des antimoniaux et des diurétiques, les bains de vapeurs composés d'une infusion de semence de foin, les vésicatoires sur les tumeurs.

GRAS-FONDURE, AGITATION, INQUIÉTUDE.

Inflammation de la membrane muqueuse des intestins (catarrhe des intestins), caractérisée par des efforts douloureux pour expulser les matières fécales (ténesme), qui sortent en petite quantité, enveloppées de matières glaireuses, ou au lieu desquelles l'animal ne rend que du mucus sanguinolent ou écumant.

Symptômes. La maladie débute ordinairement par une constipation obstinée, avec ardeur et rougeur du rectum, et efforts continuels de l'animal pour fienter. Ses poils sont hérissés; il témoigne une soif ardente, du dégoût et des frissons qui annoncent la fièvre plus ou moins forte, selon la gravité du cas (fièvre muqueuse). Au bout d'un temps plus ou moins long, l'animal excrète quelquefois avec abondance des glaires sanguinolentes ou écumeuses, ou bien quelques excréments durs enveloppés de mucosités ou enfin des fragments d'albumine coagulés, ressemblant à des lambeaux de membranes (symptôme qui rappelle ce qui se passe dans l'angine trachéale). Après quinze ou vingt jours de flux dyssentérique, le mal diminue graduellement d'intensité, et l'organe finit par reprendre la régularité de ses fonctions.

Mais souvent aussi la catarrhe se prolonge, la fièvre change de nature et devient maligne, inflammatoire, ou adynamique; il survient de la suppuration ou la gangrène, à la suite desquelles le sujet meurt. D'autres fois encore la maladie devient chronique et finit par le marasme.

La dyssenterie est contagieuse, mais on la voit aussi régner souvent endémiquement. Elle se complique avec les angines, et ces complications sont fort dangereuses. Solleysel les avait déjà observées.

Cette maladie diffère essentiellement de l'entéri-

tis, en ce que la membrane séreuse des intestins n'a
point de part à l'inflammation. Les symptômes de
ces maladies les séparent d'ailleurs d'une manière
tranchante. Dans l'entéritis, les douleurs sont violentes, et l'animal le témoigne par ses efforts et ses
mouvements; dans la dyssenterie, il n'y a tout
au plus qu'un peu d'inquiétude, et le ventre n'est
point sensible, tandis qu'il l'est à l'excès dans l'entéritis.

Causes. Les changements subits de température,
les boissons très froides, les nourritures échauffantes, les excès de travail.

Traitement. Dans les cas ordinaires, on prévient
tous les accidents fâcheux en éloignant de l'animal,
vers le début, toutes les causes qui pourraient ag-
graver la maladie. On le tient dans une température
égale; on donne le bol béchique suivant :

> Kermès minéral. . . . . 10 grammes.
> Miel, quantité suffisante.

On l'abreuve de la boisson nitrée :

> Décoction de chiendent . . 6 litres.
> Sel de nitre . . . . . . 16 grammes.

On place devant l'animal cette boisson, que l'on a
soin de faire tiédir; on lui donne le lavement mucilagineux :

> Feuilles de mauves . . . 2 ou 3 poignées.

Faites bouillir dans deux litres et demi d'eau que
l'on donne tiède; on pratique quelques bains de vapeurs sous son ventre avec l'eau de mauve; on le
nourrira au régime blanc.

Mais si la fièvre prenait un caractère de gravité,
que l'on reconnût beaucoup d'abattement des forces,
une grande chaleur du corps, une sensibilité exaltée

aux lombes, ou tel autre symptôme pareil, on devrait porter toute son attention vers le changement désavantageux.

L'état de la circulation doit alors guider, principalement pour le choix des remèdes. Si la fièvre devient maligne inflammatoire, ce qui est toujours accompagné d'un pouls dur, on donne soir et matin les fébrifuges suivants.

> Racines de gentiane en poudre.   30 grammes.

Faites infuser dans un litre d'eau bouillante.

Donnez quand le breuvage est refroidi.

On passe des sétons aux cuisses ; on emploie l'antispasmodique :

> Infusion de fleurs de coquelicot.   1 litre.

Ajoutez :

> Ammoniaque liquide . . . .   8 grammes.

s'il se manifeste des convulsions.

Au contraire, si le système sanguin ou musculaire était déprimé (fièvre adynamique ou maligne asthénique), on ferait usage du fébrifuge excitant :

> Cascarille . . . .   60 grammes.
> Limaille de fer . . - . . .   16 grammes.
> Miel, quantité suffisante.

Faites plusieurs bols pour administrer la matière, et en une seule fois, à l'animal après avoir purgé avec le purgatif cathartique :

> Sulfate de magnésie. . .   300 grammes.

s'il y avait des symptômes gastriques.

Faites fondre dans un litre et demi de décoction de bourrache.

Cette dose est pour un cheval fait.

GALE DU CHEVAL.

Elle attaque de préférence les chevaux vieux, épuisés, et se transmet aux autres par contagion, surtout en temps de guerre, où il n'est pas rare de lui voir prendre une extension épizootique.

Symptômes. Dès que l'acare a fixé son domicile sous la peau du cheval, il creuse un sillon sous l'épiderme ; la femelle y dépose ses œufs, et la multiplication marche avec une grande rapidité. Sur les points où il perce l'épiderme, se forme une vésicule ; la sérosité qu'elle contient, et qui devient libre après sa destruction, fait adhérer les poils. Le prurit portant les animaux à se frotter, les poils tombent, et la place qu'ils ont occupée se couvre d'une croûte plus ou moins épaisse. La démangeaison reste le premier phénomène sensible.

Le séjour de prédilection de l'acare est la crinière, le toupet, la queue, le dos, la croupe ; il s'étend de plus en plus, et gagne insensiblement tout le corps. La chaleur fait sortir l'insecte de son réduit ; il se promène sur le corps et se rencontre dans les croûtes. Sa présence est le plus sûr moyen de reconnaître la gale et de ne pas la confondre avec d'autres affections cutanées.

Traitement. Tous les agents capables de tuer l'acare sont des remèdes contre la gale : les lessives alcalines, le savon, le chlorure de chaux, la solution de sulfure de potasse, de sulfure de chaux, l'onguent mercuriel et surtout les huiles empyreumatiques, le goudron, les huiles de corne de cerf, de pétrole, l'essence de térébenthine. Une médication interne devient superflue. Dans les gales très invétérées, une solution d'un gros d'acide arsénieux dissous dans deux litres d'eau et autant de vinaigre, constitue un mélange aussi énergique que peu coûteux. Ce moyen demande à être employé avec grande précaution. On lave superficiellement le corps avec la solution arsenicale, et si une lotion ne suffit pas, on la répète au bout de deux à trois jours.

Mesures de police sanitaire. L'acare du cheval passe sur l'homme et lui communique la gale, mais il n'est pas démontré qu'il s'y multiplie. Ces gales disparaissent spontanément après la mort de l'insecte, qui a lieu au bout de trois semaines de séparation du corps du cheval. Il n'en résulte pas moins un mal fort incommode. Il est donc prudent de se laver au savon lorsqu'on a donné des soins à un cheval galeux.

Les écuries, les effets de harnachement et les couvertures sont soumis aux fumigations de chlore. Sans cette précaution et employés avant la troisième semaine, on infecterait de nouveau le cheval que l'on vient de guérir.

Des phénomènes simulant la gale se manifestent dans les écuries où les poules ont établi leur domicile. Ils doivent être attribués à la vermine de la volaille qui passe sur le cheval.

HYDROPISIE DE POITRINE.

Difficulté de respirer, surtout quand l'animal fait de l'exercice, avec œdématie des extrémités antérieures des paupières et du sternum.

Symptômes. L'animal change souvent de situation ; il est triste, pesant dans l'exercice, dégoûté ; la soif est considérable, les urines crues et peu abondantes, rarement troubles ; le blanc de l'œil est sale, le pouls est lent.

Cette maladie, très fréquente dans les chevaux, se remarque surtout chez ceux qui sont d'un tempérament mou, lymphatique ; mais les caractères de la maladie sont souvent si peu marqués qu'on ne la reconnaît qu'à l'ouverture, et qu'un œil même attentif n'aurait rien pu découvrir avant, que de l'indolence dans l'animal.

L'épanchement augmente sans cesse, et chaque jour la nature devient plus incapable de s'en délivrer en le réabsorbant. Le poids du liquide contenu presse à la fois sur le poumon, dont il détruit ainsi mécaniquement l'action, tandis qu'il détruit sa force vitale propre, en le tenant dans une macération continuelle. L'animal meurt donc étouffé.

Quand la maladie provient d'un état inflammatoire, il arrive quelquefois que l'irritation des pores absorbants venant à cesser, l'absorption se fait et la maladie disparaît ainsi avec sa cause physiologique.

En augmentant aussi l'activité du système lymphatique des intestins et des voies urinaires, il arrive quelquefois que, sympathiquement ou de toute autre manière à nous inconnue, le système lymphatique de la poitrine fortement sollicitée rentre en action et absorbe le fluide épanché.

Causes. L'habitation des écuries humides, les lieux marécageux, la mauvaise nourriture, des répercussions d'humeurs, des courses violentes, des transpirations arrêtées, etc.

Traitement. 1° Dans le commencement de la maladie, si l'on s'aperçoit de quelques symptômes inflammatoires, on fait une saignée et on donne le diurétique suivant :

Oignon de scille maritime.   30 grammes.

Faites infuser dans un litre d'eau bouillante.

Passez et ajoutez à l'infusion :

Acétate d'ammoniaque . .   30 grammes.

La boisson :

Racine de fraisier.   . . .   120 grammes.
Racine de guimauve. . .   120   »

Faites bouillir dans 4 litres d'eau jusqu'à diminution d'un tiers.

Passez et ajoutez :

Nitrate de potasse . . .   90 grammes.

On mêle avec la boisson ordinaire.

On applique les vésicatoires au poitrail et on les fait suppurer. Mais il est très rare d'être dans le cas d'employer ces moyens, parce qu'on ne s'aperçoit ordinairement de la maladie dans les animaux que quand sa marche est déjà très avancée.

SAIGNEMENT PAR LES NASEAUX.
HÉMORRAGIES.

Elles se présentent rarement; on les observe chez le cheval et la bête bovine. Le sang est fourni par les cavités nasales ou par les poumons.

Symptômes. Dans l'hémorragie nasale ou *épistaxis*, le sang s'écoule goutte à goutte ou par un filet continu. Le liquide est d'un rouge vermeil ou foncé, non écumeux; il sort d'une narine, rarement des deux. Quoique la perte de sang puisse être grande, l'arrêt de l'épistaxis est ordinairement spontané.

Le sang dans l'hémorragie pulmonaire ou *hémoptysie* possède le même aspect que le précédent, mais il est écumeux et sort par flots des deux naseaux; le flux est accompagné d'accès de toux et d'une respiration courte, laborieuse.

Causes. Ces hémorragies sont déterminées par une congestion vers la tête ou les poumons, particulièrement quand l'animal se livre à des mouvements violents et doit précipiter sa course pendant les chaleurs de l'été. L'excitation locale, la lésion, l'ulcération de la muqueuse nasale provoquent également l'hémorragie, comme on le remarque dans la morve; il arrive aussi qu'elle se produise sans cause apparente.

Traitement. La saignée est indiquée dans les fortes hémorragies nasales lorsqu'elles ne sont pas produites par des ulcérations de la pituitaire; l'on y joint des aspersions d'eau froide sur la tête. Les injections d'eau vinaigrée, de liquides astringents, le tamponnement de la cavité nasale restent inefficaces. Les hémorragies ordinaires s'arrêtant spontanément ne demandent pas de traitement.

La saignée devient de rigueur dans l'hémoptysie, chez les animaux qui ne sont pas épuisés; puis la diète, des boissons acidulées par l'acide sulfurique; le repos absolu et un local frais. Des décoctions d'écorce de chêne sont administrées aux animaux faibles.

INFLAMMATION DU FOIE.

Inflammation du foie, caractérisée par la toux sèche, la sensibilité du côté droit vers les fausses côtes, sur lequel l'animal ne se couche pas; la tension de ce même point et sa chaleur.

Symptômes. L'animal tient le dos voûté, regarde la partie malade, pisse très peu; son urine est rougeâtre ou jaunâtre; il a soif; sa respiration est gênée et entrecoupée.

Un symptôme qui n'est pas toujours constant, c'est

la coloration en jaune des membranes apparentes; mais il a lieu très souvent.

Le siége du mal du côté droit le distingue du splénitis.

La situation du point douloureux vers les derniè-res fausses côtes le distingue de la pleurésie, quoi-que souvent on ait remarqué que dans l'hépatitis la douleur se prolonge jusqu'à l'épaule.

Terminaisons. Les symptômes diminuant progres-sivement de gravité, il survient la résolution.

La suppuration a lieu si, les symptômes ayant di-minué, il survient une fièvre lente. On sent quel-quefois l'abcès au tact, et on l'ouvre pour lui pro-curer un écoulement. Quelquefois il s'ouvre passage de lui-même si l'inflammation a eu lieu à la face ex-terne du viscère. D'autrefois il coule par les selles, et l'on s'en aperçoit alors par le mélange du pus avec les excréments; mais plus fréquemment aussi il consume lentement la substance du foie et, la fièvre lente continuant, l'animal tombe dans le marasme et meurt. Si l'abcès s'ouvre dans la cavité abdomi-nale, il occasionne l'ascite.

L'induration est une terminaison beaucoup plus fréquente de l'hépatitis.

Enfin la chute subite des symptômes inflamma-toires, les frissons, la faiblesse extrême, l'écoule-ment de la bile par les naseaux, la petitesse du pouls, la suppression des urines et le froid général des extrémités, sont les signes qui annoncent la gan-grène.

Causes. Des contusions par la région du foie, le bain froid ou une boisson froide après un exercice violent, l'existence des vers nombreux (fasciola he-

patica) dans ce viscère ou ses dépendances ; des calculs biliaires. Dans ce dernier cas, la maladie est
mortelle.

Traitement. On saignera l'animal ; on réitérera la
saignée si la fièvre persiste ; on lui donnera la boisson nitrée suivante :

Décoction de chiendent .   6 litres.
Sel de nitre. . . . . . 16 grammes.

On laisse boire le cheval à volonté.

On le purgera par le moyen du purgatif salin suivant :

Sulfate de magnésie. . . 300 grammes.

Faites fondre dans un 1/2 litre de bourrache.

Cette dose est pour un cheval fait.

On donnera aussi un grand nombre de lavements
tempérants :

Décoction de mauve . . . 1 litre 1/2.
Nitrate de potasse. . . . 30 grammes.

On donne ce lavement froid.

Cette dose suffit dans les grands animaux.

La saignée des veines hémorroïdales, par le
moyen d'un grand nombre de sangsues, a produit
un bon effet, à cause des relations intimes de ces veines avec le système sanguin du foie.

Après la résolution, on met l'animal à l'usage des
boissons martiales :

Eteignez à plusieurs reprises, dans un seau d'eau,
un fer rouge, ou bien laissez en digestion, dans le
seau, plusieurs kilos de fer rouillé.

En cas qu'il survint un abcès sensible au tact, on
l'ouvrirait pour lui procurer une issue au dehors, et
on injecterait avec l'injection fortifiante :

Alcool camphré . . . . 16 grammes.
Eau . . . . 1/2 kilogr.

INFLAMMATION DES REINS.

Inflammation des reins (1), caractérisée par la chaleur et la grande sensibilité des lombes, la difficulté de mouvoir le train postérieur, sa vacillation, la suppression ou la petite quantité des urines, le pouls plein et dur.

Symptômes. Les flancs battent fortement ; l'animal a soif et boit avidement, cependant on l'a vu refuser obstinément de boire, comme dans la rage ; la respiration et la bouche sont chaudes, les urines sont rouges. En introduisant la main dans le rectum, on ne sent pas de chaleur à la vessie, à moins qu'elle ne participe à l'inflammation. Si l'animal est droit, il tient les jambes écartées, comme s'il se campait pour uriner ; mais le plus souvent il est couché sans pouvoir se relever, et soulève souvent sa tête pour regarder ses reins.

Différences. 1° Le néphritis diffère du cystitis en ce que la vessie ne présente aucune chaleur, non plus que les organes urinaires externes. 2° Il diffère du *lombage* par la suppression d'urines et les signes d'inflammation.

Terminaisons. Si l'urine s'évacue facilement et devient épaisse et sédimenteuse, que le pouls perde de sa dureté, qu'il y ait des sueurs générales qui ne sont pas précédées de frissons, ces symptômes annoncent la *résolution.*

Si le mal passe en *suppuration,* l'inflammation baisse, cesse même tout à fait, l'urine reparaît mêlée à du pus. Cette suppuration peut durer souvent

---

(1) Ces reins sont des organes internes situés sous les *lombes,* que l'on appelle vulgairement les reins.

fort longtemps, et ne cesse même entièrement qu'après avoir consumé la substance d'un rein, sans qu'ensuite la santé de l'animal paraisse en souffrir. On a vu la suppuration se faire à l'extérieur et à travers des téguments.

S'il survient des douleurs aiguës avec fureur et envie de mordre, alternées de moments de tranquillité et de convulsions, que le pouls devienne faible, qu'il y ait ensuite prostration de forces et froid aux extrémités, ces signes sont l'annonce de la gangrène.

Causes. L'abus interne des diurétiques chauds, tels que les cantharides, le camphre, l'huile de térébenthine ; des chutes, ou le feu placé violemment sur les reins ; l'usage d'aliments échauffants, la chaleur même de la saison, l'existence d'un calcul dans les reins ; la boisson d'eau froide quand l'animal a très chaud.

Traitement. On pratiquera une saignée abondante ; elle sera réitérée jusqu'à ce que les symptômes inflammatoires aient diminué. On appliquera des linges imbibés d'eau de mauve ou d'eau froide sur les reins ; on administrera de fréquents lavements avec le suivant :

> Feuilles de mauve. .   2 ou 3 poignées.

Faites bouillir dans 2 litres 1/2 d'eau.

On le donne froid.

On donnera pour boisson le suivant :

> Racine de fraisier. . . . 120 grammes.
> Racine de guimauve . . . 120   »

Faites bouillir dans quatre litres d'eau jusqu'à diminution d'un tiers.

Passez dans un linge et ajoutez :

> Nitrate de potasse. . . . 90 grammes.

On mêle avec la boisson ordinaire.

On purgera avec le breuvage suivant :

> Pulpe de casse. . . . . 300 grammes.

Faites fondre dans un litre 1/2 de décoction d'oseille; laissez refroidir.

En cas de suppuration, on pourra donner à l'animal le breuvage diurétique suivant :

> Oignon de scille maritime . 60 grammes.

Faites infuser dans un litre d'eau bouillante.

Passez le tout dans un linge et ajoutez à l'infusion :

> Acétate d'ammoniaque . . 30 grammes.

On favorisera la formation de l'abcès par les cataplasmes de mauve.

Mais si la faiblesse augmentait et paraissait annoncer la gangrène, on administrerait le breuvage cordial suivant :

> Opium . . . . 4 grammes.
> Vin chaud . . . . 1/2 litre.

qui serait réitéré dans la journée.

INFLAMMATION DE LA VERGE.

Erection douloureuse de la verge, avec tension et rougeur des parties environnantes.

Symptômes. La verge se gonfle beaucoup et devient très sensible. Quelquefois la tuméfaction du fourreau empêche le cheval de sortir la verge pour uriner (phimosis); et d'autres fois le fourreau engorgé et étranglé au-dessous du gland, ne permet pas à la verge de rentrer à sa place (paraphimosis).

Dans le premier cas, il se fait accumulation d'humeur sous le prépuce; cette humeur s'aigrit et augmente l'irritation ; il se forme des points gangréneux qui causent la perte de l'animal.

Dans le cas de paraphimosis, le fourreau formant ligature sur le corps de la verge, le sang ne peut plus y circuler, et elle tombe également en gangrène.

Les symptômes inflammatoires qui se manifestent à la verge peuvent tenir ou à l'état d'irritation des solides, ou à un défaut de réaction de ces mêmes solides et à une pléthore humorale.

Nons avons donc deux espèces d'inflammations de la verge :

1° *Inflammation sthénique de la verge.* Pouls accéléré et élevé, rougeur vive et sensibilité du membre. Elle se termine ou par résolution, et alors il y a un écoulement muqueux par la verge et le gland, à mesure que les symptômes diminuent d'intensité ; ou par suppuration, et il y a un écoulement purulent ; ou par gangrène. Cette maladie a lieu principalement sur les chevaux entiers, mais elle se manifeste aussi sur les hongres.

2° *Inflammation asthénique de la verge.* Ici, il n'y a pas la vive sensibilité de l'autre espèce. La couleur est violet foncé, le pouls est petit et irrégulier.

Souvent on observe dans cette espèce une tension convulsive ; ce membre se redresse par moments et puis retombe.

Cette maladie attaque les animaux épuisés, les entiers comme les hongres.

L'inflammation de la verge, soit vraie, soit fausse, est quelquefois accompagnée de désirs vénériens, et on lui a donné le nom de *satyriasis* ; on applique souvent le nom de *priapisme* à une tension du membre, sans désirs, qui peut provenir de l'inflammation vraie ou fausse de cet organe.

Souvent le prépuce seul est enflammé, sans que la verge participe à cet état.

Causes. Un coup au membre, le frottement trop violent dans le lavage, des désirs non satisfaits ou trop satisfaits, le coït avec une jeune femelle, les crins de la queue introduits dans le vagin avec le membre, l'erreur du lieu, le séjour de l'humeur sébacée entre le gland et le prépuce, etc.

Traitement. 1° *Inflammation vraie de la verge.*

On saigne l'animal si elle est violente, et on scarifie dans le voisinage de la verge. On fait baigner le membre dans l'injection tempérante eau et vinaigre, mêlés de sorte que l'eau soit fortement acidule.

On donne la boisson nitrée :

<blockquote>
Décoction de chiendent .   6 litres.
Sel de nitre. . . . . .   16 grammes.
</blockquote>

On place cette boisson froide devant l'animal.

Le lavement tempérant :

<blockquote>
Décoction de mauve . . .   1 litre 1/2.
Nitrate de potasse. . . .   30 grammes.
</blockquote>

On donne ce lavement froid.

L'animal est tenu au régime blanc ; dans le printemps, on le met au vert.

Il arrive souvent que l'éruption est entretenue par la présence de matières âcres dans les intestins ; aussi ne risque-t-on rien à donner le purgatif :

<blockquote>
Sulfate de magnésie . . . 300 grammes.
</blockquote>

Faites fondre dans 1 litre 1/2 de décoction de bourrache.

Dans le cas de phimosis, on tâchera de faire pénétrer des injections tièdes d'eau d'orge entre le gland et le prépuce, pour en détacher les humeurs âcres qui y stagnent. En les renouvelant de temps en temps, ainsi que les bains indiqués ci-dessus, on parviendra à obtenir la sortie du membre.

Mais si ces moyens étaient insuffisants, ainsi que les scarifications, on serait obligé d'en venir à l'opération, qui consiste en une incision longitudinale dans la direction de l'axe du membre, pratiquée à côté du raphé; précaution nécessaire pour que la plaie se forme bien. On nettoie ensuite bien le gland avec l'eau de chaux vive :

> Chaux vive, une quantité quelconque.
> Eau de fontaine, quantité suffisante pour
> éteindre entièrement la chaux.

On agite le mélange dans un baquet et on le laisse reposer. On filtre ensuite à travers un papier gris, et on a une eau de chaux claire, limpide, dont on se sert pour injection.

Et, en cas qu'il y eût déjà quelques traces de perversion et qu'il fût d'un violet foncé, avec le vin d'absinthe, injection ou bain fortifiant :

> Sommités fleuries d'absinthe, une poignée.

Faites infuser dans 2 litres d'eau bouillante ou mieux 2 litres de vin.

Employez chaud.

Dans la paraphimosis, si le prépuce forme une ligature étroite autour du gland, on ne saurait trop tôt le débrider. On fait d'abord des scarifications sur le gland enflammé, et on le laisse saigner ; on emploie les différents moyens indiqués ci-dessus, et on en vient enfin à l'incision de tous les points du prépuce qui serrent trop le membre. Si le membre était dans son état naturel, quant à la grosseur, le prépuce paraît gorgé de sang et de matières, ou présente un grand nombre d'étranglements : c'est cette partie qu'il faut se hâter de scarifier pour faire couler la matière purulente et le sang contenus dans son tissu.

2° *Inflammation asthénique de la verge* (congestion, pléthore locale). On baigne le membre dans le bain fortifiant suivant :

Sommités fleuries d'absinthe, deux poignées.

Faites infuser dans 4 litres de vin bouillant.

On entretient la propreté. On passe des sétons à la fesse.

IMMOBILITÉ.

L'immobilité est une affection chronique du cerveau qui se caractérise par le trouble des perceptions, la torpeur des sens et la lenteur des fonctions de la vie végétative. La maladie attaque l'espèce chevaline à divers degrés et avec quelques modifications.

Symptômes. Au repos, l'animal est calme, indifférent ; il paraît endormi, livré à de *profondes réflexions ;* il semble *étudier ;* il ne répond pas aux appels et ne prête aucune attention à ce qui se passe autour de lui. La station est irrégulière, négligée ; la tête pendante ou appuyée ; si on lui croise les membres antérieurs, il conserve cette position. Les sensations sont obtuses ; les heurts contre la couronne, l'introduction du doigt dans l'oreille, les aides, les châtiments, il y est peu ou point sensible. La préhension et la mastication des aliments s'exécutent automatiquement, avec lenteur, s'interrompant de temps à autre, et conservant les aliments

dans la bouche. Les fourrages sont arrachés du râtelier et mangés de préférence sur le sol. Les boissons
sont humées lentement ; le malade enfonce la tête
jusqu'au-dessus des naseaux dans le seau qu'on lui
présente ; puis, s'interrompant, il s'oublie et reste,
sans boire, les lèvres plongées dans l'eau.

Mis en mouvement et échauffé, l'animal se montre mou, paresseux, peu maniable ; il marche la tête
basse, pèse sur le mors, lève haut les membres antérieurs et butte facilement. On le fait avancer avec
peine, ou bien il s'élance en ligne directe et se jette
contre les obstacles qui lui barrent le passage. Abandonné à lui-même, il dévie de la ligne droite en in-
clinant vers l'un ou l'autre côté ; il tourne bien
aussi dans un cercle. Les conversions se font avec
difficulté, et le recul est pour ainsi dire impossible.

Le pouls est normal ou ralenti, parfois intermittent, la respiration calme ; la digestion ne marche
plus avec la même promptitude, les défécations sont
rares et une grande quantité de matières s'écoulent
à la fois.

L'immobilité varie du plus au moins : à un faible
degré, les symptômes sont peu intenses, surtout au
repos et pendant un travail léger ; ils deviennent
plus saillants dans les allures accélérées, et quand
l'animal est échauffé. Ce cas ne se présente pas
toujours et dans toutes les circonstances ; l'on remarque cependant quelque chose du côté des facultés
intellectuelles, et l'on dit vulgairement que *le cheval
a un coup de marteau, une teinte d'immobilité.* Un
travail rude, excitant la sueur, aggrave les symptômes ; il en est de même d'une température élevée ;
aussi voit-on l'immobilité survenir plus souvent en

été qu'en hiver ; pendant cette dernière saison, la maladie éprouve ordinairement un temps d'arrêt, elle reste stationnaire ou s'améliore au point de passer pour ainsi dire inaperçue. Des écuries chaudes, peu aérées, l'usage d'aliments très nutritifs et de difficile digestion, en un mot tout ce qui est capable de déterminer une congestion vers la tête produit le même effet que les chaleurs estivales.

Cette congestion donne lieu à des accès de vertige furieux, analogues à ceux de la méningite ; ils se dissipent au bout d'un quart d'heure ou d'une demi-heure, se succèdent à des intervalles assez rapprochés, disparaissent pour revenir à des époques indéterminées.

Autopsie. Epanchement de sérosité dans les ventricules du cerveau, tuméfaction et désorganisation des plexus, dilatation des vaisseaux engorgés de sang, épanchements sero-sanguinolents entre les enveloppes, altération de la substance cérébrale, lésions variées du foie, etc.

Causes. L'immobilité surgit spontanément, et se développe peu à peu ; c'est encore une conséquence de l'encéphalite ; enfin elle survient brusquement comme une attaque d'apoplexie, mais ce cas est rare.

Les chevaux grands, mous, d'une croissance rapide, à tête busquée, sont prédisposés à l'immobilité ; l'affection compte au nombre des maux héréditaires. Les causes occasionnelles sont les mêmes que l'encéphalite, auxquelles il faut ajouter le dressage forcé.

La maladie peut se maintenir pendant des années avec des alternatives d'amélioration et d'aggravation. Ses progrès sont lents, à moins que l'on ne soumette l'animal à des conditions hygiéniques défavorables. La guérison radicale constitue un fait rare.

Traitement. Une médication active n'est utile qu'au début, pendant l'aggravation ou dans les accès de vertige furieux. L'on commence par une saignée peu copieuse, et l'on administre ensuite les sels laxatifs, auxquels on ajoute du nitrate de potasse dans le cas de congestion cérébrale active et de vertige furieux. Le calomel, l'aloès, les lavements excitants, particulièrement ceux de tabac, les révulsifs appliqués aux fesses et à l'encolure, remplacent les sels dès que les accès commencent à se calmer. Lorsque l'on a obtenu une purgation, la valériane, associée à l'assa-fœtida, produit de bons effets.

Dans l'immobilité chronique, il faut veiller à la liberté du ventre et à la régularité de la digestion. L'on atteint ce but par un purgatif administré de temps à autre.

Le régime hygiénique est un point important : ainsi un séjour frais, aéré, un travail modéré, lent, non forcé ; le repos absolu pendant les moments d'aggravation, l'exposition à l'air libre, à la pluie, même la nuit, en ayant toujours soin de garantir l'animal des rayons du soleil ; des aliments rafraîchissants, laxatifs, peu de foin et une ration modérée d'avoine.

La saignée est fréquemment employée pour calmer les accès de vertige furieux ; l'amélioration qui succède aux émissions sanguines n'est pas de longue durée, car les attaques subséquentes devien-

nent de plus en plus fortes. L'on n'aura donc recours
à ce moyen qu'avec circonspection ; il est prudent
de n'en user que dans le cas que nous avons indiqué, c'est-à-dire à l'invasion du mal et dans l'exacerbation.

JARDON.

Tumeur dure, quelquefois phlegmoneuse, qui se
développe à la partie latérale externe du jarret du
cheval, sur la partie postérieure-supérieure de l'os
du canon.

Symptômes. Le jarret, vu de côté, offre postérieurement sous le calcanéum une ligne qui est courbe
au lieu d'être droite. Récente, cette tumeur est
chaude, sensible à la pression ; elle peut occasionner une claudication. La boiterie disparaît avec les
phénomènes inflammatoires, mais l'exostose persiste, sans nuire aux services de l'animal.

Causes. Les mêmes que celles qui donnent naissance à l'éparvin.

Traitement. Le seul traitement qu'il y ait à employer, non pour obtenir la guérison, mais pour arrêter les progrès des exostoses, est l'application du
feu et encore mieux d'un séton passé à la face interne du jarret.

JAVART CARTILAGINEUX.

Les cartilages latéraux du pied des solipèdes sont
sujets à s'enflammer. Cette inflammation suivie de
ramollissement et d'ulcération qui gagne la couronne où le pus se fait jour, en laissant une fistule
communiquant avec le fond de l'ulcère, constitue le
javart cartilagineux.

Symptômes. La couronne se présente plus ou

moins dure et tuméfiée, le poil qui la recouvre, hé-
rissé ; il s'y trouve une ou plusieurs ouvertures fistuleuses fournissant un pus fétide, mélangé de par-
celles cartilagineuses ramollies. La sonde y pénètre
plus ou moins profondément, dans l'une ou l'autre
direction ; elle touche le cartilage ou les bords de
l'ulcération qui déjà l'a perforé ; dans quelques cas,
elle touche l'os du pied.

Causes. Les atteintes, les bleimes suppurantes
négligées, les compressions exagérées dans les pansements, les contusions, en un mot toutes les causes amenant la formation du pus dans le sabot.

Traitement. Il est basé sur une indication, la destruction de la carie du cartilage. On l'obtient par
divers agents caustiques liquides ou solides. Le sublimé corrosif a une vogue méritée ; mais au lieu
d'en introduire au cylindre, qui n'atteint pas le fond
des fistules sinueuses, il vaut mieux le pulvériser et
en faire des bougies avec de la mie de pain. Celles-ci,
souples, suivent les contours du canal fistuleux et
détruisent plus sûrement les points cariés que le
cylindre court, droit et inflexible. Après la chute
du tourbillon, une bonne granulation conduit à la
cicatrisation.

Les injections d'eau de Villate comptent de nombreux succès, mais elles demandent à être faites
avec beaucoup de soin, toujours d'après ce principe,
que tout caustique doit venir en contact avec tous
les points cariés. A l'aide d'une seringue, on fait
deux injections par jour, dans toutes les ouvertures
fistuleuses ; le liquide est poussé avec force, et on
en introduit autant que la capacité de la fistule peut
en admettre. Ces injections convenablement faites

amènent la cicatrisation en trois à quatre semaines. Après huit à dix jours, les injections déterminent une légère hémorrhagie, indiquant la formation de bourgeons charnus réparateurs, dont le liquide injecté rompt les vaisseaux. La présence du sang doit faire suspendre les injections pendant quelques jours.

Ce n'est qu'après avoir épuisé infructueusement ces moyens que l'on se décide à l'opération dite du javart cartilagineux.

LARMOIEMENT INVOLONTAIRE.

C'est un signe caractéristique d'un ophthalmie continue ou d'une ophthalmie intermittente. Quelquefois le larmoiement reconnaît pour cause la mauvaise direction des poils, des cils qui irritent la cornée en la touchant.

D'autres fois encore cette maladie dépend de l'état d'affaiblissement des organes lacrymaux qui laissent échapper les larmes, sans pouvoir se contracter pour les retenir.

Ce dernier cas est facile à distinguer des autres. En lisant attentivement les articles *ophthalmie*, on reconnaît que le larmoiement dont il s'agit ne présente aucun des autres symptômes de ces maladies; il est facile de constater que ce n'est pas la direction des cils qui le cause.

A ces signes négatifs, nous ajouterons que le larmoiement causé par le relâchement des organes, est caractérisé par la couleur livide et l'engorgement froid des paupières.

Dans ce cas, on emploie avec succès la pommade ophthalmique suivante :

Oxyde de mercure rouge . . . . . 2 grammes.
Beurre frais ou graisse blanche. . 16   »

Mêlez exactement.

On prend de ce mélange la grosseur d'un pois, que l'on introduit sous la paupière de l'œil.

MAL DE GARROT.

Meurtrissure ou blessure, cachée ou apparente, faite au garrot du cheval par une contusion ou par la compression de la selle, quelquefois par des frottements rudes réitérés.

Traitement. Dès qu'on s'apercevra, en dessellant un cheval, ou quelque temps après l'avoir dessellé, que le garrot est tuméfié, on le bassinera avec de l'eau fraîche, et on appliquera sur la partie un gazon arrosé d'eau froide et de vinaigre ; on arrosera de nouveau toutes les fois qu'il se sèchera. Ce gazon sera retenu par le moyen d'une sangle, à laquelle on joindra un bandage approprié qui viendra s'attacher sous l'encolure. Ordinairement douze heures suffisent dans le premier temps pour résoudre la tuméfaction ; on emploie aussi avec succès, en pareil cas, le cataplasme restreinctif suivant :

Suie en poudre . . . . 1 kil.
Vinaigre, quantité suffisante pour former
un cataplasme.

Ou bien simplement des linges mouillés, surtout d'eau salée, et que l'on humectera fréquemment.

On aura soin de ne pas monter l'animal de quelques jours ; mais si l'on ne pouvait s'en dispenser, on changerait de selle, ou bien on mettrait une couverture en plusieurs doubles sous celle qui a blessé, en attendant qu'on la fît réparer le plus tôt possible.

MAL DE TAUPE.

Tumeur phlegmoneuse qui a son siége entre les deux oreilles ou sur l'un des deux côtés de la nuque du cheval.

Symptômes. La formation de la tumeur se fait tantôt très rapidement, d'autres fois avec lenteur. Dans le premier cas, elle est tendue, élastique, fluctuante, peu douloureuse; la sensibilité ne s'établit qu'à mesure du développement des phénomènes inflammatoires. Dans le second la tumeur s'établit peu à peu; elle n'est entièrement développée que du sixième au huitième jour. Les mouvements de la tête sur l'encolure éprouvent de la gêne ; la tête s'abaisse, parfois elle est portée de côté; le cheval résiste lorsqu'on veut la soulever ou qu'on porte la main sur la nuque. La tumeur s'abcède, le pus fuse, il en résulte une ou plusieurs fistules. Ce mal est long, fort grave, il met en danger la vie de l'animal.

Causes. Les violences extérieures portées sur cette région et y occasionnant le froissement du ligament cervical et des muscles; la position forcée de la tête pendant le dressage; la compression de la têtière ; des métastases.

Traitement. Les réfrigérants et les résolutifs sont employés au début : les cataplasmes d'argile et de vinaigre, l'eau de Goulard, une solution de potasse et de sel ammoniac. Si la résolution ne s'opère pas endéans la huitaine, on couvre la tumeur d'une couche d'onguent vésicatoire, qui convient également dans le mal de taupe par métastase. La fluctuation annonce la présence du pus, et indique la nécessité de pratiquer une incision pour lui donner issue. L'incision, faite dans une direction déclive, doit diviser les tissus jusque sur le ligament cervical. Des fistules se forment et se renouvellent à mesure qu'on les détruit, les frottements du ligament cervical contre les tissus malades sont un obstacle permanent à la cicatrisation. Pour l'obtenir, il ne reste d'autre moyen que celui de détruire l'obstacle en pratiquant la section du ligament cervical.

MOLETTE.

Maladie particulière aux chevaux, consistant en une sorte d'hydropisie des capsules synoviales qui environnent les tendons fléchisseurs du pied; on l'appelle alors molette simple, et par corruption molette nerveuse. Lorsqu'elle a son siége sur leurs parties latérales, on la nomme molette soufflée.

Causes. Ses causes et sa marche sont les mêmes que celles du vessigon.

Traitement. Les molettes récentes disparaissent par l'application d'un bandage qui maintient sur la tumeur une lame de plomb et des compresses imbibées d'eau alunée. On peut en tenter l'essai pour en venir ensuite au traitement prescrit à l'article *Vessigon.*

MORFONDURE OU RHUME.

Inflammation des membranes de l'arrière-bouche, des narines, du larynx, des bronches, produisant l'éternument ou la toux, ou l'un et l'autre, et bientôt après un écoulement par les naseaux, d'abord aqueux, ensuite plus blanc et plus consistant.

Symptômes. Au commencement de la maladie, on remarque un peu d'accélération et de force dans le pouls; il y a défaut d'appétit, les yeux sont rouges et larmoyants, la respiration est gênée, la membrane pituitaire est rouge et engorgée. Dans cet état, il coule de nouveau une humeur aqueuse et âcre ; mais au bout de deux ou trois jours, elle devient blanche et épaisse, la respiration devient facile, la fièvre cesse, et au bout d'une quinzaine de jours, plus ou moins, l'écoulement lui-même disparaît dans les sujets sains.

Mais quelquefois le relâchement succède à l'inflammation, et l'écoulement continue sans toux ni éternument, par la faiblesse des tissus membraneux. Quand ces écoulements se prolongent, ils finissent dans quelques cas par la morve ; on doit donc chercher promptement à les supprimer.

D'autres fois, l'écoulement cesse et la toux sèche dure seule : autre inconvénient auquel il faut parer par les moyens que nous avons indiqués à l'article *Toux*.

Quand la membrane pituitaire est seule affectée, l'animal n'éprouve que l'éternument et point de toux, et. on donne le nom de *rhume* ou *catarrhe du cerveau* à la maladie.

Quand les membranes des bronches sont seules affectées, l'animal n'éprouve que la toux, et point d'éternument, et c'est ce que l'on nomme *rhume de la poitrine* ou *catarrhe bronchique*.

Quelquefois ces deux catarrhes se trouvent réunis à la fois.

Différences. Cette maladie diffère : 1° des *gourmes* par le défaut de tuméfaction des glandes de l'auge ; 2° de la péripneumonie par la moindre gravité de la fièvre, par le défaut de chaleur et de sensibilité au côté ; 3° de l'angine, par la facilité de la déglutition des liquides ; 4° de la morve, par l'écoulement de mucus au lieu de matière purulente.

Causes. Les alternatives de température. Un cheval qui fait un travail forcé dans la saison froide y est très exposé, si on l'arrête un moment, ou que l'écurie dans laquelle il entre soit froide ; un animal qui sort d'une écurie froide pour passer à une température chaude l'acquiert aussi avec facilité. L'humidité de l'atmosphère propage quelquefois les rhumes avec tant de facilité qu'on les dirait contagieux.

Traitement. Si la fièvre est violente et qu'on puisse soupçonner la maladie d'approcher de la péripneumonie, il faut saigner d'abord, et donner la boisson nitrée :

> Décoction de chiendent . . . 6 litres.
> Nitrate de potasse. . . . . 16 grammes.

On donne cette boisson tiède :

Mais si la fièvre est légère, on fait seulement des fumigations avec l'eau de mauve, on donne le breuvage suivant :

> Fleurs de sureau. . . . . 3 pincées.

Faites infuser dans un litre d'eau bouillante. On couvre bien l'animal. Quand l'écoulement est devenu blanchâtre, on donne le bol béchique suivant :

> Soufre sublimé . . . 60 grammes.
> Miel . . . . 60 grammes.

Dans l'un et dans l'autre cas, l'animal sera mis au régime blanc. Si l'écoulement continuait sans toux fréquente, ou seulement avec une toux grave, peu pénible et que la membrane pituitaire fût pâle et le pouls faible, on ferait les fumigations avec les baies de genièvre ou la cascarille, on ferait quelques injections fortifiantes avec

> Alcool camphré . . .   16 grammes.
> Eau . . . .   1/2 kilogr.

dans les naseaux, et on donnerait le béchique incisif :

> Gomme ammoniaque en poudre.   10 grammes.
> Miel   30   »

S'il paraissait y avoir quelques traces d'ulcération sur la membrane pituitaire, quoique l'écoulement ne fût pas purulent, on les toucherait avec la pierre infernale (*nitrate d'argent fondu*).

Mais souvent l'écoulement chronique continue avec rougeur de la membrane pituitaire et dureté de pouls ; il faut alors, pour le vaincre, le béchique suivant :

> Soufre sublimé. . . . . .   60 grammes.
> Miel   60   »

les fumigations de mauve et les injections acides, eau et vinaigre, mêlés de sorte que l'eau soit fortement acidulée, et même quelquefois la saignée.

MORVE.

Maladie contagieuse propre au genre cheval, et dont les principaux caractères sont : jetage d'une matière puriforme par un, moins souvent par les deux naseaux ; tuméfaction et induration des ganglions de l'auge, ulcérations dites *chancres* sur la muqueuse nasale. D'une marche habituellement chronique, la morve se présente aussi à l'état aigu.

Symptômes de la maladie chronique. La morve a parfois des avant-coureurs qui s'annoncent par l'abattement, une légère tuméfaction des paupières, la diminution de l'appétit, le poil piqué. Ces phénomènes précurseurs se dissipent. Si l'on examine la pituitaire, on la trouve parsemée de points et de

stries rouges; un liquide séreux s'échappe d'un na-
seau et plus rarement des deux. Ce liquide prend
de la consistance; il devient épais, opaque, jaunâtre
verdâtre, purulent, adhère aux ailes du nez et s'y
concrète sous forme de croûtes. En même temps les
ganglions de l'auge se tuméfient du côté par où l'é-
coulement nasal a lieu; l'œil de ce côté est chassieux. Les ganglions constituent des tumeurs arrondies, ovales, irrégulières, dures et indolentes, du
volume d'une noix à celui d'un œuf de pigeon; ces
tumeurs sont ordinairement appliquées contre une
branche du maxillaire postérieur et paraissent y
adhérer. Il arrive que ces symptômes sont précédés
de l'engorgement et de l'induration des ganglions;
on en obtient une première, même une seconde fois
la résolution; mais au bout de plusieurs semaines
ou même de plusieurs mois, la morve se déclare.

C'est ce groupe de symptômes que l'on a l'habitude de désigner sous le nom de morve au premier
degré, de morve *douteuse* ou *suspecte*.

Au deuxième degré, la pituitaire pâle, blafarde,
laisse apercevoir quelques érosions superficielles;
le jetage reste ce qu'il était auparavant.

De ce degré la maladie ou la morve confirmée
passe au troisième. Sur la cloison nasale s'élèvent de
petites vésicules contenant une sérosiré jaunâtre;
elles laissent après elles des ulcères dits *chancres*, à
bords irréguliers et à fond lardacé. Quelquefois les
chancres se couvrent d'une croûte sous laquelle ils
se cicatrisent; les cicatrices affectent la forme de
plaques blanches rayonnées. Le jetage est cendré,
brun, mélangé de petits corps noirâtres et de stries
sanguinolentes; l'air expiré répand une odeur re-

poussante, et il arrive que des hémorrhagies plus ou moins abondantes se font jour.

Sous l'influence de ces désordres, l'organisme tombe dans une cachexie générale ; le poil perd son lustre ; la peau est collée aux os ; des œdèmes partiels couvrent l'abdomen, le fourreau, les membres ; souvent des boutons farcineux se déclarent ; une toux sèche, fréquente se fait entendre ; enfin la morve aiguë vient s'enter sur la morve chronique et enlever l'animal en peu de jours.

La marche de cette maladie est généralement lente, elle peut avoir une durée de plusieurs mois et éprouver des temps d'arrêt. Le jetage diminue, cesse ; l'engorgement ganglionnaire semble se fondre, mais bientôt une course précipitée, un temps froid et humide, des négligences de régime rappellent les symptômes de la morve chronique.

Symptômes de la morve aiguë. Ainsi que nous venons de le voir, la forme aiguë de la morve se développe dans la dernière période de la morve chronique et enlève l'animal ; elle peut aussi se déclarer primitivement sur le cheval, et c'est cette forme qu'elle affecte chez l'âne et le mulet.

L'invasion est soudaine, accompagnée d'une fièvre intense, d'un pouls dur, plein et d'une respiration accélérée, bruyante. La pituitaire tuméfiée présente un aspect d'un rouge violet ou jaunâtre ; les conjonctives sont couvertes de taches foncées ; les ganglions de l'auge empâtés et douloureux. Une matière safranée, semi-transparente s'écoule par les naseaux. Ces phénomènes gagnent en intensité ; les ailes du nez se tuméfient ; la pituitaire se boursoufle ; des ulcérations se montrent. Le jetage est strié de sang, la respiration sifflante, l'air expiré fétide. Un œdème aigu s'empare des membres ; ils se couvrent, ainsi que le corps, de boutons farcineux. L'animal périt ordinairement par asphyxie.

Autopsie. La muqueuse du nez et des sinus offre des ulcérations, des végétations polypeuses, un épaississement lardacé partiel. Les cavités renferment un pus plus ou moins consistant ; les poumons sont parsemés de petits tubercules du volume d'une tête d'épingle à celle d'un pois ; on les aperçoit en passant la main sur ces organes ; la sensation que l'on éprouve est celle d'une surface humide sur laquelle on a répandu du sable.

Causes. La morve se manifeste comme maladie secondaire à la suite d'affections catarrhales et gourmeuses, de longues suppurations, de maladies internes entraînant la cachexie et la suppuration. Primitivement elle doit être attribuée à un concours de circonstances malheureuses, qui sont les fourrages mauvais, avariés, des habitations malsaines, peu aérées, les fatigues outrées, en un mot toutes les causes conduisant à l'épuisement de l'économie, enfin la contagion, dont la matière active réside principalement dans le jetage purulent.

Traitement. La morve n'est pas absolument incurable ; dans quelques rares circonstances, elle a été suivie de guérison. Comme nous ne voyons aucun avantage à tenter des essais de ce genre, que les inconvénients, au contraire, l'emportent par suite de la contagion pour d'autres animaux et pour l'homme, nous conseillons de considérer tout cheval morveux comme incurable et de l'abattre immédiatement.

Mesure de police sanitaire. Le local où a séjourné

un cheval morveux doit être désinfecté ; on y procède en le lavant avec une forte lessive de potasse, puis en le blanchissant au lait de chaux. L'homme qui a visité un cheval morveux aura soin de se laver immédiatement les mains avec du savon.

MULES TRAVERSIÈRES.

Nom que l'on a donné à des fessures qui surviennent à la peau du paturon et du boulet, et qui précèdent ou accompagnent souvent les eaux aux jambes.

Traitement. Elles exigent d'abord des topiques émollients, puis des astringents. C'est la maladie dont nous avons traité au long sous le nom d'*eaux aux jambes*.

NERF-FERRURE.

Maladie du cheval qui résulte d'une contusion sur le tendon fléchisseur du membre intérieur et qui consiste dans l'engorgement inflammatoire de ce tendon, accompagné souvent de l'engorgement des parties voisines, et même d'entamure de la peau.

Traitement. Le traitement est le même que pour le capelet et le vessigon, maladie de même genre.

POUSSE.

Une lésion qui n'est pas toujours la même, se traduisant par un ensemble de symptômes identiques et dont un embarras respiratoire constitue le caractère principal, a reçu le nom de *pousse*.

Symptômes. L'embarras de la respiration varie suivant le degré d'intensité de la pousse. Tantôt les phénomènes sont peu ou point sensibles au repos, et il faut mettre l'animal en mouvement pour s'en apercevoir ; d'autres fois l'acte de la respiration décèle une gêne non équivoque.

Outre cette gêne que dénotent l'écartement des naseaux, le soulèvement des côtes, le profond sillon se dessinant dans les flancs, la secousse imprimée à tout le corps, il est un symptôme caractéristique, quel que soit le degré de la pousse, et qui est indiqué pour mettre son existence hors de doute : c'est l'expiration qui se fait en deux temps, et que le mode d'après lequel se dessine le sillon des flancs rend visible. Ces symptômes se prononcent davantage pendant l'action ; la difficulté de la respiration peut aller jusqu'au point d'amener la chute et l'asphyxie de l'animal. Une toux profonde, caverneuse, courte, étouffée, accompagnée parfois d'un jetage muqueux se fait entendre, principalement quand on comprime le gosier. Du reste, les chevaux poussifs paraissent sains, l'appetit et l'embonpoint se conservent ; il en est aussi qui ne se nourrissent pas, dont les flancs sont retroussés et le poil sans lustre.

Autopsie. Les lésions que l'on trouve dans les cadavres des chevaux poussifs, n'étant pas toujours identiques, ne sauraient faire conclure à son existence. Elle peut, en effet, dépendre d'un emphysème pulmonaire, d'une hépatisation, d'une adhérence d'un poumon avec la plèvre costale, d'une dilatation des bronches, d'une adhérence que l'estomac ou le foie a contractée avec le diaphragme, etc.

Causes. La pousse est ordinairement la conséquence de maladies antérieures qui ont atteint les organes respiratoires ; elle peut aussi se développer insensiblement, sans cause bien appréciable.

Traitement. Une lésion organique étant la cause

la plus ordinaire de la pousse, le traitement ne saurait être que palliatif. La saignée pratiquée de temps à autre, des aliments de facile digestion, le vert, les carottes, la suppression totale du foin, tels sont les moyens hygiéniques retardant les progrès de la pousse, et qui permettent d'utiliser encore les chevaux qui en sont atteints.

Des chevaux très gras, peu exercés et abondamment nourris au foin, présentent parfois une gêne respiratoire simulant la pousse. Cet état se dissipe par la saignée, les purgatifs, le mouvement et des aliments concentrés.

TÉTANOS OU MAL DE CERF.

Contraction spasmodique des muscles d'une partie du corps : l'animal les tend et les raidit, et ne peut les mouvoir à volonté.

Symptômes. Dans le cheval, cette maladie attaque plus communément les muscles de l'encolure et des mâchoires. Alors l'animal tient la tête tendue, l'encolure pliée en arrière, les mâchoires fortement serrées, et au point que, dans le dernier degré de la maladie, la mâchoire inférieure romprait plutôt que de céder aux efforts des lèvres qui tenteraient de la séparer de la supérieure. Les paupières sont tantôt raides, d'autres fois tremblotantes; les yeux tournent de bas en haut et montrent le blanc; la membrane clignotante s'allonge et vient recouvrir la cornée. Les narines sont retroussées et roidies, les oreilles sont redressées. Il se fait par la bouche un écoulement de salive et de bave, qui n'a pas lieu quand les lèvres sont contractées et fermées l'une contre l'autre ; alors cette salive s'accumule dans la bouche. On remarque des battements de flancs, qui se répètent par intervalle ; la queue est élevée et immobile ; les extrémités sont écartées, et l'animal marche avec raideur et difficulté ; il cherche à manger et à boire, mais ce n'est qu'avec difficulté qu'il peut saisir et mâcher les aliments au commencement de la maladie ; et dès qu'elle est un peu avancée, cela lui devient impossible.

Le tétanos, qui n'a d'abord occupé que la tête et l'encolure, s'étend progressivement au reste de l'organisation ; il tue l'animal quelquefois le troisième jour, mais il se prolonge souvent jusqu'au dixième.

Espèces. Le tétanos est dit *traumatique,* s'il dépend d'une plaie ou d'une lésion quelconque extérieure ; il est *constitutionnel,* s'il dépend d'une cause interne. Dans l'un et dans l'autre cas, il revêt un des caractères suivants, qu'il faut observer avec soin et qui dirige l'artiste dans la cure.

1° *Tétanos inflammatoire.* Le pouls tendu, dur, lent dans le commencement de la maladie, s'élevant jusqu'à 80 pulsations vers la fin. La respiration est lente, les membranes apparentes sont rouges et les veines enflées.

2° *Tétanos asthénique.* Le pouls petit, irrégulier, sautillant, convulsif. Les membranes apparentes sont pâles, livides, couvertes de mucosités.

Différence. Le tétanos diffère de l'épilepsie par sa durée, l'animal ne revenant pas subitement en santé après un court accès.

Causes. Des blessures graves, la piqûre des nerfs et des aponévroses, la suite des grandes douleurs et des mauvais traitements, les changements brusques de température, les bains très froids. Cette maladie est commune dans les pays très chauds, sous les tropiques.

Traitement. Il doit être adapté aux divers caractères de la maladie.

1° *Tétanos traumatique.* Le section du nerf au-dessus du lieu où il a été piqué ou froissé, procure ordinairement une guérison subite. Mais si ce nerf est important, on obtient le même effet en appliquant le cautère actuel dans la plaie. Souvent il dépend aussi de luxations, il cesse alors après la réduction. Si la luxation a eu lieu à une vertèbre de la queue, on fait cesser promptement le tétanos en faisant l'amputation au-dessus de la vertèbre luxée.

2° *Tétanos constitutionnel inflammatoire.* On fait prendre à l'animal des bains de rivière ; on fait des douches d'eau de mauve, et on applique des cataplasmes de feuilles de mauve sur les parties affectées du spasme. On administre le lavement mucilagineux :

Feuilles de mauve. . . . 2 ou 3 poignées.

Faites bouillir dans 2 litres 1/2 d'eau ; faites prendre tiède à l'animal.

Intérieurement on donne le breuvage antispasmodique :

Racine de valériane en poudre. 120 grammes.

Faites bouillir dans deux peintes d'eau et faites réduire au tiers ; faites-y fondre :

Assa fœtida . . . . 30 grammes.

Et si la mâchoire a trop de rigidité pour qu'on puisse le faire prendre facilement, on l'injecte par les naseaux. L'eau de laurier-cerise à la dose d'un demi-hectogramme (une once et demie), dans un kilogramme et demi d'eau, réussit bien en pareil cas. On purge enfin l'animal avec le bol drastique suivant :

Aloès en poudre. . . . . . . 40 grammes.
Scammonée . . . . 4 »
Miel, quantité suffisante.

Tous ces remèdes doivent marcher de front.

3° *Tétanos constitutionnel asthénique.* On couvre bien l'animal ; on le chauffe avec la bassinoire sur les couvertures ; on lui fait sous le ventre des fumigations de baies de genièvre ou de cascarille ; on frictionne avec l'eau-de-vie camphrée les parties affectées de spasme. On donne intérieurement le bol suivant :

Opium . . . . 1 gramme.
Diascordium . . . . 10 »

que l'on porte progressivement à leur maximum ; on le réitère toutes les quatre heures, et si l'animal ne peut pas l'avaler, on le délaie dans suffisante quantité de vin chaud, et on l'injecte par les naseaux. On donne le lavement irritant suivant :

Feuilles de tabac séché . . . 60 grammes.

Faites infuser dans 2 litres 1/2 d'eau bouillante, passez à travers un linge. Cette dose ne sert que pour un cheval fait. Ou seulement le suivant :

Têtes de pavot.

Faites bouillir dans 1 litre 1/2 d'eau ; passez pour un lavement, si la maladie n'était pas très forte.

Après la guérison on purge l'animal avec le bol purgatif drastique suivant :

Aloès en poudre. . . . . . . 40 grammes.
Scammonée . . . . 4 »
Miel, quantité suffisante.

Pour un cheval faible et jeune, l'aloès ne sera que

de moitié, et on le préserve soigneusement du froid
et de l'humidité pendant sa convalescence.

OPHTHALMIE DES YEUX.

Elle attaque les yeux de tous les animaux, et offre
des différences qui influent sur le traitement.

Symptômes. Occlusion partielle ou totale des paupières ; tuméfaction et chaleur de ces parties ; injection des vaisseaux du globe oculaire et de la conjonctive ; photophobie ; larmoiement considérable,
s'il dépend d'un corps étranger introduit dans l'œil ;
plus tard, l'excrétion d'une matière muqueuse ayant
l'aspect du pus. La partie du chanfrein sur laquelle
les larmes s'écoulent se dénude ; la peau s'excorie et
s'ulcère.

Dans les ophthalmies intenses, il est assez ordinaire de voir la cornée transparente blanchir, ou il
s'élève une petite vésicule qui se transforme en un
ulcère , laissant après la cicatrisation une tache
blanche, opaque.

Causes. Les contusions, la pénétration de corps
étrangers, âcres, caustiques, etc., dans l'œil ; les
refroidissements. L'ophthalmie externe peut aussi
être un symptôme d'autres affections, surtout des
maladies gourmeuses, de l'influenza, etc.

Traitement. Dans les ophthalmies récentes, les
applications continues de l'eau froide, à laquelle on
substitue l'eau de Goulard, lorsque l'inflammation
est calmée, suffisent ordinairement à la guérison. Si
l'inflammation est intense, on pratique une saignée
locale aux veines sous-cutanées de la face et on remplace les réfrigérants par des lotions émollientes,
avec addition de teinture d'opium, en cas de vives

douleurs. La résolution ne s'obtenant pas, et la sécrétion d'abondantes mucosités continuant, on a recours à l'eau de Goulard, à une faible solution de sulfate de zinc. Ce même traitement est applicable dans l'obcurcissement simultané de la cornée transparente et la présence de vésicules. Les ulcères qui couvrent la cornée sont touchés avec grand avantage par le crayon de nitrate d'argent.

Quand l'ophthalmie externe se prolonge, menace de passer à l'état chronique, et que les agents précités se montrent insuffisants, on introduit une ou deux fois par jour, sous la paupière, une pommade composée d'axonge et de précipité rouge, avec addition, en cas d'insuccès, d'opium, de camphre. En même temps on agit sur le tube intestinal par des purgatifs, ou on passe un séton à la mâchoire.

L'exploration préalable de l'œil, dans une ophthalmie, est une précaution indispensable; car si elle dépend de la présence d'un corps étranger, il faut commencer par l'écarter.

OPHTHALMIE PÉRIODIQUE.

Ophthalmie interne, connue sous le nom de *fluxion périodique, lunatique.* Elle est exclusive au cheval, et consiste en une inflammation spécifique, d'une marche régulière, et apparaissant à des époques indéterminées. Elle attaque un ou les deux yeux, et finit ordinairement par amener la cécité.

Symptômes. Le début s'annonce par les phénomènes d'une ophthalmie externe, c'est la première période de la fluxion périodique; sa durée ne dépasse guère un ou deux jours.

Dans la seconde période, des flocons d'un jaune

verdâtre, quelquefois striés de rouge, se forment
dans la chambre antérieure de l'œil, dont ils vont
occuper le fond. La cornée transparente est terne, la
pupille contractée, irrégulière ; l'iris paraît tapissé
de petits flocons ; il survient un temps d'arrêt dans
les symptômes inflammatoires.

Une réaction annonce la troisième période : le
mouvement inflammatoire reprend le dessus ; l'humeur aqueuse, ayant repris sa transparence au-dessus du dépôt floconneux, se trouble de nouveau en
entier ; les flocons sont dissous et résorbés ; l'œil
recouvre sa transparence.

Les accès reviennent à des intervalles plus ou
moins éloignés ; ils laissent dans les yeux des changements organiques qui finissent par la cécité. Une
fois le cheval aveugle, il est bien rare qu'un nouvel
accès se reproduise encore.

Les changements que l'on remarque, après quelques accès, et qui permettent de conclure avec assez de certitude à la périodicité de l'ophthalmie,
sont : la diminution du volume du globe de l'œil,
qui se trouve profondément enfoncé dans l'orbite ;
la paupière supérieure est plissée, anguleuse, la
cornée transparente, mate, la pupile contractée, anguleuse ; plusieurs points opaques se montrent dans
le cristallin.

Causes. Une prédisposition héréditaire, des pâturages bas et marécageux

Traitement. Il est le même que celui de l'ophthalmie interne, mais on n'a encore trouvé d'autre moyen
de prévenir les accès que l'émigration.

PÉRIPNEUMONIE.

Inflammation du poumon.

Inflammation du poumon caractérisée par la respiration pénible, la toux, douleur et sensibilité médiocre aux côtés ; l'animal ne se couche pas. Ce dernier symptôme n'a lieu que dans les grands animaux.

Espèces. Depuis quelque temps, on a observé des péripneumonies asthéniques qui nous obligent à une division, sans laquelle l'art serait souvent meurtrier.

1° *Péripneumonie inflammatoire.* La respiration très chaude, ainsi que la poitrine, les mouvements du cœur vibrants et durs.

Observations. Le pouls est souvent petit et contracté, d'autres fois dur et plein ; mais ces phénomènes variables ne doivent point en imposer à l'observateur, qui, pour déterminer le caractère inflammatoire de la maladie, doit seulement examiner la chaleur excessive de la respiration et de la surface de la poitrine, et ne doit consulter l'état de la circulation qu'en mettant la main sur le cœur même.

Il faut remarquer aussi que la petitesse extrême du pouls est presque un signe assuré de la violence de cette inflammation, car elle provient de la plénitude et de la douleur de l'organe pulmonaire, dans lequel la circulation n'a pas lieu librement.

Symptômes de la péripneumonie inflammatoire. La tête de l'animal est penchée ; il paraît triste et concentré en lui-même, mais ne témoigne pas ressentir de grandes douleurs ; la bouche est sèche et très chaude, la langue blanchâtre, les membranes des naseaux et de la bouche très rouges ; la toux est sèche, la soif ardente; il y a un écoulement visqueux par les narines; les yeux sont rouges, les veines dilatées, les oreilles et les extrémités froides; il y a un violent battement des flancs.

Si du troisième au cinquième jour (cette terminaison s'est prolongée jusqu'au douzième jour), l'écoulement des naseaux devient muqueux et sanguinolent que la toux cesse d'être sèche, mais soit accompagnée de l'expectoration de semblable matière; que la respiration devienne plus facile, que les urines deviennent troubles, qu'il survienne des sueurs et de la diarrhée, enfin que l'animal fasse quelques tentatives pour se coucher, on pourra augurer la *résolution*.

Si, au lieu de ces accidents favorables, il survient des frissons, que le pouls devienne faible et irrégulier, que la respiration soit plus pesante, fétide, et les urines écumeuses, on en conclura qu'il se prépare un squirre aux poumons, ou sa suppuration. Cette suppuration a lieu par divers abcès qui se forment dans la substance même du poumon, et qui, s'ouvrant à diverses reprises et remplissant les bronches, ne manquent guère d'occasionner la suffocation.

Si tous les symptômes disparaissent, excepté la toux, on en conclura qu'il s'est formé des tumeurs squirreuses dans les poumons. Ces tumeurs donnent souvent lieu à la pousse.

Si les forces continuent à diminuer, que l'animal, cessant de souffrir, soit triste et assoupi, que l'habitude de son corps soit froide et son pouls petit, ces symptômes annonceront la gangrène et la mort.

2° *Péripneumonie asthénique*, ou maladie stimulant la péripneumonie. Le pouls est développé, mais mou, souvent très accéléré ; les battements du cœur toujours peu vibratiles ; la chaleur est faible ; il y a des sueurs ou de la diarrhée.

Observations. Les autres signes sont d'ailleurs semblables à ceux de la péripneumonie inflammatoire. La respiration est difficile ; l'animal ne se couche pas. Il a la langue blanchâtre ou jaunâtre, mais les membranes apparentes sont peu rouges. Les veines des yeux sont infiltrées d'un sang noirâtre. Il y a peu de soif ; les extrémités sont chaudes.

Les vieux chevaux y sont particulièrement sujets.

Les terminaisons de cette maladie sont la résolution, et, dans les cas défavorables, l'hydrothorax, la phthisie, l'asthme, le squirre du poumon : le froid des extrémités et les convulsions annoncent la gangrène.

Causes. Les passages subits d'une température chaude à une température froide *et vice versa* ; la boisson d'eau froide, un bain après une course, l'habitation d'écuries peu aérées, chaudes.

Traitement. 1° Péripneumonie inflammatoire. Dans les premiers moments, on débutera par la saignée, sans avoir égard à la petitesse du pouls. Cette opération produit, au contraire, l'effet de développer le pouls dans cette maladie. La saignée sera renouvelée jusqu'à quatre ou cinq fois, à deux heures d'intervalle, pourvu qu'on ait remarqué que la première a développé le pouls.

On passe en outre un morceau de racine d'ellébore au poitrail, et deux sétons aux parties latérales de la poitrine.

La boisson sera composée d'eau nitrée.

> Décoction de chiendent . . . 6 litres.
> Sel de nitre . . . . 16 grammes.

On donnera le lavement tempérant suivant :

> Décoction de mauve . . . . 1 litre 1/2.
> Nitrate de potasse . . . . . 38 grammes.

Cette dose n'est que pour les grands animaux.

Dès que l'écoulement muqueux est établi et que le pouls a acquis de la liberté, il ne faut plus saigner, mais on donne le bol béchique suivant :

> Soufre sublimé . . . . . . 60 grammes.
> Miel 60   »

L'art ne présente point de ressources pour la gangrène ni pour la suppuration, mais quelquefois, dans ce dernier cas, la nature procure l'expectoration du pus quand les vomiques sont peu considérables, et l'animal guérit ensuite de lui-même.

2° *Péripneumonie asthénique.* On met un vésicatoire aux parties latérales de la poitrine ; on donne intérieurement le breuvage fortifiant ci-après :

> Camphre . . . . 30 grammes.
> Vin rouge chaud . . . . . 1 litre.

Si le cheval était dans un grand abattement de force, on poussera la dose de camphre à 50 grammes.

Et on injecte des clystères de la même formule. Quand la respiration est devenue plus libre, on administre le bol fébrifuge excitant, savoir :

> Cascarille . . . . 60 grammes.
> Limaille de fer 16   »
> Miel, quantité suffisante.

Faites plusieurs bols pour administrer le médicament à l'animal en une seule fois.

Les animaux qui ont été affectés une fois de la

péripneumonie asthénique, prennent une grande aptitude à la contracter de nouveau, et finissent par tomber dans la phthisie.

PLEURÉSIE.

Inflammation des membranes qui entourent la cavité pectorale, caractérisée par la respiration pénible, la toux, la douleur et la sensibilité aux côtes de la poitrine.

Remarque. La seule différence que l'on puisse admettre à l'extérieur entre cette maladie et la péripneumonie, c'est la plus grande violence de la douleur des côtés, dont le siége est un peu plus en avant.

A l'intérieur, les parties malades sont trop rapprochées et ont de trop grandes relations, pour qu'on puisse établir un traitement très différent entre ces deux maladies. Elles sont souvent jointes, et aux yeux du praticien, la pleurésie ne serait qu'une péripneumonie, mais à un degré ordinairement beaucoup plus fort. Ainsi, on doit employer avec plus d'énergie encore les moyens tempérants.

Les boissons d'eau froide quand l'animal a très chaud, les transpirations arrêtées, causent beaucoup plus fréquemment la pleurésie que la péripneumonie.

Nous ne pouvons d'ailleurs que renvoyer ici à tout ce que nous avons dit à l'article *Péripneumonie.*

La pleurésie se montre aussi sous forme asthénique, mais jamais sous la forme que nous avons appelée gangréneuse dans les vaches.

PHTHISIE. — PULMONIE.

Toux sourde et fréquente ; écoulement de pus par les narines et la bouche, fièvre lente nerveuse.

Nota. Dans le commencement du mal, la toux est le seul symptôme qui indique l'altération pulmonaire.

Symptômes. La phthisie consiste dans le squirre et ensuite dans l'ulcération des glandes pulmonaires.

A mesure que ces glandes grossissent, la toux se déclare, sans que la santé de l'animal paraisse affectée. Bientôt la maladie s'avançant, la fièvre étique paraît, le pouls est accéléré et dur. La chaleur paraît plus grande vers le soir, et elle se termine souvent par la sueur ; la couleur de la peau est pâle.

Ces symptômes sont bien suivis de l'écoulement du pus, et alors la phthisie est complète et confirmée. L'animal reste couché tristement et allonge la tête ; son haleine est fétide ; il survient de la diarrhée, que l'on ne peut arrêter.

L'animal maigrit rapidement et tombe dans le marasme.

Quelques jours avant la mort, l'animal reste droit, la tête penchée vers la terre ; les sueurs sont continuelles, la toux est très pénible, ainsi que la respiration. Les extrémités sont alors tuméfiées et froides.

La résolution des tumeurs du poumon arrive quelquefois, mais rarement.

On regarde comme de bons signes, si l'écoulement purulent est en proportion plus considérable que la gêne de la respiration, et si, en passant un séton avec la racine d'ellébore au poitrail, ce séton prend bien et produit une tumeur très volumineuse.

De même une diarrhée simple et sans colique, qui ne dure que quatre ou cinq jours et qui débarrasse la respiration, est un excellent signe.

La phthisie se complique souvent d'ulcères aux naseaux et de tuméfaction des glandes de l'auge, et alors il n'y a aucun espoir. Voyez *Morve*.

S'il n'existe qu'une seule tumeur au poumon et qu'en éclatant elle n'étouffe pas l'animal, on voit quelquefois la guérison suivre son explosion.

Remarque. 1º La phthisie diffère de la péripneumonie chronique par l'écoulement prolongé de pus par les naseaux et la bouche. 2º Elle diffère de la morve par la toux et le défaut de tuméfaction des glandes de l'auge. 3º Elle diffère de l'hydropisie générale des moutons par la toux et la fièvre lente nerveuse.

Causes. On attribue quelquefois la phthisie à la contagion, et le contraire n'est pas assez prononcé pour qu'on ne doive pas prendre quelques précautions à cet égard; il paraît que cette maladie est souvent héréditaire.

Les scrofules sont une des prédispositions les plus marquées pour l'acquérir.

La phthisie est une suite ordinaire des péripneumonies chroniques, et même des inflammatoires qui, par quelque vice de traitement, deviennent chroniques.

Elle est aussi causée par des étables renfermées, des mauvaises nourritures, le défaut d'air et de mouvement.

Traitement. Il faut séparer les animaux malades;

on doit leur procurer un air libre et sain et un peu de mouvement, sans quoi tous les soins sont inutiles.

Le but de la cure doit être de résoudre les tubercules du poumon sans les irriter ; car les tumeurs squirreuses qui s'échauffent, entrent avec facilité en suppuration, et dès lors la fin de l'animal est prompte.

Le premier période de la phthisie est toujours accompagné d'un peu d'irritation, ce qu'annoncent la dureté du pouls, la toux plus sèche et plus forte ; alors une légère saignée, l'ellébore passé en séton au poitrail, le breuvage :

> Racine de gentiane en poudre.　30 grammes.

Faites infuser dans un litre d'eau bouillante.

Donnez quand le breuvage est refroidi.

On emploie encore le breuvage suivant :

> Racine de valériane en poudre.　120 grammes.

Faites bouillir dans deux peintes d'eau, et faites réduire au tiers.

Faites y fondre :

> Assa fœtida . . . .　30 grammes.

Administrés alternativement soir et matin, et les fumigations d'eau de mauve tiède et acidulée avec du vinaigre, ont paru produire du bien. Mais si, au bout de quelques jours, la facilité de l'expectoration et de la respiration n'est pas plus grande, on pourra désespérer de la résolution, tout en continuant les remèdes indiqués et augmentant même le nombre des sétons.

Si le pouls était faible, on donnerait l'eau martiale. Eteignez à plusieurs reprises, dans un seau d'eau, un fer rouge, ou bien laissez en décoction, dans un seau d'eau, plusieurs livres de fer rouillé, et le bol fondant :

> Oxyde noir de fer . . . . . . 16 grammes.
> Gomme ammoniaque . . . . 10 grammes.
> Miel, quantité suffisante.

mais sans beaucoup d'espérance; alors seulement on peut essayer le bol astringent :
surtout s'il y a de la diarrhée.

> Opium . . . . 1 gramme.
> Diascordium . . . . 10 »

Dans tout le cours du traitement, on supprime les nourritures irritantes, telle que l'avoine, et on y substitue la farine d'orge et les croûtons.

PISSEMENT DE SANG.

Symptômes. Evacuation de sang (1) par les voies urinaires, avec ou sans douleur momentannée, mais sans fièvre permanente (2).

Remarque. L'hématurie, telle que nous la concevons ici, peut tenir à plusieurs causes physiologiques qu'il est important d'énoncer, pour s'en faire une juste idée.

(1) On distinguera avec soin les urines sanguinolentes, de celles qui ne présentent qu'une couleur rouge. Si l'on trempe un linge dans les urines sanguinolentes, il se teint de couleur de sang, ce qui n'arrive point à celles qui sont seulement colorées de rouge. En outre, le dépôt des urines sanglantes est noirâtre, tandis que celui des urines colorées est rouge.

(2) Nous ne comprenons donc pas sous ce titre les pissements de sang qui doivent leur origine à des inflammations des reins et de la vessie, ou à des lésions violentes de ces organes et qui sont accompagnées de fièvre inflammatoire; ni les pissements de sang symptomatiques et critiques qui accompagnent les *fièvres malignes.*

1° Défaut d'équilibre entre le système artériel et le système veineux de la veine ou des reins. Le système veineux absorbe moins de sang que l'artériel n'en produit. Ainsi il y a pléthore locale.

2° Fluxion locale d'humeur appelée par une irritation sourde qui ne produit point de douleur sensible. Il y a encore dans ce cas pléthore locale.

3° Etat variqueux des vaisseaux des voies urinaires. Quand les veines variqueuses s'ouvrent, elles laissent écouler du sang.

Si le vaisseau variqueux fluant est fixé dans l'urètre, le sang coule goutte à goutte et continuellement, sans attendre que l'animal verse de l'urine.

Dans ces différents cas, l'hématurie commence toujours par un état plus ou moins inflammatoire des vaisseaux de la partie, mais non pas des membranes ni du tissu de l'organe.

Bientôt à cette irritation locale succède un affaiblissement général causé par la perte d'une humeur si précieuse à l'animal, et bientôt de l'épuisement.

Mais il faut s'assurer soigneusement que la maladie n'est point causée par un calcul, ce que les douleurs de l'animal témoignent toujours assez, quand le calcul a pris de la grosseur, ce qui néanmoins est obscur dans les premiers temps ; cependant alors on peut encore juger de la présence du calcul, par les douleurs que l'animal éprouve en urinant, et en ce que l'urine n'est teinte que légèrement de sang.

Traitement. 1° Dans les premiers temps, on emploiera tous les moyens qui peuvent calmer l'irritation locale et diviser les humeurs.

Ainsi l'animal sera mis au régime blanc.

On lui donnera chaque matin le breuvage acidulé astringent :

  Eau de rabel. . . . 15 grammes.
  Eau de fontaine. . . 1/2 litre.

Mêlez et administrez.

On appliquera des sétons derrière les cuisses. On a réussi par le moyen des sangsues à l'anus.

On administrera fréquemment des lavements.

L'animal sera tenu en repos.

Si ces moyens, au lieu de calmer l'hémorrhagie, paraissaient l'augmenter, on aurait recours à ceux que nous allons indiquer.

2° Quand l'hémorrhagie dure depuis quelque temps et que l'animal est affaibli, on donnera en boisson l'eau martiale (voir au *Dictionnaire*).

On accordera une bonne nourriture à l'animal. On lui fera faire de l'exercice. On fera des frictions sur le plat des cuisses et sur les reins avec l'alcool camphré. Les reins seront bien couverts.

On administrera chaque jour à l'animal le bol suivant :

  Opium . . . . . . 1 gramme.
  Diascordium . . . . 10 »

auquel on ajoutera une quantité de rouille de fer égale à celle de diascordium qui entre dans la composition du bol.

Il est des cas où il a été très utile de substituer le laudanum liquide à l'alcool camphré dans les frictions. On peut essayer ce moyen, si les autres ne réussissaient pas.

PHLÉBITE DE LA JUGULAIRE.

Inflammation·après la saignée.

La jugulaire du cheval et celle du bœuf s'enflamment à la suite de la saignée pratiquée à ce vaisseau.

Symptômes. Tuméfaction de la peau, du tissu cellulaire et de la veine, au pourtour de l'ouverture ; la tuméfaction de la veine gagne vers la tête ; l'encolure est roide, le mouvement semble occasionner de la douleur. L'épingle destinée à réunir les lèvres de la petite plaie étant enlevée, celles-ci se séparent et l'ouverture laisse suinter une petite quantité de sang noir décomposé.

La suppuration vient ensuite, et il se manifeste parfois des hémorrhagies, surtout quand les animaux triturent leurs aliments. La tuméfaction de la veine s'arrête ou gagne la parotide, ce qui augmente la tension et la douleur. Le sang revenant de la tête, n'ayant plus son libre cours, le cheval présente quelquefois les symptômes de l'immobilité.

Un pus plus ou moins abondant s'écoule par l'ouverture ; en comprimant la veine de haut en bas, le liquide entraîne des débris de caillot décoloré et des lambeaux de la membrane interne de la veine. La sonde, introduite par l'ouverture, remonte à quelques pouces ; une *fistule veineuse* s'est formée ; elle se cicatrise par l'adhésion des parois du vaisseau qui est perdu pour la circulation.

Pendant ou après la saignée, du sang s'épanche dans le tissu cellulaire entre la peau et la veine. Cet accident donne naissance à une tuméfaction plus ou moins forte ; il constitue le *thrombus* ; le vaisseau reste intact.

Causes. Des instruments qui ne donnent pas une section nette, qui sont rouillés, un coup appliqué avec force sur la flamme, le défaut de précaution dans l'attache de l'animal qui trouve moyen de se frotter ; une disposition particulière du sang, rendant à certaines époques l'inflammation de la jugulaire fort fréquente.

Traitement. Le cheval est fixé de manière qu'il ne puisse pas se frotter ; le thrombus et la veine enflammée sont couverts de cataplasmes réfrigérants d'argile, de vinaigre et d'eau. Ces moyens suffisent ordinairement contre le thrombus ; mais si, au bout de peu de temps, la phlébite ne tend pas vers la résolution, on applique un vésicatoire sur la veine. Cette forte excitation externe prévient la suppuration et hâte considérablement la résolution.

Lorsque la suppuration est établie, on expulse le pus et les débris du caillot, en exerçant une compression de haut en bas le long de la veine enflammée. Les hémorrhagies ne pouvant être maîtrisées par le tamponnement et la compression, il ne reste plus d'autre ressource que d'appliquer une ligature à la veine, au-dessus de l'ouverture.

PLAIES.

On donne le nom de plaies aux solutions de continuité des parties molles avec division de la peau ou des muqueuses, et produites instantanément.

Symptômes. Les phénomènes qui caractérisent une plaie sont : la division des parties avec le tégument qui les recouvre ; leur rétraction de manière à écarter les bords de la solution de continuité, à la rendre béante ; la douleur, la perte de sang, l'inflammation, et, si celle-ci gagne en intensité, la fièvre.

Les plaies varient suivant leur dimension, leur forme, les parties intéressées, la conservation ou la perte partielle de ces parties.

L'abondance des vaisseaux sanguins dans la peau et le tissu musculaire fait que toute solution de continuité est suivie d'une perte de sang. Tantôt les capillaires seuls sont divisés, d'autres fois des artères, des veines d'un certain calibre sont comprises dans la solution de continuité. Le sang s'écoule en nappe des capillaires, par jet des artéres ; les veines le laissent échapper par flots uniformes.

L'inflammation est la conséquence inévitable d'une solution de continuité. Elle s'établit au bout de quelques heures et atteint son apogée le lendemain ou le surlendemain. Légère, elle n'attire guère l'attention ; intense, on a à redouter la gangrène, la terminaison la plus fâcheuse de l'inflammation. Sa gravité est indiquée par le degré de douleur, de chaleur et de tuméfaction. Des inflammations se résolvent bientôt après la transsudation d'une matière plastique ; d'autres se prolongent, et la matière transsudée se transforme en pus.

Les plaies qui se réunissent par l'intermédiaire d'une matière plastique guérissent par *adhésion*, par *première intention*. mais il ne faut pas que l'exsudat soit abondant, car dans ce cas il écarte les bords de la plaie, et la réunion immédiate devient impossible. Le pus alors constitue le moyen de cicatrisation. Sur toute la surface de la plaie s'élèvent des granulations, des bourgeons charnus qui réunissent les parties divisées et remplissent les vides laissés par les pertes de substance. Le pus ne donne pas naissance aux granulations, c'est une matière accessoire qui leur sert de couverture protectrice. Des plaies suppurantes peuvent, dans des conditions défavorables, se transformer en ulcères.

Il arrive aussi que l'inflammation ne cède pas, qu'elle se termine par gangrène et met en danger la vie de l'individu. La division de gros vaisseaux et de nerfs; les plaies contuses, déchirées; l'introduction de venins, de poisons dans la solution de continuité; la mauvaise constitution du blessé, sont les causes provocatrices les plus habituelles de la gangrène.

Des plaies étendues, intéressant des organes importants, faites sur des animaux irritables, allument une fièvre de réaction avec les phénomènes que nous avons exposés page 25.

Les plaies sont simples ou compliquées; les premières se bornent à la simple division des tissus; les secondes sont accompagnées de la présence d'un corps étranger ou d'autres états morbides.

Causes. Toute violence extérieure produite par un instrument tranchant, piquant, contondant, par une arme à feu, la brûlure, un caustique.

Traitement. La réunion par première intention conduit le plus rapidement à la guérison, en laissant après elle les moindres traces de cicatrisation. Pour user de ce moyen, il faut que la plaie soit simple, que les parties molles n'aient pas été froissées, que des corps étrangers n'y séjournent point. Il faut en outre que les parties divisées puissent être maintenues en contact immédiat, et que la plaie soit tout à fait récente. Les sutures pratiquées au moyen de fils cirés et d'aiguilles courbes servent à remplir cette indication; mais on doit veiller à ce que l'animal soit mis hors d'état de se frotter ou d'arracher les points de suture.

Lorsque les conditions propres à la réunion par première intention font défaut, la suppuration intervient. Un liquide transsudé baigne la plaie; vers le deuxième ou le troisième jour commencent la suppuration et la formation des bourgeons charnus. Les soins consistent à diviser complétement des parties qui ne sont que partiellement entamées, et qui occasionneraient une tension, des tiraillements; à donner un libre écoulement au pus, en incisant les poches dans lesquelles il pourrait séjourner; à rendre perpendiculaires par l'instrument tranchant des plaies horizontales. Ces plaies sont couvertes d'une étoupade sèche, que l'on renouvelle suivant l'abondance de la suppuration. Si les chairs sont pâles, blafardes, sèches, le pus de mauvaise nature, on les excite par une teinture alcoolique, de l'onguent digestif, dont on couvre l'étoupade; on continue ainsi jusqu'à ce que le pus redevienne blanc crémeux, et que l'on ait obtenu la cicatrisation. Quand la granulation est parvenue aux bords de la plaie, les pansements peuvent être discontinués; le pus se sèche, forme une croûte sous laquelle la peau se régénère, comme dans la cicatrisation des abcès. Parfois les bourgeons charnus continuent à végéter et à dépasser le niveau de la peau; leur développement est arrêté par l'application d'alun calciné dont on saupoudre la surface de la plaie.

Extraction des corps étrangers. Les corps étrangers qui séjournent dans les plaies exercent, suivant leur qualité, leur forme, leur volume et la nature des tissus avec lesquels ils sont en contact, une pression plus ou moins forte; ils entretiennent une irritation permanente et la douleur. L'inflammation et la suppuration persistent, des végétations luxuriantes se produisent; la guérison est rendue impossible, à moins que le corps étranger ne s'entoure d'une capsule et ne reste ainsi isolé des tissus.

Il faut prévenir ces effets, en procédant à temps à l'extraction du corps étranger; le moment le plus favorable est celui où la blessure vient d'être faite, avant que la tuméfaction inflammatoire ait envahi la plaie.

Les matières liquides vénéneuses sont écartées au moyen de l'éponge trempée dans l'eau ou en injectant ce liquide dans la plaie. Des poils, des débris de paille s'enlèvent par le même procédé. Les corps durs, enclavés dans les chairs, s'extraient à l'aide des doigts, d'une pincette, d'une sonde courbe, d'un tire-balle. Si le corps ne cède pas, on débride le pourtour afin de le dégager.

RÉTENTION D'URINE.

L'urine ne pouvant s'excréter s'accumule dans la vessie et donne lieu à une rétention complète ou incomplète de ce liquide.

Symptômes. Outre les phénomènes de colique que présente l'animal, il se campe et fait des efforts pour uriner. Il ne s'évacue pas de liquide, ou il s'écoule difficilement, ou bien il ne sort que goutte à goutte, avec douleur et ténesme vésical. L'exploration de la vessie par le rectum fait sentir le réservoir plein, tendu; la pression éveille de vives douleurs. La rétention se prolongeant, la fièvre s'éveille et au bout de vingt-quatre à trente-six heures la mort survient par gangrène ou rupture de la vessie.

La bête bovine vit encore huit à dix jours avec un épanchement d'urine dans l'abdomen. Les phénomènes annonçant cet accident sont l'odeur urineuse de la perspiration cutanée, et dans le ventre une collection liquide qui donne lieu à une fluctuation semblable à celle de l'épanchement hydropique.

Causes. La rétention d'urine est déterminée par le spasme du col de la vessie ou par un obstacle mécanique, tel qu'un calcul arrêté dans l'urètre, circonstance assez fréquente chez le bœuf ; la compression de ce canal par des tumeurs empêche aussi le libre écoulement des urines.

Traitement. Quelle que soit la cause de la rétention, la première indication consiste à vider la vessie ; par la main introduite dans le rectum, on exerce sur ce réservoir une légère pression dirigée d'avant en arrière, vers le canal de l'urètre. Cette manipulation et des frictions sèches exercées sous le ventre en avant du fourreau et le long de l'urètre suffisent assez souvent pour provoquer une évacuation. Si le spasme persiste, on administre une émulsion d'un gros de camphre, additionné de deux gros de vin d'opium, plus des lavements. L'application de la sonde est de rigueur lorsque la dilatation de la vessie peut faire craindre sa rupture. La seconde série de causes appartient à celles qui doivent être écartées par l'instrument tranchant ou le traitement spécial des tumeurs qui forment l'obstacle.

RHUMATISME.

Affection douloureuse des muscles d'une partie, augmentant par le mouvement de ces muscles, et n'étant point précédée de contusion.

Symptômes. Le rhumatisme est accompagné de fièvre, le pouls fort et tendu, l'animal témoignant de vives douleurs surtout à quelque articulation, craignant le contact, souffrant beaucoup du mouvement.

Ces douleurs changent souvent de place et passent d'une articulation à l'autre; d'autres fois elles restent fixes. Elles peuvent même attaquer à la fois les différentes articulations des extrémités, et causer alors une roideur générale. La peau, qui a d'abord conservé sa couleur naturelle, devient enfin rouge et tendue, et la maladie se termine en diminuant graduellement d'intensité au bout d'un mois environ, plus ou moins. Quelquefois la terminaison a lieu par des urines sédimentaires, ou des sueurs critiques, ou des dépôts sur la partie affectée. Cette maladie présente dans son cours des rémissions bien marquées, c'est-à-dire des temps où les douleurs et la fièvre sont moins fortes.

Causes. Les animaux des espèces chevaline et bovine séjournant dans des écuries très chaudes, et qui ont la peau délicate, sensible, sont particulièrement prédisposés au rhumatisme. Il prend naissance sous l'influence de refroidissements déterminés par un temps froid, humide, par des vents glacés, des brouillards, surtout au printemps, alors que les animaux sont envoyés au pâturage. Le séjour dans les écuries froides, humides, le défaut de litière, les stalles adossées à des murs salpêtrés, sont des causes non moins actives.

Une alimentation riche consistant en céréales, en légumineuses; des fourrages moisis; un lait échauffé, gras, trop substantiel pour les nourrissons, agissent dans le sens des causes précédentes.

Traitement. Il varie, suivant que le rhumatisme

est dû à l'une des deux séries de causes énumérées. En cas de refroidissement, d'absence de fièvre, on provoque la transpiration par les couvertures, les bains de vapeur, les breuvages de bière chaude, épicée ; on appelle même la sueur par le mouvement.

La fièvre, des inflammations locales rendaient cette médication dangereuse ; on la remplace par la saignée, les boissons tièdes nitrées et la chaleur externe. Les laxatifs et la saignée conviennent, lorsque le rhumatisme peut être attribué à l'alimentation.

Les moyens préconisés excitent la sueur chez le cheval ; ils ne sont pas applicables à la bête bovine, car on ne la fait pas transpirer artificiellement. On lui administre des breuvages chauds ; la colonne vertébrale est bassinée avec une lessive de cendres de bois, puis bouchonnée et le corps enveloppé de couvertures.

SOLANDRES ET MALANDRES.

Crevasse au pli du jarret du cheval, d'où suinte une sanie fétide et âcre.

Symptômes. Le mal commence par un prurit local ; les animaux se frottent, il en résulte une solution de continuité, d'où s'écoule une matière fétide. Les crevasses s'étendent et gagnent en profondeur, se couvrent de croûtes et font boiter les animaux.

Causes. Les chevaux de races communes y sont prédisposés.

Traitement. Dans le principe, les émollients, ensuite l'eau de Goulard, une solution de sulfate de cuivre, le mélange de la poudre de ce sel et de la racine de tormentille.

Les purgatifs, un séton aident à la guérison de ce mal, souvent fort rebelle et très sujet à récidiver.

SUROS.

Tumeur dure osseuse.

Tumeurs osseuses qui se développent sur les canons.

Symptômes. Une tumeur dure s'élève insensiblement à la surface de l'os, elle acquiert un certain volume, puis reste stationnaire. L'évolution a lieu avec douleur et chaleur, ou ces deux phénomènes font défaut. Ces exostoses sont de formes variées : tantôt aplaties, sans délimitation précise, tantôt allongées, saillantes, à base large ou rétrécie et pédiculée.

Rapprochés des parties molles sur lesquelles ils exercent une pression ou un frottement, les suros font boiter; tels sont ceux placés près des tendons fléchisseurs et du carpe. Dès qu'il y a accommodation et que les aspérités qui les couvrent sont résorbées, la claudication cesse.

Causes. Elles sont mécaniques et résultent d'une violence extérieure; les suros se transmettent aussi par voie d'hérédité; des poulains portent des suros à leur naissance.

Traitement. La médication locale, déjà préconisée contre les exostoses, à la période de développement; ses effets sont lents et incertains. Aussi les abandonne-t-on à eux-mêmes, lorsqu'ils n'entravent pas les fonctions d'organes préposés à la locomotion. Dans le cas contraire, et alors que les agents recommandés dans l'ostéite se sont montrés inefficaces, on fait pénétrer une pointe de fer dans le centre de la tumeur osseuse, ou bien on a recours à la périostotomie.

Les suros pédiculés de la mâchoire peuvent s'enlever à l'aide de la scie ou du ciseau.

SEIME. Voir *Maréchalerie*.

MALADIES SECONDAIRES DE L'OEIL
OU TAIES SUR L'OEIL.

Taies. La cornée transparente couverte d'une de ces taches ne donne plus passage aux rayons lumineux ; ceux-ci sont complétement ou incomplétement interceptés, suivant la position et l'étendue des taies ; il en est qui ne portent aucune atteinte à l'intégrité de la vision ; elles sont placées en dehors de la pupille. Récentes, on parvient à les dissiper ; il n'en est plus ainsi, dès qu'elles sont anciennes et qu'elles ont envahi toute l'épaisseur de la cornée.

Les taies récentes sont combattues par un collyre légèrement excitant : l'infusion de camomille et le sulfate de zinc (un gros sur une livre), la teinture d'opium et l'eau, ainsi que la pommade de calomel.

Dans les taies anciennes, les collyres émollients sont alternés avec les excitants ; on compose ces derniers d'une solution légère de carbonate de potasse, de soude, d'iodure de potassium ; ces agents mélangés à la graisse peuvent aussi être employés sous forme de pommade, avec addition d'opium. Il convient de ne pas trop persister dans l'usage de la même substance, lorsque les taies sont opiniâtres ; on a encore recours, dans ce cas, aux purgatifs et aux sétons.

Cataracte. Le cristallin est devenu opaque, en partie ou en totalité. Derrière la pupille on aperçoit des points blancs, des stries, qui sont le début de la cataracte ; ils gagnent insensiblement jusqu'à ce que le cristallin en entier présente cette nuance, et rende l'animal borgne ou aveugle.

Glaucome. Cette affection atteint le corps vitré qui prend une couleur glauque ou vert de mer, nuance très distincte au fond de l'œil, et qui enlève la faculté de voir.

Amaurose. C'est la paralysie du nerf optique. L'œil transparent paraît ne pas avoir subi d'altération ; la pupille est fortement dilatée et ne se contracte plus lorsqu'elle reçoit l'impression des rayons lumineux.

Ces trois affections sont incurables.

TOUX CHRONIQUE.

La cause immédiate de la toux réside dans une excitation directe ou indirecte du larynx. La toux par elle-même ne constitue pas une maladie ; c'est un symptôme qui accompagne toutes les affections des organes respiratoires et qui disparaît avec la lésion dont elle est l'expression. A côté de cette toux il s'en présente une essentiellement chronique, qui semble exister par elle-même, parce qu'aucun autre symptôme morbide ne s'y associe. Elle n'est pas rare chez le cheval et le mouton ; c'est aussi celle dont il sera question.

Symptômes. Toux courte, sèche, rauque, parfois humide et grasse, se faisant entendre à des intervalles plus ou moins prolongés, tantôt tout le long du jour, tantôt à certaines périodes. Ainsi, lorsque l'animal sort de l'écurie, qu'il se met en mouvement, qu'il boit de l'eau froide, il tousse. Cette toux se provoque facilement, en comprimant le gosier.

Des phénomènes morbides autres font défaut, si ce n'est parfois des mucosités semi-transparentes qui sont rejetées en petite quantité par les naseaux.

Causes. Des affections des voies respiratoires qui ont laissé après elles des lésions chroniques ; les refroidissements de la peau ; l'usage des fourrages chauds, moisis, poudreux, vasés ; le séjour dans des locaux peu aérés, où les fumiers dégagent une atmosphère ammoniacale, rentrent dans les causes les plus ordinaires de ces toux chroniques et rebelles, qui sont si fréquentes.

Traitement. Il est rare que l'on parvienne à dissiper les toux anciennes et invétérées ; celles qui n'ont pas encore une longue date, mais dont la chronicité est constatée, sont combattues avec avantage par le sel ammoniac, le soufre uni à la semence du phellandre aquatique et surtout par le goudron donné en bol, en électuaire ou sous forme d'eau de goudron. L'on y joint l'inspiration de vapeur d'eau ou de goudron, ainsi que le séton au poitrail. Si la toux dépend d'une sensibilité particulière du larynx, ce que l'on est admis à supposer quand un léger attouchement de la gorge la provoque, on administre l'opium, et la région du larynx est frictionnée avec le liniment volatil, la pommade d'iode, l'onguent mercuriel : l'application d'un vésicatoire produit souvent de bons effets. Le traitement local ne doit jamais être négligé dans cette circonstance.

Les carottes et autres aliments sucrés forment la base du régime.

La toux des chevaux vieux, très gras et condamnés à une inaction prolongée, se perd souvent après des purgatifs réitérés et un travail régulier.

Dans la toux chronique du mouton, l'on donne le goudron mélangé au sel, à la dose de 1/2 à 3/4 de livre pour 100 têtes.

ULCÈRES.

Surfaces suppurantes, sans tendance à la cicatrisation, et entretenues par un vice local ou par une cause interne. L'ulcère peut être la conséquence d'une plaie, mais il n'est pas, comme cette dernière, le résultat immédiat d'une violence extérieure.

L'ulcère s'établit par deux modes différents. Une plaie, un abcès, une contusion, etc., se transforment en ulcère par tout vice local empêchant la cicatrisation : tels sont la présence d'un corps étranger, des fusées de pus, la lésion des os, des cartilages, des tendons, des ligaments, la malpropreté, l'action de la chaleur, du froid, une granulation irrégulière, une suppuration de mauvaise nature, un traitement défectueux, etc.

Les causes internes qui donnent naissance à un ulcère sont les maladies dont l'ulcère n'est qu'un symptôme, comme la morve, le farcin.

Les ulcères offrent des différences, suivant leur aspect extérieur ; ces différences font aussi varier le traitement. Malgré les nombreuses divisions auxquelles ils ont servi de base, on peut ramener aux suivantes les ulcères dus à un vice local.

Ulcères calleux. Ils sont entourés d'un bord insensible, sec, induré et d'une épaisseur assez forte. La surface, ulcérée, blanchâtre, lardacée, finit aussi par s'indurer, et par devenir calleuse.

Les callosités sont un obstacle à la cicatrisation, on les détruit par la cautérisation et l'extirpation.

Ulcères corrodants ou phagédéniques. Ils s'entendent et en superficie et en profondeur, par la destruction de la matière organique avec laquelle la sanie vient en contact.

La cautérisation et les pansements avec le chlorure de chaux, le vinaigre empyreumatique, la poudre de quinquina, d'écorce de chêne, de charbon et de camphre, une alimentation corroborante réussissent parfois à ramener une bonne suppuration.

Ulcères fongueux. Des végétations luxuriantes, molasses, spongieuses s'élèvent à leur surface. On détruit les chairs fongueuses par les caustiques.

Ulcères fistuleux. Conduits étroits s'étendant en longueur dans les tissus, et aboutissant assez souvent à un os, un cartilage, des ligaments, des tendons, etc. Les fistules se reconnaissent au premier coup d'œil au pus dont l'abondance n'est pas en rapport avec l'étendue de la surface ulcérée ; une légère pression des parties avoisinantes amène du pus et indique la direction du trajet fistuleux, que l'on explore plus attentivement en y introduisant une sonde.

Suivant la région qu'occupe l'ulcère fistuleux et la disposition anatomique des parties, on donne un libre écoulement au pus, soit en pratiquant une contre-ouverture à l'extrémité de la fistule, soit en fendant tout le trajet fistuleux. Les injections avec la liqueur de Villate comptent de nombreux succès.

VERTIGE ESSENTIEL.

Chaleur excessive de la tête, et surtout du crâne, accompagnée d'efforts violents et de résistance, ou de stupeur ou de chancellement ; le pouls est très dur.

Symptômes. L'animal témoigne de l'inquiétude, il a des frissons fréquents, paraît étourdi avant l'invasion. Quand le mal est déclaré, il tourne en cercle, et quelquefois toujours sur une même main ; ou il court devant lui, sans distinguer les corps qui lui sont opposés ; il entre en fureur, saute, court, se mord lui-même, ou les objets qu'il rencontre, s'il est libre. S'il est attaché, il fait des efforts inouïs pour briser ses liens, tourne en cercle au bout de sa corde, si on l'a attaché très long, et l'exaltation de ses forces musculaires est vraiment surprenante. Il sue, il écume ; sa tête est allongée, sa pupille dilatée ; la respiration pénible, les yeux fixes, secs et enflammés ; les excréments chauds, enfin le pouls très dur et la carotide ayant des battements très sensibles. Cet état dure quelquefois un ou deux jours ; mais si le mal sévit avec force dès l'abord, le cheval n'a point d'accès de frénésie, et présente de suite l'état vertigineux que nous allons décrire, et qui, dans le cours ordinaire de la maladie, succède à celui dont nous avons parlé.

Il devient comme stupide, paresseux, insensible ; il pousse constamment avec sa tête dans le licol ou contre les murs ; il est chancelant, et ne se meut qu'à peine ; la carotide est gonflée ; la langue pendante ; la bouche chaude et sèche ; la respiration pénible, la température du corps est élevée, la dureté du pouls subsiste.

Terminaison. Dans cette maladie, la diminution de gravité des symptômes, la diarrhée bénigne sans colique, l'écoulement *muqueux* des naseaux, annoncent la *résolution*.

La prolongation du période inflammatoire, vrai

ou faux ; la pesanteur excessive de la tête, la dilatation de la pupille, annonceraient la suppuration.

Les frissons, le froid des extrémités, l'abattement total des forces, les convulsions seraient les préludes de la gangrène.

Cette maladie se termine le plus fréquemment par une attaque d'*apoplexie*, et souvent aussi par la paralysie, la stupidité, le tétanos, les abcès chroniques du cerveau.

Le cheval est très sujet à cette maladie : elle l'emporte quelquefois en vingt-quatre heures, si on ne le secourt pas à temps.

Causes. Les coups de soleil, surtout lors du travail des aires, les heurts sur la tête de l'animal, l'impression de la chaleur de l'écurie en hiver ; la rareté de l'eau dans les saisons extraordinairement chaudes ; la mauvaise construction des écuries qui sont peu aérées, mal tenues, chaudes, exposées au soleil une grande partie de la journée.

Les animaux forts et sanguins, ceux qui ont l'encolure courte, sont particulièrement exposés au céphalitis vrai.

Traitement. La difficulté d'approcher des animaux affectés de cette maladie pendant son premier période, en rend la curation très hasardeuse. Il est donc bien essentiel de chercher à s'en rendre maître dans les premiers moments de la maladie, et quand il se laisse encore aborder.

On pratiquera la saignée à la jugulaire ; elle sera abondante et réitérée, jusqu'à ce que les symptômes soient apaisés. On peut faire aussi l'ouverture de l'artère temporale, mais seulement dans le cas où l'on serait bien maître du cheval ; sans quoi il pourrait s'échapper, faire partir la compression, et perdre tout son sang.

On tiendra appliqués sur sa tête des linges imbibés d'eau froide vinaigrée, que l'on changera à mesure qu'ils s'échaufferont. On emploiera la boisson nitrée :

>   Décoction de chiendent.   6 litres.
>   Sel de nitre . . . . .   16 grammes.

que l'on laissera constamment devant l'animal. On lui donnera le lavement :

>   Décoction de mauve . .   1 litre.
>   Nitrate de potasse . . .   30 grammes.

S'il est impossible d'approcher l'animal, on cherche à le faire entrer dans une petite pièce au rez-de-chaussée, où il ne puisse remuer ; on perce le plancher et on l'inonde d'eau fraîche en douche sur la tête. J'ai vu réussir ce moyen.

Quand les symptômes de fureur sont ralentis, on passe à l'animal un séton aux deux côtés de l'encolure, et on met dans chaque incision un morceau de racine d'ellébore. On donne alors le purgatif :

>   Sulfate de magnésie . .   300 grammes.

Faites fondre dans un litre et demi de décoction de bourrache.

Dans le cas où le mal passerait en suppuration, on envelopperait la tête d'un vésicatoire, et on donnerait le breuvage fortifiant suivant :

>   Camphre . . . .   30 grammes.
>   Vin rouge chaud . . .   1 litre.

On augmente la dose du camphre à 60 grammes, quand il y a grand abattement de forces et que la première dose n'a pas paru produire d'effet.

VERTIGE ABDOMINAL.

Défaut d'accomplissement de l'œuvre de la digestion, caractérisé par la tristesse, la gêne de la respiration, des rots fréquents, la fétidité des excréments qui renferment des parties d'aliments non décomposés, des borborygmes et la tension de l'abdomen.

Symptômes L'animal souffre, s'agite, regarde son ventre, et a les autres symptômes de la colique. La tension de l'abdomen est considérable si l'indigestion est causée par des aliments verts ; il est tendu, et résonne sous la main qui le frappe. Il y a quelquefois diarrhée, d'autres fois constipation, et les excréments sont alors secs et durs. Dans l'un et dans l'autre cas, on y trouve des grains d'avoine entiers, ou d'autres débris bien reconnaissables de la nourriture ordinaire de l'animal. Les vents qu'il rend avec fréquence sont extrèmement fétides. Le pouls est fréquent et petit.

D'autres symptômes viennent souvent compliquer ceux-ci. Le vertige devient un phénomène accessoire de l'indigestion.

Le cheval ne fait plus d'attention à ce qui l'entoure et s'y heurte étourdiment ; il chancelle sur ses jambes, qui tremblent sous lui ; il sue abondamment, il entre ensuite en fureur, saute, se débat, frappe du pied, mord sa mangeoire.

Il est d'ailleurs constipé, bâille ; les intestins remplis de gaz font entendre de fréquents borborygmes ; le pouls est mou. Ces symptômes se présentent ordinairement dans le cas où l'indigestion a eu lieu quelques jours auparavant, et où les excréments s'entassent dans les intestins. C'est ce que l'on appelle le *vertige abdominal*. Ce cas est très prompt et tue l'animal en peu d'heures. La mollesse du pouls, les borborygmes et la rapidité de l'invasion, différencient cette maladie des autres vertiges.

D'autres fois l'indigestion est accompagnée de la paralysie momentanée de l'arrière-train. Il paraît qu'alors les excréments amassés dans les gros intestins, les pelotes ou égagropyles, compriment les nerfs de la région pelvienne.

Quand l'animal a l'abdomen fort tendu (météorisme), les vents sont extrêmement fétides, les douleurs très vives ; l'animal gémit beaucoup.

Tous ces symptômes disparaissent quand on parvient à procurer l'évacuation des matières dont la présence cause tous les désordres.

Mais le défaut d'évacuation cause souvent la mort de l'animal. Quelquefois, surtout après les indigestions de grains, l'estomac de l'animal crève.

Souvent ce sont moins des matières dures que des substances gazeuses très raréfiées qui causent l'indigestion, et alors il y a toujours *météorisme*, qui s'accroît avec une grande rapidité. Il s'agit alors de condenser les vapeurs avant de procurer l'évacuation des excréments.

Causes. La gloutonnerie de l'animal qui se charge l'estomac plus qu'il ne comporte ; le mauvais état de ce viscère fatigué ou affaibli, soit par d'autres indigestions, soit par toute autre cause. La paralysie du train postérieur survient le plus souvent aux chevaux que l'on nourrit trop fréquemment de son. Les indigestions sont très dangereuses dans les sujets vieux et usés, surtout quand elles se réitèrent.

Les indigestions de froment sont très dangereuses dans les monogastriques herbivores, apparemment par les parties glutineuses animalisées qu'il contient. Les plantes fraîches sont dans le même cas, et surtout la luzerne, le trèfle, le mélilot, le coquelicot, la sainfoin et un grand nombre d'autres essences qui causent de terribles météorismes, surtout quand elles sont mouillées par la rosée.

Traitement. On ne saignera point ; la saignée peut être mortelle dans ce cas. On commencera par vider le rectum avec la main passée dans l'huile, et on donnera plusieurs lavements simples pour dégager les derniers intestins. On administrera en même temps le breuvage stomachique éthéré suivant :

Infusion de baies de genièvre froide.   1/2 litre.
Ether sulfurique . . . .   8 grammes.

Mêlez et donnez sur-le-champ.

On réitérera le breuvage après quelques heures, si l'animal n'est pas entièrement remis.

Dans ce cas, c'est le remède qui agit avec le plus de promptitude et le plus d'effet. On peut cependant, au défaut d'éther sulfurique (ingrédient indispensable dans les fermes), le remplacer par le suivant :

Infusion de fleurs de coquelicot.   1 litre.

Ajoutez :

Ammoniaque liquide. . .   8 grammes.

L'eau de savon, la lessive, et même l'eau-de-vie ont quelquefois suppléé à ces moyens. On cite des exemples de bêtes à cornes sauvées par l'administration d'un demi-litre d'eau-de-vie pure.

VERS INTESTINAUX.

Le tube intestinal de nos animaux domestiques héberge un grand nombre d'*entozoaires* variés. Quelques espèces sont inoffensives, d'autres deviennent nuisibles par suite de leur grande multiplication ou par l'énorme longueur qu'ils atteignent. Les maladies vermineuses ne sont pas aussi fréquentes qu'on le pense communément ; l'affection d'ailleurs n'est pas primitive, elle dérive d'un état morbide des organes digestifs, se traduisant par des symptômes que l'on attribue à la présence des vers. Ceux-ci deviennent une cause de maladie lorsque les organes digestifs eux-mêmes sont malades ; maintes fois on rencontre des masses d'entozoaires, sans qu'un phénomène quelconque les fit soupçonner pendant la vie. Il arrive néanmoins que les ascarides ou vers ronds, très multipliés, s'enroulent, forment des pelotons qui obstruent la lumière de l'intestin. Des coliques et la mort en sont la conséquence.

Symptômes. Ils sont vagues et ne traduisent qu'un trouble dans la digestion et la nutrition. L'appétit se montre variable, irrégulier ; les matières nutritives sont plus ou moins complétement digérées ; tantôt il y a constipation, d'autres fois diarrhée, ou les évacuations donnent un résidu mal digéré, mélangé de mucosités ; des mucosités blanches se sèchent au pourtour de l'anus ; la maigreur, le poil terne, piqué, la pâleur des muqueuses, l'enduit pâteux de la langue accompagnent ordinairement les phénomènes précédents. Il se manifeste encore, de temps à autre, de l'inquiétude, des trépignements ; les regards se portent vers le ventre, la queue est en mouvement. Ces excitations douloureuses sont passagères ; parfois elles se transforment en coliques, et dans quelques cas on voit surgir des phénomènes épileptiques. Cette série de symptômes peut encore induire en erreur et faire poser un faux diagnostic ; un seul signe, la présence des vers dans les déjections, donne la certitude.

Causes. Le jeune âge prédispose aux maladies vermineuses ; les aliments fades, muqueux, favorisent leur développement, ainsi que des affections préexistantes du tube digestif.

Traitement. Un changement de régime amène le plus souvent une guérison spontanée ; tout aliment qui corrobore les organes digestifs produit ce résultat. Tels sont les jeunes chardons, les marrons d'Inde, les glands, du foin aromatique, les céréales.

On n'a recours à une médication vermifuge qu'après s'être assuré de l'existence des vers. La suie de cheminée, la tanaisie, l'assa-fœtida, l'aloès, l'huile animale comptent parmi les vermifuges les plus actifs et les moins coûteux. On les administre en bol ou en électuaire à la dose d'un à deux gros par jour pour les petits animaux et deux onces pour les grands, sauf l'aloès, que l'on donne en plus petite portion, à moins qu'on ne veuille obtenir un effet purgatif.

VESSIGON.

Tumeur molle sans chaleur ni douleur, située à la face externe ou interne du jarret, dans l'intervalle qui sépare l'os du tendon.

Symptômes. Dans les vessigons qui ne sont pas vieillis, on sent la fluctuation sous le doigt. Quand ils sont anciens, ils s'endurcissent davantage. Ils peuvent parvenir à la grosseur d'un œuf, mais rarement surpassent-ils celle d'une noix.

S'ils paraissent aux deux faces du jarret à la fois, on les appelle *chevillés*. Ils ne font boiter l'animal que quand ils sont endurcis ou excessivement gros.

Le vessigon ordinaire, soit simple, soit chevillé, disparaît quand le cheval lève la jambe. S'il ne disparaît dans cette action, c'est une preuve que le vessigon a son siége sur la corde tendineuse même, et alors on dit qu'il est soufflé. C'est ce dernier dont les progrès gênent le plus les mouvements de l'articulation.

Causes. Les efforts du jarret, sa conformation trop droite, les violentes courses. La situation habituelle dans l'écurie, le devant très élevé. Les grandes fatigues qui n'ont même pas affecté spécialement les jarrets. C'est ainsi qu'il paraît quelquefois à la suite des avortements causés par la fatigue. Toutes ces causes entraînent l'infiltration et la saillie du ligament capsulaire qui constitue le vessigon.

Traitement. On essaie l'effet des résolutifs, et souvent le mal cède à cet usage dès les premiers jours. Il est même commun de voir des vessigons qui cèdent au simple repos, pourvu qu'on le procure à l'animal aussitôt après son apparition.

Les résolutifs que l'on met en usage sont les frictions d'alcool camphré, et ensuite celles du liniment volatil suivant :

> Ammoniaque liquide. . . 8 grammes.

Ajoutez l'huile d'olive, jusqu'à ce qu'en secouant bien le mélange, vous obteniez une pommade blanche de la consistance du beurre légèrement chauffé.

Ensuite celles du liniment volatil fortifiant :

    Huile de laurier . . . . 120 grammes.
    Ammoniaque 30   »

Mêlez exactement.

Si ces moyens ne réussissent pas, il faut en venir, sans retard, à l'application du feu, dont l'effet est presque infaillible, et qu'il faut appliquer en raies transversales sur la tumeur.

VORACITÉ ET DÉPRAVATION D'APPÉTIT.

Le défaut d'appétit accompagne ordinairement les maladies fébriles; il ne constitue donc qu'un symptôme. Chaque fois qu'il se présente, il est important de s'assurer de son origine, de l'affection morbide dont l'inappétence est l'expression.

L'anorexie peut exister sans fièvre; le phénomène semble se manifester sans cause, du moins apparente, l'animal paraissant jouir de tous les attributs de la santé. La nature des aliments, leur altération, la malpropreté amènent souvent une répugnance instinctive chez certains animaux; ils refusent la nourriture qu'on leur présente. Les fatigues outrées, les fortes excitations sexuelles produisent encore le même effet. Dans ces cas, l'inappétence est momentanée, passagère; elle ne tarde pas à disparaître en même temps que la cause qui l'a engendrée cesse d'agir.

Le refus des aliments mérite attention lorsqu'il dépend d'une inertie de l'estomac, et que les résidus des digestions précédentes, mélangés aux sécrétions de l'organe, déterminent cet état particulier que l'on appelle *saburres*.

Symptômes. L'instinct qui pousse l'animal à se restaurer se trouve modifié : l'appétit a diminué; il cesse ou il est irrégulier. Tantôt les aliments sont pris avec avidité, puis vient un ralentissement, et la ration habituelle n'est pas consommée ; tantôt les animaux mangent bien pendant un ou deux jours, et refusent ensuite leur ration ; d'autres fois ils préfèrent à une nourriture substantielle des matières moins nutritives ou salines. Le cheval recherche sa litière imprégnée d'urine, lèche les murs, avale des substances alcalines, terreuses. La soif est également diminuée.

Les ruminants éprouvent encore de l'irrégularité dans la rumination, ou cette fonction cesse.

Le ventre est paresseux ; les matières fécales présentent souvent une consistance plus grande ; elles sont foncées et ordinairement couvertes d'une pellicule.

La bouche, sèche, pâteuse, offre un aspect pâle, jaunâtre ; la langue est chargée à sa base.

Traitement. Une petite dose de sel de cuisine, donnée au début et mélangée à un aliment que l'animal appète encore, parvient à rétablir les fonctions digestives. Si ce moyen ne suffit pas, et principalement quand il y a saburre, on administre un purgatif. Un mastigadour d'assa-fœtida, en l'absence de l'état saburral, produit de bons effets La tendance à lécher les murs, à avaler de la **chaux** doit faire recourir aux amers, tels que la gentiane, contenant en mélange du sous-carbonate de chaux.

Une infusion de café torréfié est le moyen qui convient dans l'inappétence des jeunes poulains.

ZONA. TUMEUR MALIGNE DE L'ENCOLURE.

Ligne douloureuse et légèrement saillante, qui survient au côté de l'encolure, en partant du point où s'attache la tête, et quelquefois aux deux côtés à la fois, qu'ils semblent alors entourer comme une ceinture (zone), et sur lesquelles s'élève une ou plusieurs tumeurs douloureuses.

Symptômes. Les vésicules ou tumeurs qui se forment sont dures et très sensibles ; elles sont remplies d'un pus séreux et rougeâtre ; quand il est sorti, les lignes disparaissent et l'animal est guéri ordinairement : mais d'autres fois l'ulcère persiste plus longtemps ; les chairs sont noires et baveuses, renversées ; le pus a plus ou moins creusé, et quelquefois même il a pénétré sous le ligament ; les ulcères sont alors très rebelles : j'en ai vu être près de deux mois à se cicatriser complétement. Brugnone, qui décrit très bien cette maladie, l'a rapprochée de l'érésipèle zona de Sauvages, avec lequel elle a le plus grand rapport. Je l'ai observée sur des chevaux qui étaient placés dans une écurie où il y avait eu des animaux affectés de maladies contagieuses.

Traitement. Ne point saigner. On donnera intérieurement à l'animal le breuvage sudorifique suivant :

Fleurs de sureau . . .   3 pincées.

Faites infuser dans un litre d'eau bouillante.

On laissera percer la pustule d'elle-même, à moins qu'on ne s'aperçût qu'elle creusât en dedans, auquel cas on l'ouvrirait avec le bistouri. On pansera ensuite l'ulcère avec du basilicum pendant quelques jours, pour le faire suppurer.

Si le pus continue à être ichoreux, que les chairs ne rougissent pas et qu'elles débordent, on pansera avec des étoupes imbibées de teinture d'aloès ou d'huile essentielle de térébenthine.

MARÉCHALERIE

La maréchalerie est l'art de forger et d'appliquer une espèce de semelle en fer sous le pied de certains animaux domestiques, dans le but d'empêcher l'usure de la corne, de guérir ou de pallier des maladies et de remédier à des défauts d'aplomb.

La maréchalerie a des rapports intimes avec plusieurs branches de la médecine vétérinaire. Elle fournit à l'hygiène un des moyens les plus puissants pour la conservation des pieds. Le sabot du cheval qui n'est pas ferré résiste difficilement aux causes d'usure qu'il rencontre sur nos routes.

La pathologie, ou l'étude des maladies, doit s'occuper nécessairement des affections du pied; elle emprunte à l'art du maréchal des moyens de guérir, qui consistent dans l'emploi des fers pathologiques. On peut dire avec raison que toutes les maladies du pied exigent l'emploi de la maréchalerie. Ne faut-il pas déferrer, sonder avec attention le pied correspondant au membre boiteux, pour voir si le sabot ne recèle pas la cause de la boiterie?

Les autres sciences fournissent au maréchal des notions nécessaires pour l'exercice intelligent de son art. Ainsi l'anatomie lui apprend que le pied des animaux susceptibles d'être ferrés n'est pas entièrement formé par une masse inerte; elle lui révèle une organisation dont la connaissance doit le guider dans l'application de la ferrure ; la physiologie lui enseigne que le pied jouit de certaines propriétés dont il doit bien tenir compte.

Avant d'entrer directement en matière, nous allons donner sommairement l'anatomie et la physiologie du pied. Nous déduirons de ces connaissances les principes sur lesquels repose la ferrure ; ensuite nous passerons à la description des fers ordinaires et au mode de les appliquer aux pieds.

Comme la ferrure a pour but accessoire de modifier les mouvements des membres, nous indiquerons le résultat que certains changements apportés aux diverses parties du fer produisent sur l'animal en action, et nous arriverons ainsi à des applications directes. Ce résumé sera terminé ipar l'exposé de la ferrure pathologique.

§ I. — ANATOMIE DU PIED.

Dans le langage ordinaire, on appelle pied l'extrémité des membres recouverte de corne et composée d'os, de ligaments, de vaisseaux, de nerfs et d'un tissu mou. Ces parties sont renfermées dans la boîte cornée appelée *sabot*.

Le sabot, qui semble n'être formé que d'une seule pièce, se sépare par une macération prolongée en trois parties distinctes, qui sont la *muraille*, la *sole* et la *fourchette*.

La muraille ou la paroi représente une lame de corne contournée sur la face antérieure du pied. Plus élevée dans le milieu, elle diminue de hauteur de chaque côté, à mesure que l'on se rapproche des talons ; vers ce point, elle se contourne sous le pied, se prolonge entre la sole et la fourchette pour constituer les *arcs-boutants*, dont la réunion à la pointe de la fourchette forme un espace triangulaire dans lequel celle-ci est enchâssée, comme un coin dans le bois. Des deux surfaces de la muraille, l'externe est dure, lisse; l'interne, plus molle, se trouve surmontée de feuillets cornés qui s'engrènent avec les feuillets de chairs du tissu sous-jacent. Outre ces surfaces, l'on y remarque encore deux bords : l'un supérieur, la *couronne* ou le *biseau*, réunit la muraille à la peau ; l'autre, inférieur, se soude à la sole par une ligne de démarcation bien tranchée, et dans laquelle s'enchâssent les clous destinés à fixer le fer.

La muraille se divise en *pince, mamelles, quartiers* et *talons*.

La pince est la portion antérieure, médiane, la plus allongée et la plus inclinée.

Les mamelles sont situées l'une en dedans, l'autre en dehors de la pince, au point où la muraille commence à se contourner.

Au delà des mamelles viennent les quartiers, dont l'externe est plus contourné et plus oblique que l'interne.

Deux protubérances cornées moins résistantes se rencontrent là où la muraille s'infléchit vers la partie postérieure du pied; elle forme les talons.

La muraille est composée de fibres cornées placées longitudinalement les unes à côté des autres; cette disposition explique le sens dans lequel se font les fissures appelées *seimes*.

La sole, qui recouvre la majeure partie de la face plantaire du pied, est une plaque cornée de forme semi-lunaire. Elle est fixée entre le bord plantaire de la muraille et les arcs-boutants. Sa face externe,

concave, lui donne une disposition voûtée ; la surface intérieure, poreuse, reçoit les papilles de la
chair de la sole. La corne, molle intérieurement, est
sèche, cassante et écailleuse à l'extérieur.

La fourchette, composée d'une corne molle et flexible, a une forme pyramidale ; elle occupe l'espace
triangulaire que les arcs-boutants laissent entre eux,
et se prolonge jusque vers le milieu de la sole, dont
elle dépasse le niveau. Sa base bifurquée se continue de chaque côté avec une bandelette cornée qui
est appliquée sur tout le contour du bord supérieur
de la muraille. Elle est divisée dans le sens longitudinal en deux branches laissant entre elles un en-
foncement qui a reçu le nom de *lacune* ou *fente* de
la fourchette.

En comparant les pieds antérieurs ou postérieurs,
on trouve les premiers plus larges et plus évasés ;
les seconds plus allongés, d'une forme ovale, portent une sole plus concave, une fourchette moins volumineuse et des talons plus élevés.

L'épaisseur de la corne n'est pas la même sur
tous les points. La muraille des pieds de devant a le
plus d'épaisseur et de résistance en pince ; la corne
s'amincit d'une manière inégale vers les talons, car
le quartier interne est plus épais que l'externe,
tandis qu'aux pieds de derrière les mamelles et les
quartiers l'emportent sur la pince.

Le pied de la bête bovine est fourchu, c'est-à-dire
divisé en deux portions que l'on appelle *onglons*. En
les supposant réunis en un seul corps, ces onglons représentent un tout qui offre la forme ovalaire
du pied du cheval, avec un quartier externe plus
contourné et un quartier interne plus faible. La sé-

paration des onglons, par un espace dit *interdigité,* rend la fourchette superflue; il en existe néanmoins un rudiment qui dessine une grosse tubérosité molle constituant le talon.

Lorsqu'on débarrasse le pied de son enveloppe cornée, les parties molles qui se font jour sont : *la chair de la paroi* ou *le tissu feuilleté, la chair de la sole, la chair de la fourchette* et *la chair du bourrelet.* Ces divers tissus sont des expansions molles composées de vaisseaux, de nerfs et de tissu cellulaire. Appliqués d'un côté sur l'os du pied, se continuant supérieurement avec la peau, ils donnent attache de l'autre côté aux diverses pièces de corne qui entrent dans la composition du sabot, et prennent le nom de la région cornée à laquelle ils correspondent. Le mode d'attache n'est pas le même partout; ainsi, la chair de la muraille ou cannelée, encore appelée tissu feuilleté, présente une série de lamelles longitudinales parallèles, correspondant exactement aux lamelles cornées. Ces deux espèces de lamelles se reçoivent mutuellement. La chair de la sole et de la fourchette offre de petites éminences papillaires qui lui donnent un aspect velouté, dû à de petites villosités qui s'insinuent dans les pores de la sole et de la fourchette. Les arcs-boutants étant un prolongement de la muraille, le tissu feuilleté de celle-ci correspond et sert d'attache à ces pièces cornées de sabot.

La chair du bourrelet ou de la couronne, encore appelée *cutidure,* s'épaissit considérablement; elle est logée dans le sillon creusé vers le bord supérieur de la muraille, et offre un aspect velouté, semblable à celui de la sole de chair.

Les tissus que nous venons d'énumérer jouissent d'une grande sensibilité ; il n'est donc pas étonnant de voir leurs maladies s'accompagner de fortes douleurs. Ils sont préparés à élaborer et à fournir les sucs servant à l'entretien de la corne, et à la reproduction de celle qu'une opération chirurgicale a enlevée.

La fourchette de chair ou coussinet plantaire ne possède pas la même structure que les parties précédentes. C'est une masse blanche, élastique, résistante et peu sensible. Appliquée par sa face interne sur l'os du pied et le tendon qui s'y insère, elle présente extérieurement la même disposition que la fourchette de corne.

Aux deux prolongements latéraux de l'os du pied sont fixés deux cartilages, et sur sa face plantaire s'insèrent les tendons fléchisseurs des membres par une large expansion que l'on appelle *patte d'oie*, et dont la lésion rend les clous de rue pénétrants d'une gravité extrême.

§ II. — ÉLASTICITÉ DU SABOT.

Le pied des animaux jouit d'une certaine élasticité, c'est-à-dire que, pendant l'appui, les parties inférieures cèdent plus ou moins, pour revenir sur elles-mêmes quand la pression a cessé d'agir. Cette propriété n'est pas douteuse pour les animaux qui ont plusieurs doigts. Ainsi, chez le chien, on trouve au centre de la patte le tissu fibro-graisseux, qui sert de coussin ; chez le bœuf, il y a sous la sole, et surtout près des talons, un coussinet de même nature. Mais ces organes ne donnent pas seuls l'élasticité nécessaire au pied ; les doigts s'écartent aussi, et par là l'effet de la pression sur le sol est amorti. Enfin, chez tous les animaux polydactyles il y a une élasticité incontestable et nécessaire. Il faut donc bien que, par analogie, nous admettions aussi cette propriété dans le sabot du cheval. L'expérience, du reste, va nous en convaincre.

Que l'on mette en rapport la face plantaire du sabot avec l'empreinte que laisse sur un sol mou un pied non ferré, et l'on trouvera un diamètre plus grand dans l'empreinte. Ce fait suffirait dejà pour prouver que le sabot s'est dilaté pendant l'appui, si d'autres ne venaient le corroborer. Que l'on ferre un cheval de façon à mettre obstacle à la dilatation du sabot, et à l'instant même une gêne se manifestera dans la marche. Enfin qu'on applique un fer muni d'une petite herse perpendiculaire, ayant les dents dirigées vers la muraille, et sans la toucher; que l'on se borne à ne fixer que la branche interne, afin de laisser au sabot toute liberté de dilatation, l'on verra qu'après le mouvement, chaque dent de la herse aura laissé son empreinte dans la muraille. Ces expériences simples démontrent à l'évidence la dilatation du sabot chaque fois qu'il prend un point d'appui sur le sol.

La sole contribue à produire la dilatation du sabot; lorsque le pied vient à l'appui, elle perd sa forme concave, s'aplanit, entraîne la pointe de la fourchette et lui fait opérer un mouvement de bascule.

Le sabot du cheval cède donc aux efforts des pressions intérieures, et reprend sa forme et ses dimensions primitives dès que la force à laquelle il obéit vient à cesser. Si cette propriété n'existait pas, les membres ne sauraient résister aux chocs qu'ils éprouvent dans les mouvements.

§ III. — FERRURE HYGIÉNIQUE.

Le fer des monodactyles figure une bande métallique plus ou moins large, percée de trous et courbée sur champ, de manière à représenter la forme d'un croissant.

On distingue au fer la *pince*, les *mamelles*, les *quartiers*, les *éponges*, les *faces*, les *branches*, les *rives*, la *voûte*, les *étampures* et l'*ajusture*. On y voit aussi souvent des appendices nommés *crampons* et *pinçons*.

Les figures suivantes, qui représentent des fers français, nous donneront une idée de chacune de ces divisions.

1° Fig. 1. La pince P répond à la partie antérieure du pied qui porte le même nom ; elle forme le milieu du bord externe.

2° Les mamelles M M' sont les deux portions saillantes du fer qui occupent les côtés de la pince.

3° Les quartiers Q Q' comprennent les deux parties des branches du fer situées en arrière des mamelles.

4° Les éponges E E' sont les extrémités postérieures des quartiers.

Les faces du fer, au nombre de deux, l'une supérieure correspondant à la face inférieure du sabot, l'autre inférieure qui pose sur le sol.

Les branches du fer B B' sont distinguées en externe et interne, suivant le côté du pied sur lequel elles s'appliquent. Les branches commencent vers les mamelles et s'étendent à l'extrémité des éponges.

Les rives ou les bords, au nombre de deux, l'une externe Q P Q', l'autre interne S V L. Le V, centre, porte le nom de voûte.

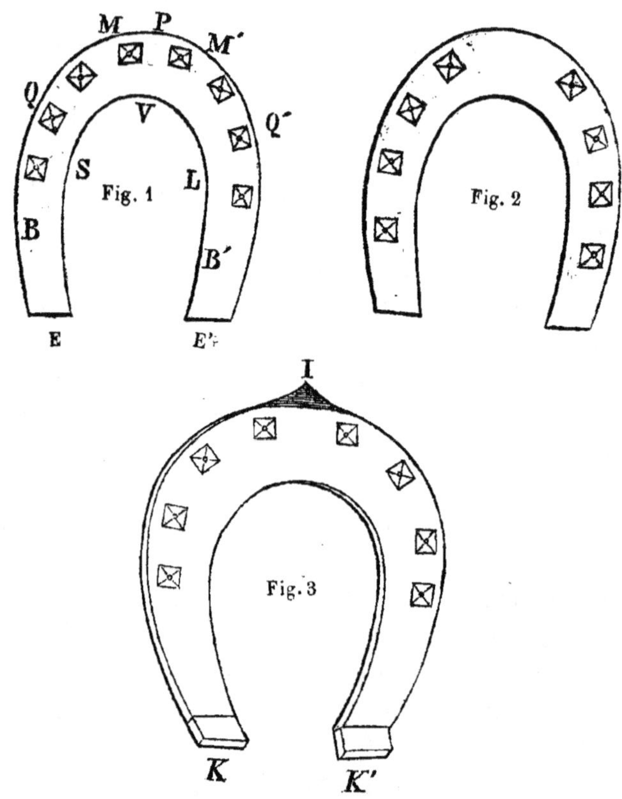

Les étampures sont les trous dont la face inférieure du fer est percée, et qui donnent passage aux clous.

Les crampons K K' sont des saillies qui se trouvent sur la face inférieure du fer.

Les pinçons I comprennent des espèces de griffes ou prolongements pris sur la rive externe et courbés vers la face supérieure.

Si l'on considère le fer sous le rapport de ses dimensions, on entend par *épaisseur* l'étendue qui sépare les deux surfaces ; et l'espace qui s'étend de la rive externe à la rive interne est ce qui constitue la *couverture*.

Les étampures dont le fer est percé se rapprochent plus ou moins du bord externe. Lorsqu'elles en sont écartées à une certaine distance, de manière à se trouver à peu près au centre du fer, l'on dit que le fer est étampé *à gras* ; si, au contraire, elles sont très rapprochées de la rive externe, il est *à maigre*.

La disposition que l'on donne aux diverses parties du fer, afin de l'approprier au pied sur lequel il doit être appliqué, forme l'ajusture, et le contour que décrit la rive externe, suivant exactement celui du sabot, s'appelle tournure.

Les principes de la ferrure rationnelle peuvent se résumer ainsi :

1° *Garnir exactement le bord inférieur du sabot, afin de le protéger contre l'usure* ;

2° *Disposer les étampures et la face supérieure de manière à ce que le fer soit fixé solidement sans nuire à l'élasticité du sabot* ;

3° *Augmenter ou diminuer l'épaisseur de certaines parties de façon à avoir toujours un appui régulier sur la face plantaire.*

Chacun de ces principes est susceptible d'un grand nombre de déductions.

Si le fer doit garnir exactement le bord inférieur du sabot, il ne faut pas qu'il le déborde. Ainsi le prolongement en pince, des éponges très longues, en saillie en dedans ou en dehors, sont autant de défauts à éviter ; de plus, le fer devra poser partout, c'est-à-dire, être sur tous les points en contact avec la muraille. Comme le diamètre des pieds antérieurs n'est pas le même que celui des postérieurs, et que des différences se rencontrent encore dans les quartiers interne et externe, il s'ensuit que chaque sabot doit être garni d'un fer spécial. Le fer de devant sera donc arrondi en pince ; celui de derrière, plus étroit et plus allongé, aura la forme ovoïde du pied ; la branche interne possédera moins de tournure que l'externe, et l'on donnera plus de force à la mamelle du dedans qu'à celle du dehors. Le poids du fer mérite aussi de fixer l'attention ; trop lourd, il surcharge le membre et fatigue inutilement l'animal.

Le maintien de l'élasticité du sabot et la fixation solide du fer sont deux conditions indispensables à une bonne ferrure ; elles sont subordonnées à la disposition des étampures et de la force supérieure du fer. Les étampures correspondront donc aux régions les plus épaisses et les moins élastiques du sabot. Ces régions n'étant ni les talons dans les pieds antérieurs, ni la pince dans les postérieurs, il faudra en éloigner les étampures dans les uns, et les en rapprocher dans les autres ; ensuiter percer le fer plus à maigre dans la branche interne que dans la branche externe.

La portion du fer où la muraille perd son point d'appui sera parfaitement horizontale, afin qu'elle n'ait pas de tendance à se porter en dedans ou en dehors, et qu'elle n'agisse pas contre les lames des clous.

L'uniformité de l'appui sur le sol rentrant dans les conditions d'une ferrure rationnelle, c'est un vice de renforcer certaines parties du feu ou d'abattre

certaines parties du sabot sans motif plausible.
L'examen du vieux fer fournit à cet égard des ren-
seignements précieux : une usure extraordinaire sur
un point donne la preuve que l'appui n'est pas uniforme, que c'est là qu'il a principalement lieu.

La pince mesurée de la rive antérieure à la voûte
est prise pour unité. Quatre longueurs de pince déterminent la longueur totale des fers de devant ;
trois longueurs et demie donnent la largeur prise de
la rive externe d'une branche à l'autre ; un quart de
longueur précise l'épaisseur du fer dans toute son
étendue. La distance entre l'éponge et la première
étampure est de sept quarts de longueur, et l'on
prend trois quarts pour la mesure de l'intervalle entre les étampures.

Les dimensions en longueur et en largeur sont
les mêmes pour les fers de derrière ; leur épaisseur
équivaut à un tiers de longueur de pince. L'écartement de la dernière étampure de l'éponge mesure
une longueur et demie, et celui des deux étampures
de la pince deux longueurs.

Le fer du mulet présente quelques différences de
forme, dues à la configuration naturelle du pied de
cet animal. Les branches en sont plus droites, la
pince est plus ou moins prolongée, et les étampures
percées plus à gras, surtout du côté externe où elles
doivent se trouver au milieu de la branche.

Les fers de l'âne ont une forme allongée comme
ceux du mulet, mais ils ne possèdent que six étampures percées à maigre.

Le fer du bœuf consiste en une petite plaque représentant le quart d'un ovale. Le bord droit correspond à la rive interne ; il n'est pas tout à fait recti-

ligne, car il doit suivre le creux qu'offre la face interne de l'onglon. Du milieu de cette rive part un petit pinçon ou un prolongement mince plié à angle droit, de manière à passer entre les deux onglons, à se rabattre sur la muraille et à donner plus de fixité au fer. Le bord externe ou convexe représente la rive extérieure; elle est percée, dans le sens de sa longueur, de cinq ou six étampures maigres : la dernière, en avant du talon, se trouve vers le milieu de la rive.

L'ajusture et la tournure précèdent l'application du fer.

L'ajusture consiste à préparer la face supérieure du fer de manière à donner un plan horizontal au contour sur lequel s'appuie la muraille; de ce point d'appui jusqu'à la rive interne, cette surface présente un plan oblique. Jamais l'inclinaison ne doit s'étendre de la rive externe à la rive interne; cette disposition vicieuse fait que la muraille agit contre la lame des clous : elle tend à rentrer, et des éclats, des délabrements de la corne, en sont le résultat. La muraille restant libre du côté des talons, ceux-ci se rapprochent avec facilité; le rétrécissement du sabot en est la conséquence. Tels sont les inconvénients attachés à ce mode d'ajusture.

Le fer du bœuf réclame une concavité correspondant au coussinet plantaire.

La tournure du fer ou son contour est modelée sur le pied qui doit le recevoir.

Application. — Les instruments dont on se sert pour appliquer les fers sont le brochoir, le boutoir, les tricoises, la râpe, le rogne-pied et le repoussoir.

Le pied levé est tenu par l'opérateur lui-même,

par un aide, ou fixé au travail. On emporte d'abord
les rivets ou petits crochets formés à la lame repliée
du clou sur la face externe du sabot, puis on passe
les mors des tricoises entre une des éponges du fer
et le talon correspondant ; on bascule comme avec
un levier, mais en évitant de tirailler et de porter
l'effort sur les articulations. Pour l'éviter, il suffit
d'appliquer à la face antérieure du sabot la main qui
lui sert de point d'appui. Les tricoises soulèvent le
fer qui entraîne les lames des clous ; un coup donné
sur le fer à l'aide de cet instrument lui fait reprendre
sa position première : les clous font saillie et peuvent être enlevés avec facilité. En continuant ainsi
sur toute l'étendue, le fer est enlevé sans avoir produit le moindre tiraillement.

On s'arme alors du boutoir pour parer le pied,
c'est-à-dire, pour couper l'ongle qui est en excès. On
tient cet instrument très ferme dans la main droite,
on en appuie le manche contre le corps, et en maintenant autant que possible cet appui, afin d'obvier
à l'inconvénient de blesser l'aide ou l'animal. Après
avoir paré le pied, on le fait poser sur le sol, à l'effet
de s'assurer si tous sont égaux en hauteur. Ces
préliminaires terminés, l'opérateur donne au fer la
tournure ou la forme de la partie inférieure du sabot. Le fer étant encore chaud, on l'applique sur le
pied avec la précaution de ne l'y laisser que le temps
nécessaire pour s'assurer s'il suit parfaitement le
contour du sabot et s'il pose partout. On enlève ensuite la corne brûlée, s'il ne s'en présente que par
plaques isolées, mais l'on n'y touche pas quand tout
le contour de la muraille est roussi ; ce signe indique que le fer pose partout. Lorsque le fer ne tou-

che pas tous les points, l'appui devient inégal, la ferrure peu solide ; le cheval n'a pas d'assurance, le fer est sujet à se casser et la sole à se contusionner. Le vieux fer donne l'indice de l'uniformité de l'appui ; les points où la pression a été plus forte sont polis, brillants.

Lorsque le fer touche exactement toutes les parties du bord inférieur de la muraille, on le fixe par des clous : c'est l'opération que l'on appelle *brocher*.

L'on commence par brocher deux clous, un de chaque côté, puis on lâche le pied, afin de s'assurer si le fer a conservé sa position. Cette précaution prise, l'on achève l'opération.

Pour bien brocher il faut frapper à petits coups, et s'attacher plutôt à frapper juste que fort ; les lames des clous, maintenues d'abord entre le pouce et l'index, reçoivent l'appui de l'un des manchons des tricoises, si elles menacent de plier. Le coup est sonore quand la lame pénètre dans la bonne corne ; il fait entendre un bruit sourd et mat, si la pointe se dirige dans le vif. Pendant la ferrure, une attention soutenue est indispensable, et toute distraction peut avoir des conséquences fâcheuses. D'autres précautions sont encore nécessaires : la lame du clou qui se coude en dedans, comprime le vif et fait boiter ; le clou qui casse, soit en l'enfonçant, soit en le retirant, peut avoir le même inconvénient ; en brochant trop haut ou trop bas, l'on s'expose à piquer, à serrer le vif, ou à ne pas fixer assez solidement le fer et à faire éclater la corne ; les lames doivent sortir à un point qui correspond à la direction des étampures, et toutes seront placées sur une ligne circulaire; enfin, les clous du quartier interne ne seront pas brochés aussi haut que ceux du quartier externe.

Les clous étant brochés, l'on en coupe l'extrémité, et la faible portion restante est rabattue sur la corne à coups de brochoir : c'est l'action de *river*. Le petit crochet qui en résulte a pour destination de maintenir le clou en place et de donner plus de solidité au fer.

Cette partie de manuel terminée, on enlève, au moyen de la râpe, l'excédant de corne qui surmonte le fer. Il faut se garder de râper jusqu'à la couronne, car cette pratique pernicieuse rend le sabot sec et cassant.

Ferrure anglaise et ferrure française. — La ferrure anglaise diffère, sous plusieurs rapports, de la ferrure française. La face supérieure du fer français offre, de la rive externe à la rive interne, un talus qui embrasse les éponges. Cette disposition possède l'inconvénient, déjà signalé, d'imprimer aux talons une tendance à se rapprocher et de faire agir la lame des clous contre la muraille. Les éponges n'ayant pas plus d'épaisseur que la pince, qui est relevée, impriment à chaque pas un mouvement de recul, imperceptible à la vérité dans les exercices ordinaires, mais qui n'est pas sans importance dans les courses de vitesse. Les étampures carrées et très larges ont l'avantage de permettre de diriger avec facilité la lame des clous; mais cet avantage est compensé par l'usure que subit leur grosse tête carrée : celle-ci, alors, se posant comme une pyramide sur sa base, présente un instrument dangereux pour les pieds du cheval. La tête aplatie du clou anglais n'offre pas cet inconvénient.

Quant au fer anglais, l'appui qu'il donne au bord inférieur de la muraille, et dont nous avons fait ressortir les avantages, lui mérite la préférence sur le fer français. L'épaisseur des éponges laisse au cheval toute l'étendue de ses mouvements et l'empêche de buter ; enfin, le niveau de la pince met obstacle au recul signalé. La rainure dans laquelle se logent les têtes des clous ne constitue pas un caractère particulier au fer anglais.

§ IV. — FERRURE CORRECTIVE.

La ferrure dont la description précède, est applicable aux pieds bien conformés, à aplombs et à mouvements réguliers. Si la forme du sabot ou les mouvements présentent des anomalies, la ferrure doit subir des modifications ; elle a un but accessoire à remplir. C'est par une ferrure raisonnée que l'on parvient, sinon à rétablir toujours, du moins à corriger les vices de conformation et à imprimer une direction régulière aux mouvements. Avant d'entreprendre une ferrure corrective, il faut pouvoir se rendre compte des effets qu'une modification du fer exerce sur une partie ou sur la totalité du sabot. Ainsi, l'amincissement des éponges ou l'allongement de la pince rejette le poids du corps sur les tendons ; des modifications contraires, les talons hauts et la pince courte, produisent un effet opposé.

Si, pendant la progression, on considère l'un des membres antérieurs au moment où le pied prend son appui sur le sol, l'on s'aperçoit que, pendant un certain espace de temps, le corps continue le mouvement progressif qui lui est imprimé, sans que l'appui cesse. Ce membre prend une direction plus ou moins oblique, selon la longueur de la colonne et l'étendue de terrain embrassée ; or, plus cette obliquité est grande, plus le tendon se trouve distendu. Cette position sollicite l'animal à accélérer la flexion du membre. Celui-ci se redresse régulièrement lorsque le pied pose bien à plat, mais qu'il se trouve incliné par une différence de hauteur entre les deux quartiers, l'extrémité, tout en se redressant, sera rejetée du côté le moins élevé.

C'est sur ce principe qu'est basé le rétablissement de l'harmonie dans les mouvements des chevaux qui forgent, qui se coupent, qui billardent, de ceux, enfin, qui sont panards ou cagneux. Définissons d'abord ces défauts, avant d'indiquer les moyens de les corriger.

Le cheval *forge* lorsque, dans le mouvement, il atteint les membres antérieurs avec les pieds postérieurs. Ce défaut exige un fer court à éponges très minces aux pieds de devant, et un fer à pince tronquée aux pieds de derrière.

L'animal se *coupe*, quand, à chaque mouvement, le pied se porte en dedans et heurte la face interne du membre opposé. L'on a recours, pour y remédier, à un fer qui porte une bosse à la branche interne. Si le défaut est peu prononcé, il suffit d'une ferrure ordinaire, très juste en dedans. Le cheval peut aussi se couper par fatigue ou faiblesse ; l'on conçoit que dans ce cas le repos et une nourriture substantielle soient les moyens les plus convenables. L'on a encore recours, pour abriter la partie, à une manchette en cuir ou en caoutchouc, que l'on fixe au-dessus du boulet ou à la partie du canon qui reçoit les atteintes.

Le cheval *billarde*, si dans la marche le pied est jeté hors de la ligne horizontale du corps. La ferrure qui convient dans ce cas est la même que celle que nous allons recommander pour le pied cagneux.

La pince dirigée en dedans rend le cheval *cagneux*; il est *panard* lorsqu'elle prend une direction opposée. Les moyens correctifs du premier défaut consistent à raser le contour interne du sabot et à appliquer un fer dont la branche correspondante ait plus d'épaisseur. On corrige le second défaut par un mode de ferrure opposé au précédent.

Le repos, la sécheresse de la corne, une ferrure vicieuse, concourrent à resserrer les talons et à donner au pied du cheval la conformation de celui du mulet. Afin de prévenir le grave inconvénient qui en résulte, puisqu'il conduit à l'*encastelure*, l'on applique un fer dont les éponges présentent un plan incliné de dedans en dehors, et l'on fait travailler l'animal. L'encastelure étant produite et le cheval hors de service, il faut avoir recours au fer à pantoufle expansive. Cet appareil présente, à la face supérieure des éponges, deux petits montants qui prolongent la rive interne et qui viennent se loger dans l'excavation près des arcs-boutants, de manière à exercer une pression sur la face interne de la muraille. Celle-ci cède, lorsque, au moyen d'une forte vis, l'on écarte les deux branches du fer.

§ V. — FERRURE PATHOLOGIQUE.

L'exploration d'un pied souffrant, l'application d'un fer sur ce pied, demandent des précautions, une certaine délicatesse dans le maniement, dont on s'abstient lorsqu'il s'agit d'un pied sain. Après l'enlèvement du fer, l'on commence par s'assurer si la chaleur n'est pas plus élevée qu'à l'état normal ; en comparant les deux pieds, il est toujours facile de percevoir la plus légère augmentation de température. Ensuite on pare le pied, et on le sonde, soit en frappant à petits coups sur la muraille au moyen d'un morceau de bois ou du brochoir, soit en comprimant la sole dans tout son pourtour avec les mors des tricoises. Il arrive que les talons élevés et desséchés empêchent la pression exercée sur ces parties d'être ressentie, malgré les bleimes que l'on y découvre après avoir abattu la corne surabondante, et qui sont la cause unique de la boiterie.

Les clous sont retirés successivement. Si une portion de la lame reste dans la corne, accident que l'on appelle *retraite*, il est nécessaire de la chasser à l'aide du repoussoir ou de l'enlever par un moyen quelconque. L'absence de cette précaution pourrait ébrécher le boutoir: mais là ne se bornerait pas l'inconvénient : l'impulsion communiquée par cet instrument à la retraite est susceptible de la faire dévier, de la pousser contre le vif, ou de l'y faire pénétrer.

En remplaçant le fer sur un pied malade, il faut bien se garder de lui imprimer des secousses ; à cet effet, l'on fait usage de clous à lames très minces, et on les chasse dans les anciens trous. Une bonne précaution à prendre, lorsque l'on broche, consiste à donner un appui au sabot, en soutenant la muraille, du côté opposé, à l'aide des tricoises.

Les opérations les plus fréquentes que l'on pratique sur le pied, et qui réclament une ferrure pathologique, sont la *dessolure*, la *seime*, la *bleime*, le *clou de rue.*

Dessolure. La dessolure est une opération qui consiste à enlever la sole et la fourchette chez le cheval; dans la bête bovine, l'opération se borne à l'extirpation de la sole. La dessolure peut être partielle ou totale.

La première n'est qu'une ouverture plus ou moins grande faite à la face plantaire du pied; on se sert pour la pratiquer du boutoir, de la rainette ou de la feuille de sauge. A l'aide de ces instruments, l'on enlève la corne par couches minces, de manière à amincir de loin les bords de la plaie. Une section à pic est toujours vicieuse.

Dans la dessolure totale, on enlève d'un seul coup la sole et la fourchette. A cet effet, le pied est paré à plat, sans trop amincir la sole; on creuse jusqu'à la rosée une rainure dâns la direction de la ligne blanche; puis avec la feuille de sauge l'on coupe la petite pellicule de corne restante, en faisant agir à plat le tranchant de l'instrument. La sole, détachée dans tout son pourtour, est soulevée en pince par un levier introduit dans la rainure. Cette partie de l'opération exige beaucoup d'attention. Il ne faut prendre, sur l'extrémité du levier, qu'une portion de corne suffisante pour soulever la sole; si l'on en prend davantage, l'instrument doit être poussé trop en avant, et l'on déchire les tissus vivants. La sole étant un peu détachée, on la saisit avec les tricoises, le pied étant fixé, et par un mouvement de bascule en arrière d'abord, ensuite sur les quartiers, on l'arrache. Les bords de la plaie sont régularisés, et l'on applique le fer à dessolure, en suivant les

préceptes indiqués pour la ferrure d'un pied souffrant. Le creux que laisse l'opération est rempli
avec des plumasseaux successivement plus grands,
que l'on maintient au moyen d'éclisses en bois ou
en fer. Ces plumasseaux seront disposés de façon à
exercer une compression uniforme et modérée; elle
a lieu quand les éclisses cèdent légèrement sous la
pression du pouce.

Le fer à dessolure, devant laisser à découvert la
plus grande étendue possible de la surface plantaire, et être en outre léger afin de ne pas surchar-
ger le pied, représente dans toutes ses parties un
fer très étroit que l'on fixe par six clous, nombre
suffisant pour le faire adhérer pendant le repos auquel l'animal est condamné. Les crampons sont ra-
battus de manière à laisser entre eux et la branche
du fer assez d'espace pour y glisser une plaque que
l'on maintient en pince par deux clous qui la traversent. Cette disposition de l'appareil permet les
pansements ultérieurs, sans être obligé de déferrer.
Lorsque l'usage du membre se rétabit, et quoique
la cicatrisation ne soit pas encore achevée, l'on applique un fer plus fort et plus large, garni d'étampures plus nombreuses.

La dessolure chez les grands ruminants s'exécute
avec la rainette double et la feuille de sauge, absolument comme dans la dessolure partielle des monodactyles. Les plumasseaux, disposés dans le sens de
la longueur de l'onglon, sont fixés par une bande de
toile de trois à quatre aunes de long sur trois pouces
de large. Le milieu de la bande est passé dans le
pli du paturon, les extrémités sont ramenées et
croisées sur la face antérieure; on passe alternative-

ment chacun des deux bouts de la bande sur les talons et l'onglon, et à chaque tour l'on fait un nœud d'emballeur sur la partie antérieure de l'onglon. Arrivé au bout de la bande, on la ramène sur le paturon, auquel on l'attache par un nœud. Le pied avec cet appareil est enveloppé dans un morceau de toile.

Seime. On appelle ainsi une fissure de la muraille, qui se forme dans le sens de la direction longitudinale des fibres de la corne. Celle qui existe en pince prend le nom de seime *en pied de bœuf*, et de seime *quarte*, quand elle se trouve aux quartiers. La première est plus commune aux pieds postérieurs, et la seconde au quartier interne des pieds de devant. Les seimes ne font boiter que quand le vif est pincé entre les bords de la division. .

La seime peut disparaître par l'application d'une pointe de fer sur la partie de la couronne correspondant à la solution de continuité ; mais si la marche est douloureuse, il faut amincir en biseau les bords de la division. Cette opération terminée, l'on ajuste le fer de manière que la portion de corne divisée soit maintenue en place dans une immobilité complète. Sans cette disposition, la fissure ferait des progrès à chaque mouvement, et à mesure que la corne se régénère.

Il arrive que la seime se complique d'une excroissance de corne à la face interne de la muraille ; cette colonne cornée, très épaisse, comprime les tissus vivants. L'évulsion de la portion de la paroi qui en est le siége reste le seul remède efficace.

Bleime. Cette contusion de la sole vers les talons, au point où le tissu feuilleté se replie sous la face plantaire du pied, est le résultat d'une cause méca-

nique qui a pour effet de déterminer une extrava-
sion sanguine plus ou moins considérable, suivie
d'inflammation. La partie solide du sang disparaît
par résorption; la matière colorante reste empri-
sonnée entre les fibres cornées de nouvelle formation et les teint en rose. Cet état constitue la bleime
sèche; on la dit foulée, quand on trouve du sang noir
épanché sous la corne, et *suppurée*, si le progrès de
l'inflammation y a amené du pus.

Le traitement consiste à enlever la corne de la
bleime par amincissement, à y appliquer ensuite un
pansement simple, compressif, qui suffit pour amener la guérison.

Il est de règle dans toutes les affections du pied
qui nécessitent une opération, de ramollir préalablement la corne par des cataplasmes émollients, du
moins lorsque l'opération n'est pas d'une nécessité
immédiate.

§ VI. — SOINS A DONNER AUX PIEDS DES POULAINS.

Le poulain n'étant ferré qu'à l'âge de deux ans et
demi à trois ans, il arrive que jusqu'à cette époque
diverses causes modifient la forme du sabot et impriment aux extrémités des directions anormales.

Ces causes sont nombreuses et dépendent de l'é-
tat général de l'individu, de sa conformation, de la
manière dont il est élevé, de la disposition des locaux, de l'état du sol, etc.

Examinons succinctement ces causes pour qu'elles
puissent être soigneusement écartées; et si elles ont
déjà produit des modifications, celles-ci seront, dans

le jeune âge, plus facilement combattues que lorsque l'animal sera arrivé à l'état adulte.

Le jeune animal qui est mal nourri, qui reçoit une très grande quantité de nourriture peu substantielle, présente un ventre très volumineux, ce qui donne un trop grand poids au corps, en raison de la résistance qu'opposent les tissus lâches de ses sujets. Il en résulte que les boulets cèdent en arrière sous le poids du corps, et le poulain est *assis sur ses boulets*. En outre, la pointe du jarret se dirige en dedans et la pince du sabot en dehors ; il est alors *clos de derrière*.

Le poulain qui reçoit une nourriture forte sous un petit volume, qui s'exerce sur un terrain dur, est léger ; le boulet ne se porte presque pas en arrière, la pince des sabots s'use, les talons s'élèvent, et il reste droit. Cette conformation se trouve surtout favorisée par la brièveté du paturon. Si, au lieu de laisser ce même animal en liberté sur un sol, on le tient à l'écurie sur une litière épaisse, le sabot ne s'use pas, et au bout de quelques mois il acquiert une telle longueur en pince, que le boulet est forcément porté en arrière, malgré la brièveté du paturon et la résistance qu'opposent les tendons.

Le poulain qui présente naturellement *des genoux de bœuf* a la pince du sabot portée en dehors ; le côté interne s'use, et il devient de plus en plus panard, si l'on n'y remédie. Il se trouve aussi avoir ce défaut quand la poitrine est très étroite, les coudes rapprochés du corps, et qu'on lui laisse peu de liberté.

La disposition des portes des écuries n'est pas dénuée d'importance relativement à la direction du sabot. Si celle par où se fait habituellement le service se trouve derrière le poulain, celui-ci se tourne continuellement de ce côté, et ce mouvement s'opère sans que les pieds changent de position. Le jeune animal pivote sur la pince, les talons du pied sur lequel il tourne se portent en dedans, et ceux du membre opposé devient en dehors ; il en résulte qu'au bout d'un certain temps, il est panard d'un côté, et cagneux de l'autre. Dès que le poulain reprend sa position première, les pieds ne reviennent pas complétement dans leur direction.

La forte inclinaison du sol de l'écurie fait que les jarrets ont à supporter un poids trop fort, et qu'ils fléchissent au delà du degré ordinaire ; les *jarrets se coudent*.

L'humidité et la sécheresse ont aussi de l'influence, non pas sur la direction des extrémités, mais sur la nature de la corne et le volume du sabot. Chez le poulain qui a continuellement les pieds dans l'humidité, on trouve un sabot grand, évasé et une corne peu résistante ; au contraire, le sabot est petit et la corne très dure, lorsque le sol est sec.

On voit, d'après ce qui précède, qu'on doit donner beaucoup de soins aux poulains, car la plupart des défauts que nous trouvons aux membres des chevaux arrivés à l'âge de pouvoir être utilisés, sont acquis et ne proviennent que de l'incurie de l'éleveur.

Exposons maintenant quelques-uns des moyens que la maréchalerie emploie pour remédier aux défectuosités des pieds des poulains.

Lorsque le sabot, par défaut d'usure, est devenu trop long, il faut en retrancher une portion en pince, et mettre le poulain en liberté pour que la corne s'use en raison de la croissance.

Le sabot est-il trop usé en pince, et les talons trop hauts, il faut abattre ces derniers et clouer en pince une petite plaque de fer, afin de reporter le poids du corps sur les parties postérieures du pied. Ce serait une erreur de vouloir obtenir trop brusquement la disparition de ces défectuosités, car on opérerait un tiraillement dangereux sur les tendons fléchisseurs, et un effet diamétralement opposé pourrait se produire. L'action du moyen correctif doit être lente et insensible.

Si le poulain est panard, l'on se gardera d'abattre la muraille interne, qui paraît plus élevée quand on lève le pied; il faut, au contraire, appliquer sur ce quartier un morceau de cuir fixé par de petits clous à tête plate, semblables aux clous de cordonnier, et abattre un peu de la muraille externe. L'opposé se pratique pour l'animal qui est cagneux.

DEUXIÈME PARTIE

—

INTRODUCTION

RACES BOVINES

LEUR AMÉLIORATION.

Tout dans la nature suit la même règle. Plantes et animaux demandent les soins de l'homme pour fournir de bons résultats. De même que le cerisier, le poirier, le pommier doivent subir l'opération de la greffe pour transformer leurs fruits sans saveur en produits succulents, de même le bœuf, la vache, pour donner de la bonne chair, du bon lait, doivent passer par les gras pâturages et l'étable bien emmenagée. Mais ce n'est pas tout, il faut encore procéder par un choix judicieux à l'apparcillement.

M. Grognier, professeur à l'école vétérinaire de Lyon, préconise, dans la *Maison rustique du* XIXe *siècle*, la méthode suivie en Angleterre pour la reproduction, et que les Anglais nomment *sélection*.

« C'est ce mode, dit l'écrivain français, que suivit
« le célèbre éleveur anglais Backewell. La race des
« bêtes à cornes qu'il créa pour la boucherie, se
« distingue par la petitesse des os, le gros volume
« des chairs, la rondeur du corps en forme de baril,
« la brièveté des jambes ; d'après cette conforma-
« tion, elle s'engraisse plus facilement et avec plus
« d'économie. Ce n'est pas tout : il parvient à pro-
« curer un développement extraordinaire aux par-
« ties du corps les plus savoureuses, les plus recher-
« chées, en y dirigeant l'afflux des nourritures, par
« des lotions et des frictions habilement appliquées ;
« c'est ainsi qu'il réussit à augmenter le volume des
« muscles lombaires et dorsaux, qui forment ce que
« nous appelons le filet. Il sut appliquer ce principe
« aux moutons avec plus de succès encore, et il en
« résulta la race Desthley-Longwood, dans laquelle
« il parvint à diminuer de moitié le poids de la char-
« pente osseuse et doubler le poids de la chair.

« On concevra l'importance de ce résultat en son-
« geant à toute la différence d'un bœuf qui, sur
« 350 kilogr. de viande, en donne 210 bonne à rô-
« tir et 135 de basse boucherie ; à un autre bœuf
« qui donne 210 de la dernière qualité et 140 de la
« première ; et quand on saura que la consommation
« du bœuf est relative à son poids total, et qu'il faut

« autant de nourriture pour former un demi-kilog.
« de tête que pour produire un demi-kilog. de filet. »

DES CROISEMENTS.

Ce genre de reproduction, qui consiste dans l'accouplement d'individus de race différente et dont les
produits se nomment *métis*, doit, lorsqu'on l'emploie,
être limité ; sans cela on court risque d'anéantir la
race primitive et d'y substituer une nouvelle, dégé-
nérée ou sans rapports avec les conditions climaté-
riques ou de nourriture du pays d'origine.

M. Grognier, l'auteur que nous avons déjà eu occasion de citer, parle d'un croisement de la race de
Salers, en Auvergne, avec une race suisse. Le volume
du corps, dit-il, se fût accru à mesure que la force
et la vigueur qui distinguent les individus de la race
de Salers eussent diminué ; puis les pâturages de
l'Auvergne n'offrant pas la même richesse que ceux
de la Suisse, il en résultait que la nouvelle race,
moins bien nourrie, dégénérait promptement sans
retourner à la race primitive.

Les éleveurs qui s'occupent du croisement des
races feront bien de méditer ces observations.

Il est reconnu que dans la reproduction de l'espèce bovine, aussi bien que dans celle du cheval et
du mouton, l'influence du mâle est plus forte que
celle de la femelle. Cette influence se manifeste particulièrement sur les formes, surtout sur celles des
parties antérieures, de même que sur la vigueur et
l'énergie de l'animal. Il s'ensuit donc que l'amélioration des races s'opère plutôt par l'action du mâle
que par celle de la femelle.

L'influence de la mère s'exerce particulièrement

sur les parties postérieures, les extrémités et avant tout sur la taille. Il importe donc beaucoup de bien choisir la femelle. Un bel étalon et une femelle chétive ne donneront qu'un produit médiocre. Il est à remarquer que plus l'étalon est de race ancienne, plus il est fort, mieux il est nourri, plus les produits sont satisfaisants, bien entendu si la femelle est dans la même condition que le mâle.

Si l'étalon est d'une race trop nouvelle, si le type, le caractère en sont incertains, s'il est trop jeune ou trop vieux ; si par suite de mauvaise qualité ou d'insuffisance de nourriture ou bien encore par des accouplements trop fréquents il est affaibli, tout l'avantage restera du côté de la mère et le produit participera de celle-ci.

Age de l'étalon.

Si l'on fait couvrir les vaches pour obtenir des produits propres au travail ou pour être engraissées et donner aussi une bonne viande, il faut aussi des étalons de trois ans. Si ce n'est que pour avoir du lait et des jeunes veaux pour la boucherie, les étalons de dix-huit mois et de deux ans sont suffisants.

Les femelles peuvent avoir six mois ou un an de moins.

Pour conserver un taureau en bon état, on ne peut lui donner par an plus de quarante vaches à couvrir ; ne faites pas surtout saillir plus d'une vache par jour.

Soins et régime à observer lors de l'accouplement.

Le taureau-étalon peut être laissé de préférence au pâturage plutôt que dans l'étable, c'est le moyen aussi de le rendre moins dangereux. Lorsqu'il est attaché, il s'irrite ; par contre, lorsqu'il est en liberté, dans la prairie, il vient en compagnie des vaches chercher la nourriture et un abri pour la nuit ; il devient alors généralement doux de caractère. En hiver, lorsqu'il faut le tenir renfermé, il convient de le mettre près de la porte dè l'étable, afin qu'il s'accoutume en voyant du monde, et que son naturel farouche puisse s'adoucir.

A quels signes on peut remarquer que le taureau et la vache sont en chaleur.

Le taureau mugit d'un ton rauque, ses yeux étincellent, sa bouche écume, il cherche à boire souvent. Il s'agite, bondit, attaque les arbres, le clôtures, laboure la terre de ses cornes. Ces signes accusent chez l'animal non de la méchanceté, mais des désirs emportés.

La vache est inquiète, agitée, tourmentée. Le nez au vent et les narines dilatées, elle semble rechercher les émanations du mâle. Elle dresse ses oreilles pour écouter ses mugissements. Son œil est hagard, elle oublie de paître, son lait diminue et parfois se tarit ou devient de mauvaise qualité. Elle recherche le mâle ; pour cela elle quitte le pâturage et vient d'elle-même et de fort loin dans l'endroit où elle l'a reçu, soit que le souvenir la guide, soit par suite de son agitation ; enfin les vaches en chaleur sautent les unes sur les autres, et bondissent aussitôt qu'on les laisse libres.

Le mot *taurelière* sert à désigner les vaches qui reviennent mensuellement en chaleur ; elles ne retiennent presque jamais; il est à remarquer que souvent elles sont atteintes de quelques maladies de poitrine, telle que la pommelière.

On peut, sans crainte de saillies répétées, laisser dans le même pâturage des taureaux et des vaches ; les vaches pleines refusent les approches du mâle et le taureau, de son côté, s'abstient de les saillir lorsqu'elles sont dans cet état.

Si, à l'époque du rut, la vache témoigne de la froideur, cela dénoterait de la faiblesse ou trop d'embonpoint. Dans le premier cas, il faut lui administrer une nourriture substantielle, excitante, telle que de l'avoine, des fèves, des lentilles, du sel; dans le second cas, il faut augmenter l'exercice et diminuer la nourriture.

Soins à donner pendant la gestation.

La vache porte neuf mois, quelquefois dix et même douze ; le premier terme est le plus ordinaire, les deux autres se remarquent chez les vaches plus âgées et plus fortes. La gestation est plus longue de quelques jours pour les veaux que pour les velles. Une vache qui a été saillie est presque toujours pleine, le contraire arrive rarement; un signe certain du premier cas, c'est sa disposition à s'engraisser. Aussi lorsque les éleveurs veulent rendre graissières les vaches de réforme qu'ils envoient à la boucherie, ils les font couvrir.

La vache est plus sujette à avorter que la jument; il faut par conséquent user de grandes précautions: éviter les travaux rudes, la ménager dans l'attelage et le labourage, et même suspendre tout travail pendant les six semaines ou les deux mois qui précéderont le vêlage. On la traitera avec douceur, en ayant soin d'écarter d'elle les chiens hargneux. On doit veiller surtout à ce qu'elle ne franchisse ni fossés, ni barrières, ne point l'exposer aux grandes pluies ou aux grands froids et ne point la frapper ; on aura soin qu'elle ne soit pas froissée lorsqu'elle entre dans l'étable ou qu'elle en sort. La position de la vache exige également une certaine attention ; il ne faut pas que le sol de l'étable soit incliné dans le sens des membres postérieurs, il pourrait en résulter une chute de matrice et par suite l'avortement. Si cette inclinaison du sol existe, on peut y remédier par une accumulation de litière.

En général, on cesse de traire la vache au septième ou huitième mois ; le lait tarit en éloignant peu à peu les traites ; si les pis enflent malgré cela, il faut les dégorger.

La meilleure nourriture pour les vaches pleines est le regain ou foin de la seconde coupe, de la gerbée, de la vesse, surtout des grains, comme quelques poignées d'orge et d'avoine ; évitez cependant de l'engraisser, crainte que la vêlage ne soit trop laborieux, par suite du rétrécissement de la vêlière, et, du reste, faute de place, le petit ne pourrait prendre assez de développement. Quand une vache pleine est trop grasse, au lieu de la nourrir de substances nutritives, donnez-lui, au contraire, une nourriture débilitante, comme raves, choux, courges, etc., mais en petite quantité ; purgez-la même quelquefois.

La température de l'étable doit être modérée. L'étable doit être propre, souvent aérée, la litière renouvelée aussi souvent que cela sera nécessaire, afin d'éviter un air humide et malsain. On isolera les vaches prêtes à mettre bas, afin d'empêcher l'avortement de celles qui ne sont pas arrivées à terme ; ce qui a déjà eu lieu, dit un auteur, par suite d'un mouvement physiologique d'imitation.

Il est bon de visiter souvent l'étable.

Le moment du vêlage s'annonce par le gonflement de la vulve et la sortie des mucosités sanguinolentes. Puis on voit paraître un corps arrondi en forme de vessie ; c'est la bouteille, la poche aux eaux. Elle crève bientôt, les liquides qu'elle renferme s'écoulent au dehors, et enfin paraissent successivement les membres anterieurs, la tête, le tronc et les épaules du veau. Le cordon ombilical se rompt ordinairement dans la chute du veau sur la litière ; il arrive aussi que la vache le coupe avec les dents ou que les personnes présentes à l'opération le tordent ou le déchirent ; mais il est inutile d'en faire la ligature.

Le délivre sort ordinairement à la suite du veau. Si le contraire arrivait, il ne faudrait pas tarder au delà de 36 heures pour réclamer le secours du vétérinaire.

Le travail de l'accouchement peut languir par différentes causes. Il faut les rechercher. Si c'est par suite de faiblesse, on administrera à la mère un breuvage chaud de vin blanc, de cidre ou de bierre. Une bouteille de vin ou deux bouteilles de cidre ou de bierre suffisent, dans lesquelles on met quelques tranches de pain grillé.

Si c'est au contraire à la suite d'efforts, il faut appeler le vétérinaire qui souvent pratique alors une saignée. La présence de l'artiste est nécessaire chaque fois que l'accouchement sera laborieux et de nature à faire craindre des accidents graves.

Si l'on pouvait supposer que la parturition est rendue difficile par suite d'un amas d'excréments durcis dans le rectum, il le faudrait vider en introduisant le bras frotté d'huile dans l'intestin. Pour le cas où la vulve présenterait une grande irritation, on pourrait y pratiquer des injections à l'aide d'une infusion de mauve ou de racines de guimauve.

On peut aider la sortie du petit veau, pour le cas où il ne se présenterait pas bien ou resterait trop longtemps au passage, en le tirant tout doucement et d'accord avec les efforts de la mère.

Règle générale, la vache ne donne qu'un veau. Elle peut cependant en donner deux. Plusieurs jours s'écoulent parfois entre la naissance du premier et du second. Si la vache se montre inquiète et néglige le premier-né, il est présumable qu'elle portait deux jumeaux.

Soins après la parturition.

Aussitôt après l'accouchement, on bouchonnera d'abord la mère, puis on l'enveloppera d'une couverture et on lui donnera de l'eau de son tiède. Si elle témoigne de l'abattement et de la fatigue, on lui donnera une soupe faite avec deux ou trois litres de vin chaud, coupé d'un litre et demie d'eau et dans laquelle on mettra quelques tranches de pain grillé ; on peut remplacer le vin par trois litres de cidre ou trois litres de bierre, sans mélange d'eau.

Douze heures après l'accouchement, on fera prendre à la vache un mélange de choux, de racines et de tubercules cuits, puis on la tiendra chaudement dans l'étable. Dans la grande chaleur, on fera bien de donner de l'eau blanche, rendue telle par le mélange de farine d'orge, de seigle ou de froment.

Le jeune veau tette debout ; s'il tombe, il faut avoir soin de le relever. S'il est trop faible pour te-ter, on lui fait boire du lait chaud ; on lui donne aussi un peu de vin chauffé, ceci pour le cas où il accuserait une trop grande faiblesse. Si le veau ne peut trouver ni saisir le pis de la mère, il faut le lui placer dans la bouche.

Il faut un intervalle de neuf jours avant de pou-voir traire la mère nourrice.

DES VEAUX.

Ce n'est qu'à l'âge de cinq ou six jours que le veau sera séparé de sa mère, afin qu'il ne tette plus qu'à certains intervalles. Si la vache va à la prairie, le veau ne tette que le matin et le soir et reste dans l'étable.

Si l'on veut en obtenir des taureaux étalons ou des bêtes de travail, il faut laisser teter les veaux jusqu'à six mois.

Au moment du sevrage, il faudra se garder de leur donner des aliments secs. Si la saison du pa-cage est passée, on leur donne des soupes légères et du fourrage sec, mais en ayant soin de choisir le plus tendre, le moins lourd pour la digestion.

Comme les veaux sont généralement altérés après le sevrage, il faudra leur donner à boire suffisam-ment.

Afin de ménager les vaches laitières, on laisse moins teter le petit et on lui donne en revanche du lait boulli dans lequel on a fait mitonner du pain, ou bien encore des bouillies de farine de seigle et d'orge. Le même régime est recommandé pour le cas

où la mère n'aurait pas assez de lait pour nourrir
son veau.

Maladies des jeunes veaux.

La constipation à la suite du sevrage doit être
combattue par des lavements émollients ou par
l'introduction de suppositoires de savon.

Si c'est au contraire la diarrhée, on donne comme
remède quelques jaunes d'œufs dans du vin rouge
et des boissons faites avec de l'eau, dans laquelle on
trempe des clous rouillés.

Les veaux qu'on destine à la boucherie, on les
laisse teter pendant trente ou quarante jours. Il en
est de même pour les génisses.

On appelle *veau de lait,* celui qui n'a pas encore
mangé de foin. Quant aux veaux très gras qui viennent de la Normandie où on les nourrit de lait, on
les désigne sous le nom de *veaux de rivière.*

Les veaux et les génisses nés de mars à juin sont
ceux que l'on choisit pour élever, afin de conserver
la race. Ceux nés plus tard sont trop faibles pour
résister solidement aux atteintes de l'hiver.

En été on place le veau sevré, et habitué au fourrage par l'usage d'un peu d'herbe et de foin très
fin, toute la journée dans la prairie. On le sépare de
la mère ou on lui met une muselière confectionnée
de manière à l'empêcher de teter, mais non de
paître.

On remarque chez les jeunes veaux certaines ma-
nies dangereuses, telles, par exemple, que celle qui
consiste à se lécher mutuellement, ce qui les expose
à avaler des poils qui forment des amas à l'intérieur

de l'estomac désignés sous le nom d'*égagrophiles* et qui font dépérir l'animal, ou bien ils se tettent mutuellement, ce qui produit le même résultat. Voilà pourquoi il est nécessaire de séparer les veaux autant que possible.

Pour être de bonne race, le veau doit avoir le cou allongé, le dos horizontal, les hanches écartées, les jambes droites et solides, les jarrets larges et les ongles forts, la tête courte et les oreilles longues.

VACHES LAITIÈRES.

Un cultivateur français du département de la Gironde, M. Guénon, de Libourne, a trouvé le secret de distinguer, à des signes réels apparents et d'une incontestable exactitude, les bonnes vaches laitières des mauvaises et le dégré de leurs qualités et de leurs défauts. La découverte de M. Guénon est sans conteste l'une des plus précieuses pour le fermier comme pour l'éleveur de bestiaux. En effet, ne peut-on pas compter par milliers les vaches qui, pour une certaine quantité de nourriture, ne donnent pas le quart de ce que peuvent fournir celles choisies d'après les indications de la méthode Guénon ? Ces choix, tels que les indique M. Guénon, peuvent se faire aussi bien pour les animaux les plus jeunes que pour ceux le plus avancés en âge ; on pourra choisir ainsi les veaux destinés à la boucherie ; les toutes jeunes bêtes promettant de devenir dans la suite d'excellentes vaches laitières et éviter ainsi de fâcheuses déceptions.

Le moyen de M. Guénon est donc un bienfait réel, un progrès véritable, puisqu'il permet de régénérer les animaux spécialement destinés à la production du lait.

Le principal revenu que procurent les femelles bovines est le lait et le veau ; le travail n'est qu'accessoire. Les signes qui annoncent chez la vache une sécrétion de lait abondante sont très variables. On ne saurait trop s'en rapporter aux formes ; les plus belles vaches anglaises (de Durham) ou suisses, aussi bien que les plus grossières des Flandres ou de la Hollande, peuvent être, les unes comme les autres, de bonnes vaches laitières. En général, pourtant, ce sont les vaches les plus maigres qui donnent le plus de lait. Cela se conçoit ; cette maigreur provient presque toujours d'épuisement par suite d'une sécrétion de lait trop abondante.

Voici les conditions générales exigées pour une bonne vache laitière :

Etre de bonne race ;

Née d'un taureau jeune ;

Avoir la tête mince, allongée ;

Les cornes grêles et de couleur claire ;

Le corps élancé ;

Le dos droit ;

Les reins larges ;

Le bassin ample, ce qui se remarque à l'écartement des hanches ;

Le pis grand, peu charnu, flasque après la traite ;

La peau fine ;

Le poil doux.

Signes particuliers :

Les veines abdominales grasses, apparentes ; les portes du lait, c'est-à-dire les trous par lesquels ces veines pénètrent dans le corps, doivent être larges et bien ouvertes; la grosseur de ces veines indique que le retour au cœur d'une forte quantité de sang est venu, dans la même proportion, apporter aux mamelles les principes de la sécrétion du lait.

Le pis doit porter de grosses veines tortueuses : cet organe, aux quatre mamelons bien développés, doit être garni d'un duvet fin et serré.

M. Guénon indique un signe important, celui qui résulte des poils du périnée (1). Ces poils vont à rebours des autres; ils remontent du bas vers le haut et déterminent ce que M. Guénon, dans son système, désigne par les mots *épi, gravure, écusson.*

L'écusson présente généralement deux parties; l'une qui, du milieu des mamelons, s'étend le long du ventre jusqu'au nombril, l'autre qui part de la face interne des jarrets, remonte le long de la face interne des cuisses et atteint le périnée jusqu'à la vulve.

D'après ces écussons, M. Guénon établit dix classes ou familles, lesquelles se divisent chacune en six ordres, subdivisés eux-mêmes en trois sections, suivant la taille grande, moyenne ou petite des animaux.

Toutes les vaches, suivant les nombreuses observations de M. Guénon, appartiennent à l'une de ces classes ou familles et entrent dans l'un des ordres désignés. Chaque classe possède des marques différentes de forme et de grandeur, qui sont très faciles à distinguer à la simple inspection.

Selon lui, les vaches des premier ordre de cha-

(1) Le périnée est la partie de l'animal qui s'étend depuis la vulve jusqu'aux mamelles.

que classe sont les meilleures et leur produit en lait est toujours proportionné à leur ordre, de manière que les deux premiers sont les plus productifs, le troisième et le quatrième passablement bons et les autres en proportion.

M. Guénon, parlant de la valeur de la gravure, dit : « Les épis formés par le contre-poil, à droite et à gauche de la vulve, ont leurs propriétés ; ils correspondent au sac, au réservoir du lait placé dans l'intérieur de la bête et qui est toujours dans un rapport admirable avec ces épis, de telle sorte qu'on peut toujours, sans risque de se tromper, décider que si la gravure aux écussons est grande, le réservoir du lait est grand et par suite le produit abondant, que si, au contraire, la gravure est petite, le réservoir est petit, et partant le produit inférieur.

Pour les épis, plus le poil sera fin, court et soyeux, plus le lait sera bon, particulièrement si la peau, en cet endroit, est jaune, grasse et onctueuse au toucher. Par contre, on doit s'attendre à un lait séreux et maigre quand il provient de vaches dont la peau est blanche et le poil clair-semé

Les épis réguliers et symétriques sont ceux qui doivent être surtout recherchés. Les vaches dont l'écusson montre un défaut de contre-poil, si elles ont le poil descendant ou allant de côté, sont défectueuses et trahissent un défaut de produit.

Si ce défaut se manifeste à gauche ou à droite de la vulve, c'est signe que la vache perd son lait.

Par le mot *son*, M. Guénon désigne la matière furfuracée qui se détache des épis lorsqu'on les frotte. Le son, suivant lui, est en rapport avec le lait, car le son n'est que la matière sébacée qui s'est séchée à l'air; il indique que les fonctions de la peau, indispensables pour obtenir une sécrétion abondante de lait, s'accomplissent régulièrement.

Plus l'écusson sera régulier, large, étendu, plus la vache sera bonne laitière. Aussi, maintenant que le système Guénon n'est plus un secret, certains marchands cherchent à tromper l'acheteur en fabriquant de faux écussons. Pour reconnaître la supercherie, il suffira d'écarter les plis que forme la peau à cette région et s'assurer si les poils ont été coupés, brûlés ou collés dans une direction contraire à celle qui leur est naturelle.

Il faut que la vache soit patiente, non chatouilleuse, qu'elle aime les caresses et se laisse traire par la première personne venue.

En général, les vaches de première classe pour la taille, donnent environ 24 litres de lait par jour jusqu'au huitième mois de la gestation. Celles de taille moyenne ou petite produisent moins de lait.

En terminant cet aperçu, nous devons recommander à tous les agriculteurs le livre de M. Guénon.

CONNAISSANCES PRÉLIMINAIRES

DU POULS.

Manière de tâter le pouls.

Le pouls se tâte, dans les bêtes à cornes, en plaçant la main sur la région des côtes qui répondent au cœur, et sur l'artère maxillaire, c'est-à-dire, sur la partie voisine de l'éminence de l'os de la mâchoire inférieure et postérieure. Cette artère, qui passe sous le muscle masséter ou de de la joue, est l'endroit le plus favorable pour tâter le pouls.

Quand le pouls est plein et développé, ou régulier, égal, quand l'artère est souple et flexible, on peut concevoir de grandes espérances de guérison. Au contraire, si le pouls est petit et serré, irrégulier, inégal, que l'artère soit tendue, on a tout à craindre. Le pouls faible et le concentré sont aussi à redouter. Le pouls intermittent, qui, dans un ordre réglé de pulsations, cesse de battre par intervalles, est encore très mauvais dans les maladies.

DE LA FIÈVRE.

La fièvre étant bien moins une maladie particulière que le produit d'une autre maladie, nous ne nous arrêterons pas à la manière de la guérir, nous nous attacherons seulement à la faire reconnaître et à conseiller quelques remèdes généraux, jusqu'à ce que l'on soit assuré de sa source et de sa nature.

Manière de reconnaître la fièvre du bétail.

Les signes de la fièvre varient suivant la maladie; toutefois, ordinairement il y a dégoût, diminution ou absence de rumination, abattement, tristesse; l'animal a la tête pesante, les paupières enflées, les yeux quelquefois larmoyants; des humeurs glaireuses lui sortent de la bouche et quelquefois des naseaux; son haleine brûle et sent mauvais; les oreilles, les cornes et souvent tout le corps sont très chauds; il bat des flancs, il chancbelle, il tremble plus ou moins fortement; le pouls et les artères battent avec une vitesse analogue à l'ardeur de la fièvre. La diète, l'eau acidulée, des lavements émollients, de très légers purgatifs conviennent seuls dans le commencement des fièvres, avant que l'on en ait reconnu la cause.

DE LA SAIGNÉE.

Manière de l'administrer.

Avant d'indiquer la manière de saigner, je dois faire plusieurs observations importantes : 1º de placer toujours les saignées les trois premiers jours de la maladie; 2º de les borner au nombre de trois ou quatre au plus, de crainte d'épuiser l'animal ou de l'exposer à la gangrène, ou même, en certains cas, de nuire à la suppuration; 3º de n'employer jamais la saignée comme remède général que dans la pléthore (abondance de sang) et les maladies inflammatoires; 4º de s'en abstenir quand le pouls est bien développé; 5º de ne point réitérer la saignée, lorsque dans les fièvres aiguës, inflammatoires et malignes, le sang demeure délié et fluide après la saignée; 6º enfin, de la regarder comme très nuisible dans les maladies éruptives, c'est-à-dire où tout le corps est couvert de petits boutons, et surtout dans les fièvres putrides, quand les forces sont très abattues.

La quantité de sang que l'on peut tirer au bétail

n'est pas aisée à fixer ; cependant on peut la porter depuis 1 kilog. 1/2 jusqu'à deux, ce qui fait deux litres. On saigne à trois endroits, à la veine du cou ou jugulaire, à celle de l'œil et aux huit petits galets ou cafignons. La saignée de la queue, des oreilles, du lampas, de la langue, est inutile, et n'est pratiquée que par les ignorants. Le bouvier se sert de lancettes nommées *flammes* ; il tâte bien la partie afin de reconnaître la veine ; il la presse longtemps pour que cette veine soit plus sensible, il produit une forte compression au moyen d'une ligature, et enfonce sa flamme un peu de biais, il manie ensuite les chairs autour de l'incision pour accélérer la sortie du sang. Il n'est quelquefois pas besoin de ligatures pour arrêter le sang. S'il sortait trop abondamment, on l'arrêterait avec de l'amadou, de la poudre de lycoperdon, des compresses vinaigrées. Les flammes doivent être extrêmement propres. Au reste, la saignée se fait chez les bœufs comme chez les chevaux.

DU SÉTON.

Le séton est un ulcère artificiel, que l'on forme au fanon ou au cou, aux cuisses, aux muscles de la poitrine des bestiaux, pour procurer l'issue des humeurs nuisibles dans les maladies de poitrine, de la peau, des yeux, etc. Voici comment on l'établit :

On prend une aiguille dite à séton, longue de 16 à 21 centimètres, et dont le tranchant figure une feuille de sauge ; on enfile dans cette aiguille une petite bande de toile, à demi usée, de la largeur d'un ou de deux doigts, et le plus long possible ; on peut remplacer cette bande par une large mèche de coton plat. Quoi qu'il en soit, on la graisse de beurre frais ou de saindoux. On fait à la partie où l'on veut mettre le séton un gros pli longitudinal ou oblique, en secouant et serrant bien la peau, afin de la détacher des chairs; puis on la perce d'outre en outre avec l'aiguille, entre cuir et chair. On tire un peu le bout de la toile ou du coton, par l'ouverture opposée à son entrée; on désenfile l'aiguille; on attache avec du gros fil l'extrémité de la toile qu'elle vient de quitter; on replie sur elle-même l'autre extrémité et on l'attache aussi avec du fil, et en faisant grande attention, parce que, si la toile repliée se détachait, l'animal la foulerait et l'arracherait du séton. Au bout de vingt-quatre heures ou même plus, on graisse la toile du côté replié et on la tire un peu de bas en haut, pour la changer de place et couper le morceau qui a séjourné dans la peau, quand la suppuration est bien établie, la bande de toile est toute remplie d'humeurs; alors on la tire jusqu'à ce qu'elle soit bien propre; on renouvelle ce pansement tous les jours ou tous les deux jours, toujours en graissant, tirant la toile et coupant le morceau que l'on vient de tirer du séton; quand la toile est toute tirée, on ajoute une autre bande au moyen d'un nœud le plus serré possible, pour éviter de faire souffrir l'animal en passant ce nœud dans la plaie; par ce motif, on coupe la bande très longue pour la renouveler rarement.

Quand on ne peut avoir d'aiguille à séton, on prend un canif, on introduit le doigt dans l'ouverture qu'il a faite à la peau, et l'on y passe un bout de vieille corde graissée; pour rendre le séton plus actif, on graisse la toile ou la corde avec de l'onguent formé d'essence de térébenthine, d'euphorbe et de mouches cantharides. Même après l'entière guérison de l'animal, il convient de prolonger le séton environ trois semaines, afin de bien évacuer l'humeur putride.

AVORTEMENT.

L'élimination du fœtus à une période de la gestation où il n'a pas encore acquis assez de développement pour vivre hors du sein de la mère s'appelle avortement.

Il peut se produire à toutes les périodes de la gestation, depuis la fécondation jusqu'à celle où le petit est viable. Toutes les causes agissant directement ou indirectement sur le fœtus, et capables de porter une forte atteinte à son développement, sont susceptibles de déterminer l'avortement. Ces causes sont mécaniques, ou elles dépendent d'un état maladif de la mère.

Parmi les premières on range celles qui agissent immédiatement et avec violence sur la matrice, de manière à produire un décollement partiel des enveloppes fœtales. Tels sont les coups portés sur l'abdomen, les chutes, les sauts, les mouvements désordonnés auxquels se livrent certains animaux affectés de coliques, la compression continue exercée sur la matrice, soit par des gaz développés dans le tube digestif, comme dans la météorisation, soit par des aliments durs accumulés dans le même organe. Ces deux dernières causes produisent dans la circulation fœtale une gêne dont la mort du fœtus peut être la conséquence.

Les états maladifs de la mère qui donnent le plus souvent lieu à l'avortement sont la *pléthore* et *l'anémie*.

La phéthore ou la surabondance du sang, vulgairement désignée par l'expression : *l'animal a trop de sang*, surgit chez les femelles qui travaillent peu et qui reçoivent une nourriture riche et abondante. Elles sont exposées aux *coups de sang* ou congestions qui, de préférence, se portent vers les organes riches en vaisseaux et qui déjà sont le siége d'une surexcitation. La matrice se trouve dans ces conditions, et le fœtus en ressent les effets.

L'anémie ou la pauvreté du sang est l'état opposé; des causes contraires, telles que de rudes travaux, une nourriture insuffisante et peu substantielle, lui donnent naissance. La mère est incapable de fournir au développement du fœtus des matériaux dont elle est dépourvue; celui-ci languit, s'étiole, se sépare de la mère comme une feuille qui tombe parce qu'elle ne reçoit plus de séve.

Il est encore des substances médicamenteuses qui exercent une action sur la matrice, et dont l'emploi chez les femelies pleines n'est pas exempt de danger. Sans parler des abortifs spéciaux, l'on sait que les violents purgatifs, l'usage prolongé des diurétiques, les sels ferrugineux, le tartre stibié, donnent lieu à des avortements dont on accuse l'affection contre laquelle ces médicaments sont dirigés.

Certaines années se caractérisent par la fréquence des avortements, qui deviennent même épizootiques. Cette calamité s'observe principalement dans les années humides.

L'on peut établir en règle que toute cause excitant les femelles à des efforts expulsifs est susceptible de provoquer l'avortement. Personne n'ignore, en effet, les dangers qui accompagnent l'introduction de la main dans le rectum et le vagin des grandes femelles en état de gestation. Elles pressent immédiatement avec une force telle que la décollation partielle des membranes et l'avortement peuvent en être la conséquence. Qui ne sait encore que les femelles placées près d'une autre qui accouche se livrent, par imitation, à des efforts expulsifs? Des avortements sont dus à cette cause dans les exploitations où on laisse vêler les vaches à la place qu'elles occupent, où l'on ne prend pas la précaution de les séparer du troupeau.

Adhérence de l'arrière-faix.

Cette annexe du fœtus est expulsée par les petites femelles immédiatement après la sortie du dernier petit ; les grandes, au contraire, la conservent encore quelque temps. Lorsqu'au bout de deux ou trois jours l'arrière-faix ne se détache pas spontanément, il est nécessaire d'en débarrasser la femelle. Ce fait, rare chez la jument, est assez commun chez la vache ; il exige une opération qui demande de la circonspection et de l'adresse.

Après avoir fixé l'animal, on introduit dans la matrice la main et le bras préalablement enduits d'un corps gras. L'on suit le cordon ombilical que l'on tient de la main libre et sur lequel on exerce une légère traction. La tension des vaisseaux se rendant aux cotylédons, qui en est la conséquence, facilite la décollation du placenta. On commence par les

cotylédons auxquels se rendent les cordons les plus
tendus, on les saisit entre l'indicateur et le médius,
et la séparation s'opère par un léger mouvement de
torsion.

Le séjour prolongé de l'arrière-faix dans la matrice porte les femelles à de violents efforts expulsifs,
suivis de la chute du vagin, de la matrice ; son contact permanent avec ce dernier organe en détermine
aussi l'inflammation.

ANGINE.

Nous confondons sous cette dénomination l'inflammation de la gorge, ayant son siége principal
dans le pharynx et le larynx. Ces deux organes si
voisins s'enflamment en quelque sorte simultané-
ment et ne présentent pas des caractères assez tran-
chés pour séparer l'inflammation de l'un de celle
de l'autre. Toute la différence réside dans la prédominance de la laryngite ou de la pharyngite. L'angine se présente sur tous les animaux domestiques ;
le cheval est le plus exposé ; elle est rare chez le
mouton ; elle attaque les animaux sporadiquement,
et peut aussi sévir sous forme épizootique. L'angine
vient assez fréquemment compliquer les affections
catarrhales et la gourme.

Symptômes. Les symptômes les plus frappants de
l'angine consistent dans la difficulté de la déglutition ; cette fonction s'exécute avec douleur, incomplétement, ou elle est impossible ; les aliments et les
boissons refluent totalement ou en partie par les naseaux. Si les embarras de la déglutition s'aggravent,
des mucosités, de la salive s'accumulent dans la

bouche; elles s'en écoulent sous forme de bave. La salivation existe dès le début, lorsque la muqueuse de la bouche est enflammée. La toux courte, sèche, se provoque facilement; parfois elle est très fatigante. La respiration plus ou moins accélérée est sifflante, râlante; elle peut devenir pénible et laborieuse. La simultanéité des phénomènes morbides, de la déglutition et de la respiration, est constante; toute la variété gît dans la prédominance des uns ou des autres.

Dans les cas légers, l'appétit et la soif se maintiennent; les malades donnent une préférence instinctive au foin; la fièvre est peu ou point prononcée, la sensibilité de la gorge à peine perceptible. Dans les cas graves, cette dernière région tendue et douloureuse force l'animal à allonger la tête ainsi que l'encolure. S'il y a encore tendance à prendre des aliments, la mastication s'exécute avec peine, le fourrage est longtemps conservé dans la bouche, pour être rejeté sous forme de bol. La soif a augmenté, le liquide est humé avec lenteur; le malade souvent se borne à se rafraîchir la bouche. La fièvre de réaction possède un caractère inflammatoire.

Le reflux des matières des naseaux devient manifeste, dès le principe, dans la préhension des boissons; dans les angines légères, ce n'est habituellement que le liquide des dernières gorgées qui s'écoule; il reflue encore pendant les temps d'arrêt. La préhension des boissons conduit donc au diagnostic de l'angine pharyngienne. Le jetage se trouvant coloré en vert par les matières alimentaires solides, il faut bien se garder de le confondre avec un flux de mauvaise nature. Le bruit respiratoire se présente aussi de bonne heure ; l'on s'en aperçoit en appliquant la main et l'oreille à la région de la gorge.

L'inflammation de la muqueuse buccale, le catarrhe du nez, des bronches, l'inflammation du tissu cellulaire entourant la gorge sont des complications ordinaires de l'angine.

Cette maladie, quoique pouvant passer à l'état chronique, possède une marche aiguë ; au bout de quelques jours, l'on voit déjà la terminaison qu'elle veut prendre. La plus ordinaire est la résolution ; elle survient du cinquième au quatorzième jour, précédée d'une sécrétion muqueuse abondante. La suppuration n'est pas une exception ; des abcès plus ou moins volumineux se forment à l'intérieur et à l'extérieur. Les abcès internes aggravent singulièrement les difficultés de la respiration ; celles-ci sont parfois telles, que l'animal est menacé de suffocation ; le danger cesse avec l'ouverture de l'abcès. L'exsudation plastique donnant naissance à de fausses membranes et constituant l'angine couenneuse est assez rare ; cette forme se présente chez le cheval et le bœuf. Si les fausses membranes ne sont pas expectorées, la suffocation devient imminente. Moins abondante, la matière plastique reste à la surface de la muqueuse du larynx, s'organise, contracte des adhérences avec elle, rétrécit le diamètre de la glotte, et le cheval reste corneur. La gangrène succède aux violentes angines qui attaquent la région entière de la gorge, et qui ont un caractère spécial, une tendance vers l'adynamie. Une fièvre intense, l'extension de la tuméfaction qui s'infiltre de sérosité roussâtre présagent cette funeste terminaison, fréquente dans l'espèce porcine, et qu'il ne faut pas confondre avec l'angine charbonneuse, dont il sera ultérieurement question.

Causes. Les refroidissements, une constitution atmosphérique spéciale, le défaut de précautions dans l'administration des médicaments liquides, des fourrages barbus ou couverts d'aspérités.

Traitement. Localement on enveloppe la gorge d'une étoffe de laine ou d'une peau de mouton ; cette région est frictionnée une ou deux fois par jour avec le liniment volatil simple ou contenant de l'onguent mercuriel ; dans les cas graves, on y applique un vésicatoire.

Si la tuméfaction extérieure est prononcée, qu'il y ait tendance à la terminaison par la suppuration, et que la douleur soit forte, les cataplasmes émollients de farine de lin sont indiqués ; on les continue jusqu'à la maturation des abcès. On gargarise et on injecte la bouche avec une dissolution de miel dans le vinaigre, et l'on fait inspirer des vapeurs émollientes d'orge cuite que l'on remplace par des vapeurs d'infusion de semences de foin, de goudron ou de sucre brûlé sur une pelle rougie, quand la maladie passe à l'état chronique.

L'intensité de la fièvre inflammatoire, la difficulté de la respiration règlent l'emploi de la saignée, sa répétition et la quantité de sang à extraire. En général, des émissions sanguines modérées suffisent pour abattre les symptômes inflammatoires. Dans les boissons on fait dissoudre du nitrate de potasse, de l'hydrochlorate d'ammoniaque, ou bien l'on donne ces sels en électuaires semi-liquides. La constipation est combattue par les lavements. On prévient une suffocation imminente par la trachéotomie. Cette médication, soutenue par le repos, la chaleur, des boissons farineuses, quelques fourrages verts, jeunes et succulents, triomphent de l'angine ordinaire On peut même se dispenser du traitement interne, car, par suite de la difficulté de la déglutition, il ne sert qu'à tourmenter inutilement l'animal.

L'angine couenneuse demande de fortes émissions sanguines, l'application d'un vésicatoire énergique au pourtour de la gorge et l'usage interne du calomel. Quand les fausses membranes sont formées, et afin d'en obtenir l'évacuation, l'on cherche à susciter un accès de toux ; l'on s'est bien trouvé, pour obtenir ce résultat chez la bête bovine, de verser une gorgée de vinaigre dans la bouche.

Dans l'angine gangréneuse, une forte excitation locale par des frictions répétées de liniment volatil, d'onguent vésicatoire, des gargarismes d'infusion de sauge, de décoction d'écorce de chêne, acidulées par l'acide chlorhydrique, des breuvages farineux camphrés, si la déglutition s'opère encore, sont les moyens les plus aptes à combattre la fatale tendance à la gangrène.

ANOMALIES DU LAIT.

Elles ont leur source dans la sécrétion, dans la composition du liquide et dans sa décomposition prématurée.

Anomalies de sécrétion.

Deux vices atteignent la sécrétion : les mamelles

le perdent ; le liquide s'en écoule spontanément,
c'est le flux laiteux ou la *galactorrhée* ; la sécrétion
diminue on se tarit tout à coup, c'est l'*agalaxie*

Galactorrhée. Dans l'intervalle de la traite, le
lait s'échappe goutte à goutte du trayon. Ce défaut,
dû à une supersécrétion, peut aussi provenir d'une
accumulation passagère du liquide dans les mamelles ou d'un relâchement dans le tissu du trayon.
La première cause, la plus commune, s'accordant
avec les intérêts de l'économie rurale, est considérée comme une qualité. Elle influe cependant sur la
constitution de la vache, car la supersécrétion, avec
ou sans perte par les trayons, finit par conduire au
marasme et à la phthisie. Il faut donc, dans un
intérêt de conservation, modérer les pertes de l'organisme, surtout si le lait est fort séreux, d'une qualité inférieure. La racine de persil, celle d'impératoire
jouissent de cette propriété ; on les donne à la dose
de quatre à six onces par jour, si l'on ne préfère
mettre les mamelles à sec et engraisser l'animal.

BRONCHITE VERMINEUSE.

Cette maladie, particulière aux veaux, sévit ordinairement sous forme épizootique.

Le caractère principal de l'affection est le développement des vers dans les bronches ; ils provoquent
la toux, des embarras respiratoires et conduisent à
la cachexie.

Symptômes. La bronchite vermineuse s'annonce
par des phénomènes de catarrhe accompagnés d'une
toux sèche et rauque. La toux devient plus fréquente, plus sonore, elle fatigue le malade qui, dans

les accès, est menacé de suffocation ; elle finit par avoir un son plus étouffé et plus faible. Il n'est pas rare de voir, chaque fois que l'animal tousse, une espèce d'étranglement et l'expectoration de mucosités dans lesquelles on rencontre des vers isolés ou pelotonnés. La respiration laborieuse s'accélère, l'appétit et la rumination éprouvent peu ou point de trouble ; néanmoins les bêtes maigrissent, leur habitude est nonchalante, le poil et la laine se feutrent ; la peau, pâle, sèche, se colle aux os. Enfin le marasme survient, la fièvre s'allume et la mort arrive au bout de quelques mois, si la suffocation n'a mis plus tôt un terme à la vie.

Autopsie. On trouve dans la trachée-artère et principalement dans ses divisions, un mucus filant, écumeux, enveloppant des nids et des pelotons de vers filiformes, appartenant au genre *strongle* Les poumons sont pâles, leur tissu a perdu sa consistance ; on y découvre des bosselures formées par les bronches dilatées ; parfois ils sont hépatisés, tuberculeux et adhérents à la plèvre costale. La poitrine contient un épanchement de sérosité plus ou moins abondant.

Causes. Elles résident dans des influences générales, et il faut citer en premier lieu une constitution atmosphérique froide, humide, pluvieuse ; puis la fréquentation de pâturages bas et marécageux. La transition subite d'une bonne nourriture à de semblables conditions alimentaires paraît surtout favoriser l'évolution des entozoaires bronchiques.

Traitement. Appliqué dès le début de la maladie, le traitement est efficace ; plus tard, la guérison offre des difficultés ; elle est impossible à la période cachectique.

Les excitants associés aux corroborants et aux ferrugineux, l'inspiration de vapeurs empyreumatiques, un régime hygiénique dans lequel le grain n'est pas épargné, composent le traitement.

Le sulfate de fer, la racine de calamus, les semences de fenouil, d'anis, de coriandre, les baies du genévrier, la gentiane, l'assa-fœtida, la suie de cheminée, la tanaisie, l'eau ferrugineuse, le marron d'Inde, l'essence de térébenthine, les fumigations de goudron, donnent les moyens de remplir les diverses indications.

CARIE CENTRALE DES VERTÈBRES CAUDALES.

Cette affection, exclusive à l'espèce bovine, est connue sous le nom vulgaire de *loup dans la queue.*

Symptômes. La carie débute par attaquer le centre d'une ou de plusieurs vertèbres. Les mouvements de la queue ne s'exécutent plus avec autant de vivacité, l'étendue correspondante aux vertèbres cariées est flasque ; lorsqu'on la plie sur ce point, le malade manifeste une légère douleur. La peau intacte se ramollit à la longue, perce ; un pus sanieux, chargé de corpuscules noirs, s'en échappe ; l'ulcération progresse avec rapidité : au bout de dix à douze jours, le bout de la queue, au-dessus de la carie, se détache et tombe, mais le mal ne s'arrête pas, il gagne vers la colonne vertébrale, le train postérieur se paralyse et l'épuisement met un terme à la vie.

L'examen des vertèbres détachées démontre à l'évidençe que la carie prend son origine au centre et s'étend vers les surfaces.

Causes. La carie se développe par suite d'un misérable hivernage.

Traitement. Si les approvisionnements interdisent la dispensation du régime nutritif et corroborant, mieux vaut tirer parti des animaux malades, en les sacrifiant de bonne heure pour la boucherie. C'est assez dire que, sans une alimentation substantielle, il n'y a pas de guérison à espérer. Localement on ampute la queue au-dessus de la carie, et on cautérise l'extrémité du tronçon par le fer rouge.

CATARRHE VAGINAL.

On désigne ainsi une inflammation de la muqueuse vaginale de la vache, avec supersécrétion de mucus.

Symptômes. De légers frissons, une inappétence passagère, la sécheresse de la peau, une diminution dans la sécrétion laiteuse, des trépignements, l'ardeur des urines, la rougeur et la chaleur de la muqueuse vulvaire, précèdent l'écoulement d'un liquide séreux, qui prend un aspect verdâtre, tout en conservant sa transparence. Dès ce moment, les phénomènes généraux disparaissent, et l'affection devient tout à fait locale.

Causes. Le catarrhe vaginal se déclare après la parturition, surtout chez les vaches primipares; quelquefois aussi pendant la gestation. Les refroidissements sont les causes occasionnelles ordinaires.

Traitement. Un local chaud, des boissons chaudes suffisent souvent à la guérison. Lorsque les phéno-mènes d'excitation générale et locale sont passés, des injections émollientes vinaigrées dans le vagin, et, en cas d'insuccès, des injections aromatiques d'in-fusion de camomille, de sauge, avec ou sans vinai-gre, d'eau de Goulard, amènent la guérison au bout de quinze jours à trois semaines.

CORPS ÉTRANGERS DANS L'OESOPHAGE.

Des substances alimentaires trop volumineuses pour traverser l'œsophage, dégluties sans avoir été préalablement divisées par la mastication, y restent enclavées et déterminent, de la part des animaux, des efforts de réjection. Comme ces corps, qui sont ordinairement des pommes de terre, des navets, des carottes, exercent une compression sur la trachée, la respiration devient difficile, anxieuse; il survient une météorisation et des phénomènes d'asphyxie; la mort est imminente.

Traitement. Si le corps est assez mou pour pou-voir être écrasé, on le comprime du dehors; mais il faut agir avec précaution, afin de ne pas froisser l'œsophage. Ne se prêtant point à cette division, on cherche à l'ébranler en appliquant les deux pouces en dessous ou au-dessus et on le pousse vers la bou-che où on le ramène, ou vers l'estomac. Une fois en mouvement, l'action péristaltique de l'œsophage le conduit bientôt au lieu de sa destination. Ce moyen n'étant pas couronné de succès, on prend la sonde œsophagienne, et, à défaut, une baguette flexible et solide, dont une extrémité est enveloppée d'une petite pelote ; on l'enduit d'un corps gras et on l'introduit dans l'œsophage, pour pousser le corps étranger vers l'estomac. Cette manœuvre restant infructueuse, il faut, comme dernière ressource, avoir recours à l'œsophagotomie, si le corps séjourne encore dans la partie cervicale de l'œsophage. Lorsqu'il l'a affranchie et qu'il reste fixé dans la portion thoracique de l'œsophage, on fait, en attendant qu'il descende spontanément, la ponction du rumen, où on laisse une canule à demeure. Par ce moyen, la menace d'asphyxie se trouve momentanément écartée.

CHARBON A LA LANGUE.

Il commence par une petite élévation ou tumeur dure de la grosseur d'une fève, très adhérente et fort douloureuse ; jaunâtre d'abord, elle passe au brun, au noir, détruit les parties environnantes de la bouche ; inquiétude, salivation, grincement des dents, mort en vingt-quatre à quarante-huit heures.

Causes. Les brouillards, les émanations des eaux corrompues, les étables situées dans des lieux bas et humides, les terrains où les animaux couchent par des nuits froides succédant à des journées chaudes, sont les causes de cette maladie.

Traitement. On arrête la maladie par l'extirpation de la tumeur, dès qu'elle commence à paraître, et par la cautérisation profonde des chairs vives auxquelles elle était adhérente, par le moyen d'un fer chauffé à blanc. On lave ensuite la plaie avec de l'eau de javelle, plusieurs fois par jour, et on fait

prendre à l'intérieur le breuvage antiputride suivant :

> Racine de gentiane. . . 31 grammes.
> Écorce de chêne . . . 31   »
> Camomille romaine. . . 15   »
> Acide sulfurique. . . .   8   »
> Eau commune . . . . 1 litre 1/2.

Eaites bouillir dans un litre d'eau la racine que
vous aurez coupée par petits morceaux, ainsi que l'é-
corce de chêne que vous aurez pelée avec soin, en
sorte qu'elle soit aussi menue que du tan. Retirez
le vase du feu après vingt minutes de bouillon.
Ajoutez-y de la camomille, passez le tout à travers
un linge, et ajoutez l'acide sulfurique tout en agi-
tant le liquide.

DIARRHÉE DU VEAU.

Les maladies des veaux sont : 1° le dévoiement,
qu'on guérit en donnant aux veaux plusieurs fois le
jour, jusqu'à guérison, des jaunes d'œufs délayés
dans du vin rouge, et en leur administrant quelques
lavements faits avec la racine fraîche de grande con-
soude, ou, à son défaut, avec de la graine de lin ou
du son.

DIARRHÉE DE LA VACHE.

La fréquence et la liquidité des déjections alvines
constituent la *diarrhée*. Tous les animaux y sont
sujets; elle attaque de préférence les jeunes individus.

Symptômes. Outre les évacuations liquides rapprochées, lancées par jets, salissant la queue et les membres postérieurs, on ne remarque pas de phénomènes sensibles, à moins que, dès le début, la diarrhée ne soit accompagnée de douleurs abdominales et de réaction fébrile. Lorsque la maladie se prolonge et passe à l'état chronique, l'appétit diminue et devient irrégulier, la soif se prononce, les flancs se creusent, la peau devient sèche, adhérente ; l'animal maigrit considérablement.

La durée est indéterminée ; la diarrhée se prolonge de quelques jours à quelques semaines, elle passe à l'état chronique et entraîne le malade à la mort ; elle offre le plus de danger pour les jeunes animaux à la mamelle.

Autopsie. La muqueuse intestinale est rouge, infiltrée, enflammée par plaques, principalement vers l'extrémité ; ou bien elle se présente pâle, livide, comme si elle était ratissée ; souvent on observe des altérations dans le foie. La panse et la caillette des veaux et des agneaux contiennent encore des caillots caséeux ou des pelotes de fourrages secs qu'ils n'ont pu digérer, et qui entraînaient une excitation permanente.

Causes. On sait que le passage du régime sec au régime vert provoque une diarrhée cessant spontanément au bout de quelques jours ou par la dispensation de fourrages secs. Des aliments pauvres en matières nutritives, avariés, moisis, exposés à des pluies continues ; des prés humides, bas, marécageux ; des eaux dures, bourbeuses, sont des causes qui, quand elles persistent, font passer la diarrhée à l'état chronique.

Les jeunes animaux contractent la diarrhée par des aliments indigestes, tel est un lait gras ayant séjourné longtemps dans les mamelles.

Traitement. Les bouillies de farine suffisent, dans les cas ordinaires, à mettre un terme à la diarrhée. Si elle persiste ou récidive, on y ajoute de l'opium, à la dose de deux gros dans les vingt-quatre heures. La nourriture se compose de foin, de farine d'orge ou de féveroles.

La diarrhée menaçant de devenir chronique, on prépare les breuvages de bouillie avec des décoctions astringentes d'écorce de chêne, de saule, de marronnier d'Inde, de racine de tormentille. La racine du columbo, en poudre ou en décoction, à la dose de deux à quatre onces par jour, est un moyen précieux, mais il ne faut pas attendre que le mal soit invétéré, surtout chez la bête bovine où les vieilles diarrhées résistent opiniâtrément à toutes les médications. L'alun, le chlorure de fer, les sulfates de zinc et de cuivre, à la dose d'un à deux gros par jour, dans une décoction mucilagineuse, sont des moyens à tenter, mais dont on ne saurait garantir le succès.

Le changement de régime des mères est souvent nécessaire dans la diarrhée des nourrissons ; une alimentation forte se modifie par des fourrages moins substantiels et quelques jours de diète légère, ou bien encore on donne à boire au jeune animal du lait de vache qu'on peut réduire en bouillie, en y ajoutant de la farine ; le blanc d'œuf, l'amidon bouilli rendent encore de bons services. Une évacuation de matières jaunes, caillebotées, d'une odeur aigre, demande l'addition au breuvage de dix à vingt grains de magnésie. Dans la diarrhée chronique des jeunes animaux, les astringents n'ont qu'un succès momentané, si ce n'est la rhubarbe, qui produit des effets durables. Cet agent relève l'atonie du tube digestif.

On ne saurait apporter trop de soins à débarrasser de la diarrhée les jeunes animaux, car cette affection les épuise et les retarde considérablement dans leur croissance.

DYSSENTERIE.

La *dyssenterie* est une inflammation intestinale, accompagnée de fréquentes évacuations de matières muqueuses, mêlées de sang. Elle attaque tous les animaux, et prend parfois une extension épizootique chez les ruminants, principalement dans l'espèce bovine.

Symptômes. L'affection se déclare sans phénomènes précurseurs. Les malades se séparent du troupeau ; ils restent le dos voussé, les membres rapprochés sous le corps, la queue relevée ; leur physionomie porte l'empreinte de la souffrance ; le pouls dénote une réaction fébrile ; ils font des efforts expulsifs, et évacuent des matières qui, dans le principe, sont encore des excréments ; mais par la suite elles ressemblent à des mucosités écumeuses, mélangées de substances alimentaires non digérées, répandant une mauvaise odeur. Les nouveau-nés (agneaux, veaux et gorets) donnent des déjections d'un jaune clair ou foncé, d'une odeur acide, repoussante, et qui ressemblent à du fromage délayé dans de l'eau. Ces matières excrémentitielles sont souvent sanguinolentes Une pression douloureuse, presque continue, amène des évacuations nulles ou presque nulles; l'extrémité du rectum se renverse; l'abdomen rétracté, tendu, est douloureux à la pression; le mouton fait entendre des bêlements plaintifs; le cheval a de légères attaques de colique. L'appétit, la rumination cessent, la soif a augmenté; l'amaigrissement fait des progrès rapides. La dyssenterie arrive bien vite à son plus haut période; sa durée est d'un à quatorze jours. La mort survient, chez les jeunes animaux, du premier au troisième jour; quand cela se prolonge davantage, il y a espoir de guérison ou la maladie passe à l'état chronique. Dans ce dernier cas, la fièvre et les douleurs disparaissent, une diarrhée ayant le marasme et la mort par épuisement pour conséquence succède à ces symptômes.

Modifications. La dyssenterie débute parfois par la constipation, à laquelle succède l'évacuation d'excréments secs, noirâtres; ou bien elle apparaît sous forme de diarrhée bénigne qui, chez les agneaux, n'arrive pas toujours jusqu'à la pression dyssentérique. Ces jeunes animaux paraissent éveillés, continuent à teter; tout à coup ils sont pris de convulsions et périssent en une ou deux heures.

Autopsie. On rencontre une inflammation partielle ou étendue de la muqueuse de la caillette ou de l'intestin, ordinairement des deux organes. Cette membrane est épaissie, infiltrée; elle est parsemée d'ulcérations isolées ou disposées par groupes, ou frappée de gangrène. Le foie et la rate sont gorgés de sang et ramollis.

Causes. Une disposition sepéciale doit favoriser l'évolution de la dyssenterie chez les nouveau-nés. En effet, les veaux, les agneaux et les gorets en sont ordinairement atteints vers la deuxième ou la troisième semaine après leur naissance. Il semble que la qualité du lait de la mère n'y est pas étrangère.

Les variations de la température au printemps et en automne, l'humidité, le froid, le brouillard, les eaux de neige servant de boisson sont, pour tous les animaux, les causes occasionnelles les plus fréquentes de la dyssenterie.

Des observations tendent à faire croire que le marnage et le plâtrage abondants des prés et des trèfles favorisent le développement de la maladie.

Traitement. Le remède par excellence, d'un prix malheureusement assez élevé, est l'opium. Donné à temps et à forte dose, il ne reste qu'exceptionnellement au-dessous de sa réputation. Cinq à dix grains pour un goret, un agneau, dix à vingt grains pour un veau, un poulain et un mouton, un à deux gros pour un cheval et un bœuf suffisent ordinairement à la guérison. Cette dose est administrée en vingt-quatre heures, délayée dans une décoction d'orge ou de graine de lin.

La diète absolue doit être rigoureusement observée, et pendant la convalescence on prescrit les fourrages verts. On change aussi le régime des nourrices, qu'on rend moins nutritif.

DÉPRAVATION DE L'APPÉTIT OU PICA.

Le *pica* est une perversion du goût caractérisée par de l'éloignement pour les aliments ordinaires,

par le désir de manger diverses substances non nutritives, et qui répugnent plus ou moins dans l'état
de santé. Cette affection des organes gastriques est
propre à la bête bovine.

Symptômes. La dépravation de l'appétit débute
par une propension à lécher les objets à la portée,
principalement ceux qui contiennent des particules
salines. L'appétit a diminué, des fourrages souillés
sont préférés à des aliments purs. Les malades maigrissent, les vaches perdent le lait. La perversion
gagne en intensité; les objets les plus divers sont
rongés et avalés. Les matières calcaires, terreuses,
du bois, du cuivre, des vêtements, des chiffons de
laine, des excréments humains, telles sont les substances qu'un instinct irrésistible pousse les bêtes
bovines à dévorer. La cachexie survient, et la mort
ne tarde pas à mettre un terme à ce triste tableau.

Autopsie. Les tuniques de la caillette sont infiltrées de sérosité, œdématiées et ramollies; le pica
conduit donc à la malaxie ou ramollissement de l'estomac.

Causes. Cette maladie acquiert plus de fréquence
dans les terrains tourbeux et dans les contrées marécageuses; elle précède assez souvent le ramollissement et la fragilité des os. Des années pluvieuses,
réduisant les fourrages au squelette végétal, l'abus
du sel lui donnent encore naissance.

Sa progression est lente, elle peut durer des mois,
une année et même au delà; elle attaque de préférence les vaches laitières, celle d'une faible constitution et les bêtes pleines.

Traitement. Aussi longtemps que le pica n'a pas
fait de grands progrès, un changement de localité

et de régime produit les meilleurs effets. En fait de
médicaments, on administrera par jour deux à trois
litres d'eau de chaux et la racine de gentiane mélangée de suie de cheminée. Si cette médication soutenue par le régime indiqué n'amène pas une prompte
amélioration, il est plus avantageux de sacrifier
immédiatement l'animal pour la boucherie, que d'attendre le développement de la cachexie. A cette
période, le pica est incurable, et la viande a perdu
les propriétés qui la rendent apte à la consommation.

Quoique la maladie ne soit pas contagieuse, il
faut isoler les bêtes qui en sont atteintes, car les animaux sains se mettent à lécher et à ronger par imitation.

Le veau, le cheval et le mouton éprouvent aussi
une dépravation de l'appétit qui les porte à lécher et
à ronger les murs, à manger de la terre ; le mouton
s'arrache encore la laine et endommage ainsi considérablement sa toison. Un excès d'acide dans l'estomac en est cause ; on le neutralise par la craie ou la
magnésie. Chez le mouton, cet état indique le besoin de prendre du sel, il suffit de lui en donner
quelques doses pour le faire disparaître.

DÉCOMPOSITION PRÉMATURÉE DU LAIT.

Les anomalies qu'il nous faut faire reconnaître et
qui, en économie rurale, constituent souvent un
problème des plus laborieux, se reconnaissent à un
caractère commun. Le lait pendant la traite est
sain : abandonné à lui-même, il se décompose.

Causes. Plusieurs ont été invoquées, toutes so.

encore environnées de mystère. On a accusé d'abord divers états morbides ; et, comme des vaches parfaitement saines donnent un lait sujet à se décomposer, on a eu recours à une affection occulte de l'appareil de chylification, ne se traduisant pas par des symptômes apparents. Cette hypothèse, dépourvue de base, n'est pas sérieuse.

On en a aussi cherché la source dans les aliments et les boissons, sans pouvoir établir une corrélation entre la cause et l'effet. Il est d'autant plus permis de la révoquer en doute, que le régime alimentaire le plus irréprochable n'a pas été à même de prévenir la décomposition du lait.

Enfin, étudiant de plus près l'influence des agents extérieurs, la température et ses variations, la propreté des vases et des lieux de conservation, on s'est rapproché de la vérité. En effet, ce genre d'anomalie ne se présente que durant la saison des chaleurs; en hiver, il est exceptionnel et lié aux locaux où l'on conserve le lait : tels sont les appartements habités, les chambres à coucher. Le lait de la même vache, de la même traite, recueilli dans deux vases différents et que l'on ne dépose pas dans le même local, peut offrir d'un côté l'anomalie, de l'autre il restera sain. Le liquide altéré sert aussi le ferment ; une goutte versée dans le lait le plus pur ne tardera pas à lui imprimer un mouvement de décomposition. Ces faits démontrent à l'évidence que la sécrétion n'entre pour rien dans l'anomalie, que la cause de la décomposition se développe ultérieurement dans le lait lui-même.

Le principe de ses altérations réside dans la transformation du sucre de lait en acide lactique, qui à son tour précipite le caséum. Celui-ci agissant comme ferment amène, avec le concours d'influences extérieures, la métamorphose des principes constituants du lait, et une perte dont trop d'exploitations rurales ont été victimes.

ESQUINANCIE, INFLAMMATION DE LA GORGE.

Symptômes. On reconnaît cette maladie par les frissons, la fièvre violente de l'animal et au gonflement phlegmoneux du gosier; ses oreilles, ses cornes et ses extrémités sont très chaudes, ses flancs sont agités, sa respiration et sa déglutition sont gênées, enfin il paraît abattu et triste.

Causes. Par des plantes âcres et brûlantes.

Traitement. On fera une saignée prompte et copieuse au cou, on y joindra des scarifications dans la bouche pour diminuer l'engorgement du sang dans les parties voisines, puis on lotionnera le palais avec la décoction suivante :

> Racine de guimauve . . . 62 grammes.
> Laudanum liquide 61   »

Faites bouillir la racine dans trois litres d'eau; coulez et ajoutez le laudanum et on administrera le lavement purgatif suivant :

> Aloès en poudre. . . . . 32 grammes.
> Séné 62   »
> Mercure doux ou calomel . 8   »

On fait infuser dans un litre d'eau bouillante, on passe à travers un linge, on ajoute l'aloès et le mercure doux, et on fait prendre ce lavement tiède.

Si la maladie ne se termine point par la résolution ou par la suppuration, il est à craindre qu'elle
ne se termine par l'esquinancie gangréneuse.

ENTORSE, FOULURE.

Claudication plus ou moins grave, douleur et
gonflement du boulet. Extension violente des muscles et des ligaments d'une articulation, que l'on reconnaît à la gêne de cette articulation et à la douleur que l'animal y ressent.

Traitement. Si ce sont les extrémités qui sont
affectées, on enverra de suite l'animal à l'eau. et on
l'y laissera le plus longtemps possible. On lui appliquera ensuite un cataplasme de feuilles de mauve
froides sur la partie, et l'on fera des douches avec
l'eau de ces mauves Si ce sont les reins ou les hanches qui sont affectés, on se contentera des cataplasmes et des douches. Si l'accident paraît grave,
on fera une saignée à la jugulaire. Si l'on peut suivre ce traitement avec constance pendant quelques
jours, point de doute que l'on ne réussisse bien,
pourvu que l'on procure du repos à l'animal.

Si l'on ne s'apercevait du mal que plusieurs jours
après l'accident, ou que, faute d'avoir été continué
et suivi, le traitement précédent n'eût produit aucun
effet, on frictionnerait la partie affectée avec l'huile
essentielle de térébenthine pendant quelques jours ;
si ce moyen ne produisait pas un effet satisfaisant,
on pourrait se servir de la charge :

> Poix grasse . . . . . . 120 grammes.
> Térébenthine . . . . . . 30 »

Faites fondre, trempez dans le mélange fondu des

étoupes que vous placerez sur la partie malade, dont on aura rasé le poil, ou bien du feu.

Si l'animal avait un effort de reins, il faudrait l'empêcher de se coucher, pour éviter une rechute en se relevant. Quelquefois une écorchure superficielle dans les environs du siége du mal passe pour en être la cause ; il est donc essentiel de la laver et de la sonder pour juger de la gravité, et n'y faire aucune attention si elle n'est pas profonde.

FRACTURE DES OS.

Solution de continuité des os, produite par une violence extérieure et quelquefois par la contraction forte et subite des muscles auxquels les os donnent attache. Tantôt l'os est fracturé en *travers*, tantôt la fracture est *oblique*, d'autres fois *longitudinale*. L'os nettement brisé, d'outre en outre, la fracture est *complète ; incomplète*, lorsqu'elle n'entame qu'une partie du diamètre transversal. Aucune autre lésion ne l'accompagnant, elle est *simple* ; on la dit *compliquée*, si des parties environnantes sont lésées en même temps ; *comminutive*, lorsque l'os est réduit en plusieurs fragments.

Symptômes. Le trouble dans le mouvement ou sa cessation est le premier signe d'une fracture. A l'endroit où elle se trouve, et où il n'existe pas d'articulation, on fait exécuter aux abouts osseux un mouvement de rotation, et en y appliquant l'oreille on entend le chevauchement des fragments. Le déplacement de ces fragments change la forme et la direction de la partie à laquelle l'os cassé sert de base. La douleur et les autres phénomènes de l'in-flammation ne tardent pas à se déclarer.

L'ensemble de ces phénomènes rend facile le diagnostic d'une fracture. Dans les os couverts d'é-paisses masses musculaires et au voisinage d'une articulation, il ne sont pas toujours aussi sensibles ; l'examen demande beaucoup d'attention ; et le pro-noncé, de la circonscription.

Mode de réunion. La nature seule opère la réunion des os accidentellement divisés. Les vaisseaux san-guins transsudent une matière gluante qui fait adhé-rer les abouts ; cette matière se transforme en un cartilage mou qui prend de la consistance par le dépôt des sels calcaires, et finit par se solidifier en une masse osseuse. Celle-ci entourant la fracture constitue le *cal* ou la cicatrice de l'os. Avant que le cal se forme. les abouts osseux se ramollissent à partir du point où le périoste les recouvre. Si les deux extrémités ne sont pas maintenues dans un rapport parfait, la cicatrisation devient difforme ; leur écartement étant trop grand, l'espace intermé-diaire se remplit d'un tissu que les sels calcaires ne viennent pas solidifier ; il en résulte une fausse arti-culation.

Pronostic. Il est en général défavorable ; plusieurs circonstances peuvent cependant le modifier. Des fractures comminutives avec des lésions étendues des parties molles sont ordinairement incurables ; les fractures obliques et longitudinales avec dépla-cement des abouts osseux guérissent difficilement ; celles dont on triomphe avec le moins de peine sont les fractures incomplètes et les transversales. Il est rare que des os divisés entourés de puissantes couches musculaires se réunissent; dans l'issue la plus heureuse, il faut s'attendre à une difformité. Quelle que soit la fracture, le pronostic est toujours plus favorable chez les jeunes et les petits animaux, surtout chez le mouton et le chien, que dans les espèces bovine et chevaline. On ne doit cependant pas trop se hâter de recourir au moyen extrême, à l'abatage, car plusieurs guérisons de fractures osseuses chez les grands animaux ont été obtenues malgré le jugement défavorable que l'on porte sur ce genre de lésion. Des accidents inflammatoires étendus, la suppuration, la gangrène, constituent des complications graves que l'on parvient rarement à maîtriser.

Traitement. La première indication consiste à mettre les os divisés dans leur position première, de manière que les abouts s'affrontent exactement ; ils sont maintenus inamovibles dans cette position au moyen d'un bandage. Il n'est pas possible de remplir ces conditions dans toutes les fractures ; toutes aussi ne les exigent point, et dans ce cas la cicatrisation se fait spontanément ou la fracture est incurable.

Aux inflammations étendues on oppose les lotions à l'eau froide ; une terminaison par suppuration ou par gangrène rend superflus les efforts de l'art.

Fracture des supports osseux des cornes frontales.

La fracture est incomplète ou complète. Dans le premier cas, la corne frontale conserve sa fixité, la peau est peu ou point entamée ; dans le second cas

la corne reste appendue par quelques fibres osseuses ou par un lambeau de la peau qui présente des
délabrements plus ou moins considérables.

Traitement. La corne replacée dans sa position,
les abouts osseux sont mis en rapport exact. Après
avoir rasé le poil au pourtour de la base, on l'entoure circulairement de bandes de toile couvertes
d'une couche de colle forte ; on les place de manière
que le bandage se fixe d'abord sur la peau dégarnie
de poil ; on les déroule ensuite sur la corne, en s'arrêtant à son extrémité. Pour plus de solidité, on
place entre les deux cornes un bâton dont les extrémités y sont fixées, et qui vient reposer sur le front
ou sur la nuque. Cet appareil établi, on le laisse en
place jusqu'à consolidation parfaite.

La fracture complète étant incurable, il ne reste
plus qu'à séparer la corne et son support des points
où ils adhèrent encore, en respectant la peau autant
que possible ; puis on égalise le tronçon osseux par
l'enlèvement des esquilles. L'hémorrhagie qui pourrait se produire étant calmée, on éponge la plaie à
l'eau froide ; les lambeaux de peau sont étendus
vers le centre de la fracture et on recouvre le tout
d'un emplâtre agglutinatif de colle forte ou de poix.
Quand le sang s'accumule dans les sinus de la tête,
la bête bovine semble plongée dans un état comateux ; un liquide sanguinolent s'écoule par les naseaux. Cette complication a des conséquences funestes, si l'on ne se hâte de vider les sinus, en appliquant une couronne de trépan.

A ces fractures se rattache le simple décollement
de la corne frontale. On enlève, alors même qu'elle
adhère encore sur quelques points avec son support

car il ne faut pas songer à une nouvelle union. On entoure ce dernier d'une bande de toile qu'on lotionne à l'eau froide. Au bout de quelques jours, le bandage est renouvelé et on se sert, pour le faire adhérer, de colle forte, de poix ou de goudron. La corne se régénère, mais elle reste petite et difforme.

FOURBURE DES RUMINANTS.

Les phénomènes sont semblables à ceux que l'on rencontre chez le cheval, avec cette différence qu'ils offrent moins d'intensité. La suppuration et la désorganisation de la corne se présentent moins souvent ; par contre, la carie de l'os du pied est plus fréquente.

Les fatigues de la marche pendant les transports y donnent lieu, et il arrive que des bœufs gras perdent leurs onglons sans que l'on s'y attende.

Des bestiaux maintenus dans un état de stabulation permanente et fortement nourris sont exposés à une fourbure chronique qui se caractérise par le soulèvement fréquent des membres, par une marche précautionneuse et le décubitus; les douleurs devenant plus vives, du pus sanieux se forme sous la corne, celle-ci se décolle. La sécrétion laiteuse diminue, les animaux maigrissent.

Le défaut de litière, un sol raboteux, le ramollissement de la corne, sa croissance démesurée, le corps qui pèse de toute sa masse sur les pieds, sont autant de circonstances se réunissant pour engendrer la fourbure chronique.

Les cataplasmes d'argile constamment arrosés,

comme dans la fourbure du cheval ; les saignées locales et générales, au besoin, selon le degré de la fièvre ; l'enlèvement des portions de corne détachées ; les pansements avec les onguents résineux et le digestif, constituent l'ensemble des moyens curatifs.

FIÈVRE CATARRHALE DES RUMINANTS.

Cette réaction fébrile dérivant d'une inflammation plus ou moins intense des membranes muqueuses, principalement de la muqueuse respiratoire, sévit au printemps et en automne, parfois sur un nombre d'individus assez grand pour lui donner le caractère épizootique. La fièvre catarrhale atteint le bœuf et surtout le mouton.

Symptômes. L'abattement des frissons suivis d'une augmentation de température, sensible à la base des cornes et des oreilles, la marche vacillante sont les symptômes annonçant l'invasion de la maladie. La muqueuse nasale est rouge, sèche ; l'appétit presque nul ; la rumination rare s'exécute avec lenteur ; le mufle perd son humidité ; la toux se fait entendre.

Vers le troisième jour, la fièvre se modère, la membrane du nez et le mufle commencent à s'humecter ; une sécrétion muqueuse s'établit, elle s'épaissit et s'écoule des naseaux sous forme de jetage. Du septième au quatorzième jour, le flux nasal cesse, et l'animal se trouve rétabli.

Dans l'espèce ovine, la fièvre catarrhale prend le nom vulgaire de *morve* du mouton. Elle parcourt les mêmes phases que celle du bœuf, avec cette différence que la fièvre a une tendance marquée à prendre le caractère adynamique, et l'affection locale à passer à l'état chronique. Le jetage alors persiste ; il est épais, jaunâtre, obstrue les orifices des naseaux et rend la respiration difficile et pénible. Le flux nasal prend un aspect grisâtre, répand une mauvaise odeur ; la cachexie se déclare ; la tête se tuméfie ; une diarrhée survient, et les animaux succombent par épuisement ou par suffocation.

La fièvre catarrhale des ruminants se complique assez souvent de pharyngite, de laryngite, de bronchite, et, chez les veaux, d'inflammations glandulaires du cou, qui se terminent par suppuration. Ces accidents empêchent les animaux de satisfaire à la soif ; ils augmentent les difficultés de la respiration et la gravité de la maladie.

Causes. Les causes que nous avons déjà énumérées produisent également le catarrhe des ruminants. Sous l'empire de certaines conditions hygiéniques, il n'est pas exempt de dangers. Un pauvre hivernage, affaiblissant les animaux, les rend aussi moins aptes à résister aux intempéries atmosphériques, quand, au printemps, ils fréquentent les pâturages de bonne heure.

La fièvre catarrhale ou la morve dans l'espèce ovine est due à un concours de circonstances fatales, auquel ces animaux ont peine à résister. Des pluies continues ; le pacage durant les nuits froides, humides ; des aliments peu nutritifs, en un mot toutes les causes épuisantes capables de détériorer la constitution. N'oublions pas dans cette énumération la tonte par un temps froid et pluvieux.

Traitement. Le séjour dans les étables chaudes,

des couvertures, le bouchonnement, des soupes chaudes suffisent dans les cas ordinaires. L'intensité de la fièvre, les antécédents des animaux règlent la médication plus ou moins active à employer. Dans la fièvre inflammatoire bien prononcée, on administre des bains de vapeurs et l'on mélange du nitrate de potasse aux boissons, jusqu'à l'établissement du flux muqueux ; parfois on a recours à la saignée. De légers excitants sont plus convenables chez les animaux affaiblis par des privations antérieures. La semence d'anis, de fenouil, que l'on associe à la poudre de gentiane, des farineux, du foin, des racines préviennent la cachexie, imminente dans de semblables conditions.

Quant à l'espèce ovine, il faut avant tout placer les animaux dans de meilleures conditions et les soumettre à un régime corroborant, dont les céréales, le malt, le marron d'Inde forment la base.

FIÈVRE VITULAIRE OU DE VÊLAGE.

Maladie exclusive à la vache, survenant tout à coup du deuxième au cinquième jour après le part. Elle consiste en une congestion ou en une apoplexie cérébrale.

Symptômes. La vacillation de la marche précède de quelques heures la chute de l'animal ; il reste couché, la tête repliée vers l'épaule gauche. Ces phénomènes sont accompagnés de constipation, d'un abaissement de la température de la surface du corps, d'un pouls vite, irrégulier, intermittent, du ralentissement de la respiration. Les yeux sont frappés de cécité amaurotique ; la paralysie atteint les membres postérieurs qui, sans mouvement, sont aussi souvent privés de sentiment. La mort survient endedans les vingt-quatre à quarante-huit heures qui suivent l'invasion.

Autopsie. On trouve des aliments accumulés dans le feuillet et des traces d'une congestion ou d'un épanchement sanguin apoplectique dans le cerveau.

Causes. La fièvre vitulaire attaque de préférence les vaches bonnes laitières, grasses, bien nourries, les bêtes maigres, chétives, qu'on alimente en abondance avant le part. Peut-être que la grande ampliation des réservoirs gastriques agit comme cause occasionnelle, car la maladie ne ménage pas les vaches dont le part a été naturel.

Traitement. On ne saurait trop se hâter à pratiquer une large saignée, que l'on répète le même jour, si le pouls ne se développe pas. La liberté du ventre est un point essentiel ; on administre l'aloès avec le sulfate de soude et, mieux encore, une trentaine de graines de semence de croton tiglium, qui agissent plus rapidement. Les lavements au savon, au sel, au tabac, éveillent l'intestin et secondent l'effet du purgatif ; les frictions sèches et à l'essence de térébenthine, les couvertures, contribuent à rappeler la sensibilité de la peau. La diète doit être absolue ; on réduit le malade aux boissons tièdes. Dès qu'une amélioration se manifeste et qu'il y a tendance à prendre des aliments, on accorde, en petites quantités, des carottes, du bon foin.

Préservation. L'observance de l'hygiène de la vache pleine ; une ration uniforme, pas de supplément ; le mouvement. une saignée chez les animaux

fort pléthoriques, tels sont les moyens propres à prévenir l'invasion de ce mal redoutable.

GALE DU BŒUF.

Symptômes. L'éruption galeuse attaque de préférence les parties supérieures du corps, le long de la
colonne vertébrale. Il s'y forme de petites vésicules
qui s'ouvrent spontanément ou par les frottements
auxquels excite le prurit ; l'épiderme se desquame,
ou bien la partie se couvre de croûtes sous lesquelles
une sérosité âcre ulcère la peau. On a désigné sous
le nom de gale *sèche* la première variété ; la seconde
a reçu la dénomination de gale *humide.*

L'acare de la gale du bœuf est un peu plus petit
que celui du cheval.

Traitement. Les agents précédemment recommandés conservent leur efficacité. L'affection cédant
plus facilement, les moyens peuvent aussi être
moins énergiques ; il sera prudent d'exclure les
mercuriaux du traitement. Des frictions de savon
vert simple ou dans lequel on a incorporé du soufre,
le lavage à l'eau tiède avant d'appliquer une nouvelle couche, amènent assez ordinairement la guérison.

Mesures de police sanitaire. Les faits de transmission de la gale bovine à l'homme ne sont ni aussi
nombreux, ni aussi bien constatés que ceux de la
gale chevaline. On prétend que des hommes ont été
infectés par la vache, et celle-ci par le cheval. On
rapporte encore le fait d'un chat galeux qui, ayant
l'habitude de se coucher sur le dos d'une vache, lui
aurait transmis la maladie ; de la bête bovine, la gale

serait passée à la fille chargée de la traire, et de celle-ci aux autres membres de la famille.

Après la guérison, on procède à la désinfection des étables et des objets qu'elles renferment.

HYDROPISIE DE POITRINE.

On appelle ainsi les épanchements de sérosité dans une cavité du corps ou dans le tissu cellulaire. Les hydropisies sont *actives* ou *passives*. Les premières, dues à un accroissement sécrétoire des séreuses, déterminé par un afflux anormal de sang, sont la conséquence de l'inflammation des séreuses, qui tapissent les grandes cavités, l'inflammation se terminant par épanchement. La sérosité, dans ce cas, est trouble, jaune, rougeâtre, et contient des flocons de matière plastique exsudée en même temps que l'eau. L'acte morbide qui les provoque n'appartient pas aux affections chroniques de la nutrition, par conséquent aux cachexies.

Les hydropisies passives sont le résultat d'un obstacle à la circulation veineuse ou à l'absorption de la sérosité produite. Des désordres dans les organes destinés à l'élaboration du sang, des inflammations chroniques, des lésions organiques du foie, de la rate, des poumons, du cœur, des obstacles à la sécrétion urinaire en constituent les causes les plus ordinaires. Elles font dévier le sang de sa constitution normale ; il se surcharge d'eau qui transsude dans les sacs séreux ou dans le tissu cellulaire.

L'accumulation de sérosité dans le tissu cellulaire d'une partie de la périphérie du corps est une hydropisie locale qui a reçu le nom d'*œdème*. Il en résulte une tuméfaction froide au toucher, molle, pâteuse, conservant l'empreinte du doigt; lorsque l'œdème se généralise, envahit une portion étendue de la périphérie, il prend le nom d'*anasarque*. Les tumeurs œdémateuses sont tout à fait locales, ou elles dépendent d'une autre affection et deviennent symptomatiques.

Nous ne comprenons sous cette rubrique que les hydropisies liées à une lésion de la nutrition.

Symptômes. Pâleur de la peau et des muqueuses, amaigrissement, indolence, faiblesse musculaire, appérit modéré, soif, œdème des membres, respiration difficile, diminution de la sécrétion urinaire. Si la collection séreuse se fait dans le ventre, il est pendant, se dilate, les flancs se creusent, la fluctuation devient manifeste. Dans l'hydropisie de poitrine, la respiration laborieuse devient toujours de plus en plus difficile et ne tarde pas à faire périr l'animal par asphyxie.

Autopsie. Épanchements considérables dans l'abdomen, le thorax, le péricarde, d'un liquide limpide, jaunâtre, inodore; lésion d'un organe important renfermé dans ces cavités.

Traitement. Les agents qui expulsent les liquides de l'économie favorisent l'absorption de ceux épanchés; les diurétiques sont donc indiqués. Les baies de genévrier, la semence de persil, l'essence de térébenthine, la scille, etc., sont administrées sous forme de bol ou d'électuaire.

Lorsque le foie est malade, on donne les purgatifs drastiques d'aloès ou de semence de croton. On alterne ces moyens avec les ferrugineux, les amers, et dans tout le cours de la maladie on donne des aliments nourrissants, de facile digestion.

L'extraction du liquide épanché par la ponction n'est qu'un palliatif; il ne tarde pas à se reproduire.

INFLAMMATION DES REINS (NÉPHRITE).

L'inflammation des reins, maladie peu fréquente chez le cheval, est plus commune dans l'espèce bovine.

Symptômes. Le malade écarte les membres postérieurs, ou il se tient dans la position campée, ou bien il trépigne, se couche et se relève alternativement, comme s'il était atteint de colique. La région lombaire est douloureuse à la pression, roide, ordinairement voussée; la marche s'en ressent, le mouvement de l'arrière-main est pénible, cette partie se traîne, parfois elle ne saurait se déplacer; il arrive encore que l'un ou l'autre membre postérieur semble frappé d'une paralysie incomplète. Le décubitus se fait avec précaution et le lever avec difficulté. L'animal se campe fréquemment pour uriner et n'expulse que peu ou point d'urine; en explorant la vessie, on la trouve vide. L'urine est foncée, sanguinolente; sa sécrétion se suspend lorsque les deux reins sont enflammés. Le défaut d'appétit, la soif, la constipation, la fièvre, phénomènes inséparables des maladies inflammatoires aiguës, accompagnent aussi la néphrite.

Elle se termine en peu de jours par la guérison qu'annoncent la cessation de la fièvre et des douleurs; les urines coulent avec plus de facilité; elles perdent leur aspect sanguinolent. Ces signes favorables faisant défaut, la néphrite marche vers une issue funeste.

Dans l'espèce bovine, la néphrite se présente avec les mêmes caractères ; la suppuration étant au nombre des terminaisons possibles, la formation d'un abcès dans les reins a une marche différente. La fièvre ayant cessé, un nouvel accès survient ; l'examen de l'urine y fait découvrir des flocons de fibrine et de pus.

Autopsie. La gangrène des reins, des abcès, des calculs sont les lésions et les produits morbides ordinaires.

Causes. L'impression subite du froid, une pression permanente, des coups sur la région lombaire, l'abus des diurétiques ; la déglutition, avec les aliments, de certains insectes, de bourgeons ou de feuilles d'arbres résineux ; la présence de calculs, d'un entozoaire, le strongle géant, qui ne se rencontre que chez le cheval.

Traitement. La saignée répétée, suivant l'intensité de la fièvre, est le premier moyen ; on administre ensuite des breuvages de décoction de graine de lin, de chiendent, et on passe des lavements émollients. Sur la région lombaire, on applique des fomentations émollientes continues. Dès qu'une amélioration se manifeste, on délaie du camphre dans des breuvages, de manière à ne pas dépasser un gros dans les vingt-quatre heures. Les potions camphrées sont indiquées dans le principe, quand on présume que des cantharides, des hannetons ont été avalés avec les fourrages. La diète absolue est de rigueur.

GASTRO-ENTÉRITE DES RUMINANTS

ou inflammation des intestins.

Symptômes. L'inflammation de l'estomac et de l'intestin chez les ruminants présente quelque différence de la symptomatologie de cette maladie chez le cheval. La fièvre, l'état du pouls, l'injection des conjonctives, la chaleur de la bouche, la sensibilité du ventre à la pression, la soif ardente, existent, mais en même temps il y a une légère météorisation, les excréments noirs, durs, rares, sont couverts de stries sanguinolentes ; on entend des grincements de dents ; quelquefois surviennent des envies de vomir et des vomissements.

Traitement. Les saignées, les lavements, les breuvages mucilagineux, huileux, avec des infusions de jusquiame, sont recommandés dans cette maladie.

MALADIE DES BOIS

ou inflammation du foie et de la rate.

On désigne sous ce nom une maladie enzootique consistant en une inflammation de l'estomac et de l'intestin, et qui s'étend à d'autres organes, notamment aux reins ; elle attaque la bête bovine, le cheval et le mouton.

Symptômes. Cette affection commence par les phénomènes d'une inflammation des organes digestifs : chaleur de la bouche, soif, déjections dures, noirâtres, enveloppées d'une couche de mucosités ; grande sensibilité de la région lombaire, urines rouges, sanguinolentes, d'une odeur pénétrante, fièvre. Celle-ci ne tarde pas à prendre un caractère adynamique, et le malade succombe du dixième au vingtième jour dans des convulsions précédées d'une diarrhée colliquative sanguinolente.

Autopsie. L'inflammation de l'estomac et de l'intestin grêle sont des lésions constantes, auxquelles viennent parfois s'ajouter la phlogose de gros intestins. Le foie et la rate sont gorgés de sang ; les reins, enflammés, ramollis, contiennent des foyers purulents.

Causes. La maladie des bois est exclusive aux animaux qui, au printemps, pâturent dans les taillis et les bois ; l'insuffisance de la nourriture les porte à manger les bourgeons résineux et les jeunes pousses des arbres.

Traitement. Une petite saignée, des breuvages et des lavements émollients, oléagineux forment la base du traitement ; mais avant tout il faut mettre un terme à la cause et donner une nourriture rafraîchissante de facile digestion : des carottes, des pommes de terre, des farineux. Dans la période adynamique, on administre le camphre.

INFLAMMATION ET CREVASSES
DES TRAYONS.

Après une tuméfaction inflammatoire des trayons, la peau se crevasse, rend la traite pénible et difficile. Les crevasses superficielles guérissent par des onctions de beurre frais ; sur des crevasses profondes et rebelles, on applique la teinture de myrrhe.

INFLAMMATION DU PIS.

Symptômes. Cette maladie se manifeste par la tristesse et l'abattement, la tuméfaction et la tension des mamelles, où l'on remarque très souvent des grosseurs dans lesquelles on sent un battement assez prononcé. Lorsque le mal empire, la tuméfaction s'étend au-dessous du ventre et aux aines, et l'écoulement du lait s'arrête ; ces symptômes sont accompagnés de fièvre, quelquefois il se forme des abcès, d'autres fois la gangrène s'empare des parties malades, et l'animal est perdu si on ne l'arrête.

Causes. Cette maladie est assez fréquente. Chez les vaches, elle provient souvent d'une trop grande abondance de lait, ou d'un sevrage trop brusque, ou de la négligence qu'on a mise à traire l'animal. Il faut aussi ajouter les coups de tête du veau, les piqûres d'insectes, etc.

Traitement. Dès le début de la maladie, on doit vider les mamelles et avoir recours aux lotions émollientes, telles qu'une infusion de fleurs, ou une décoction de racines de guimauve ou de graine de lin. Si le mal augmente, il faut saigner et administrer la lotion calmante suivante :

> Feuilles de belladone. . . 2 poignées.
> Pavot . . . . 4 têtes.

Faites une décoction dans deux litres d'eau commune est administrez tiède.

Lorsqu'il se forme des abcès, on les ouvre avec un bistouri et on les panse avec de l'onguent populeum, après avoir détergé le foyer de l'abcès avec du vin mêlé de moitié d'eau, on lotionne tiède.

Lorsque les tumeurs des mamelles restent dures,
il faut combattre cette induration par un liniment
composé de :

    Huile d'olive . . . . . 125 grammes.
    Ammoniaque-liquide . . 32   »

que l'on mêle ensemble, l'on frictionne ensuite les
tumeurs plusieurs fois par jour.

INCONTINENCE D'URINE.

Cette infirmité est symptomatique ; elle accompagne la paralysie de l'arrière-train et celle du col de
la vessie. Des calculs qui n'obstruent pas complètement le passage peuvent aussi y donner lieu.

Symptômes. Le symptôme caractéristique est la
perte des urines goutte à goutte, sans expression
douloureuse.

Traitement. L'incontinence qui ne dépend pas
d'un calcul est combattue par l'usage de la noix
vomique longtemps continué et à doses ascendan-
tes.

Il arrive chez les veaux que l'ouraque ne s'obli-
tère pas et que l'urine persiste à couler par l'ombi-
lic. Quand ce défaut ne disparaît pas spontanément
au bout de deux à trois semaines après la naissance,
on y met un terme en plaçant une ligature autour
de ce qui reste du cordon ombilical.

INOCULATION.

L'incertitude des traitements médicaux, l'espoir
non réalisé de découvrir un spécifique, ont suscité

de nombreuses tentatives dans le but de trouver le
moyen de prévenir la pneumonie. Ces efforts loua-
bles devaient échouer par la raison que les causes
de son évolution spontanée sont enveloppées du
plus profond mystère.

Un jeune médecin de Hasselt, M. le docteur Willems, sortant des voies ordinaires, inocula la maladie à des bêtes saines, et chercha par ce moyen à
les préserver de l'affection. S'il n'a pas été le premier à pratiquer l'inoculation, du moins il a l'immense mérite d'avoir précisé le but qu'il voulait atteindre. L'expérience n'a pas encore prononcé sur
ce procédé, quoique les faits connus soient des plus
encourageants.

M. Willems inocule aux faces supérieure et inférieure de l'extrémité de la queue, à l'aide d'une lancette de la forme d'un grattoir ordinaire. On perce
la peau avec la pointe de la lame de l'instrument
chargée de virus; la peau percée, l'on imprime à
l'instrument un mouvement de rotation, et l'opération se trouve terminée.

La matière à inoculer est recueillie sur des bestiaux chez lesquels la maladie n'a pas atteint la dernière période. Les sujets les plus convenables sont
ceux que l'on rencontre dans les abattoirs et dont
les poumons hépatisés dénotent qu'ils sont atteints
du mal. Cette portion du poumon est exprimée; le
liquide sero-sanguinolent qui s'en écoule constitue
la matière virulente propre à être inoculée.

Les conséquences de l'opération se manifestent au
bout de deux à quatre semaines, par la tuméfaction
de la queue et une fièvre de réaction. Les secours de
l'art autres que le régime hygiénique sont superflus,

à moins que les deux phénomènes indiqués ne prennent une certaine intensité. Dans ce cas on suspend la queue, on la lotionne avec des émollients, et si la gangrène paraît imminente, on y fait quelques incisions.

La gangrène de la queue se déclare quelquefois, surtout lorsque la matière à inoculer est prise sur des individus qui ont succombé dans la dernière période de la maladie. Elle n'est pas mortelle ; l'accident le plus grave qui en résulte se borne à la perte d'une portion de l'appendice caudal, perte qui ne déprécie pas la valeur commerciale d'une bête bovine. Et fût-elle constante, qu'elle ne peut, dans aucun cas, être mise en parallèle avec la maladie dont elle éteint la prédisposition.

JAUNISSE (OU ICTÈRE).

L'*ictère* ou la jaunisse se lie à une hépatite chronique ; elle est aussi causée par toute espèce d'obtacle qui empêche l'excrétion de la bile ou son libre écoulement dans le duodénum.

Symptômes. L'ictère débute sans fièvre ; les muqueuses apparentes des yeux, de la bouche, les portions blanches de la peau présentent une teinte safranée ; les urines sont aussi colorées en jaune. L'appétit est peu prononcé, la rumination lente, la soif n'a pas éprouvé de modification. Les déjections lentes amènent des excréments pâles, peu consistants. Le malade, mou et paresseux, a le poil terne, piqué. Parfois l'ictère s'accompagne de symptômes cérébraux, surtout chez le cheval ; il est plongé dans un état comateux, avec un pouls plein, lent, rappelant l'immobilité.

La maladie se prolonge pendant des mois ; la guérison n'est possible que s'il n'existe pas de lésion organique dans le foie. La maigreur, des œdèmes, la diarrhée annoncent une issue funeste.

Causes. L'ictère est une conséquence de l'hépatite chronique, d'une lésion organique du foie qui s'est développée lentement, des calculs biliaires, de la compression déterminée par la tuméfaction d'un organe voisin, du spasme des canaux excréteurs de la bile, etc. ; dans ce dernier cas, la jaunisse est passagère.

Traitement. On commence par un laxatif de sulfate de soude, que l'on administre à la dose d'une livre, divisée en deux ou trois portions. Lorsque ses effets ont cessé, on donne par jour deux ou trois pilules, composées d'un gros d'aloès incorporé dans du savon ; on en discontinue l'usage dès que les évacuations deviennent plus abondantes et se ramollissent. Si l'ictère ne cède pas, on emploie le calomel à petite dose ; on en arrête l'emploi quand on entend des gargouillements très distincts dans le ventre.

Ce traitement n'a de l'efficacité que s'il est soutenu par un régime succulent, laxatif, composé d'herbes jeunes, de carottes, de chardons, de pommes de terre crues, de boissons acidulées.

ANOMALIES DE COMPOSITION.

La proportion normale des principes constituants du lait s'est modifiée, ou bien le liquide est mélangé de matières étrangères qui se décèlent par la saveur, l'odeur et l'aspect. Les anomalies appartenant à cette catégorie sont les suivantes :

1° *Lait séreux.* Mince, très fluide, ce lait fournit peu de fromage et de beurre ; il a un reflet bleuâtre. Des fourrages peu nutritifs, récoltés dans les années froides et pluvieuses, des résidus des distilleries, des brasseries, trop dilués, amènent une atonie des organes digestifs et transmettent au lait une surabondance de principes aqueux. L'indication de la cause qui est fondée dans le régime nous dispense de prescrire le remède.

2° *Lait gras.* La richesse du lait en matières grasses et caséeuses ne constitue pas un vice. Si l'économie rurale s'en accommode fort bien, il n'en est point de même des nourrissons, auxquels un lait très-riche occasionne des diarrhées et qu'il prédispose aux maladies inflammatoires. Il faut donc, dans l'intérêt des nouveau-nés, introduire l'élément aqueux dans le lait par une nourriture rafraîchissante.

3° *Lait calcaire.* Il se distingue par une surabondance de sels calcaires qui, dans la cachexie tuberculeuse et la phthisie pulmonaire, sont éliminés par le lait et y forment parfois un dépôt. Ce lait de mauvaise qualité, indigeste, doit être exclu de la consommation.

4° *Lait sanguinolent.* Le lait de la vache se mélange de sang dans la congestion et l'inflammation des mamelles ou par la rupture d'un vaisseau dans ces organes. Les vaches dont les chaleurs se réveillent peu après le part y sont sujettes. Le sang s'y trouve en quantité assez minime ; il s'y présente sous forme de stries ou de caillots qui se déposent au fond du vase, et qu'on aperçoit en décantant le lait. Le lait sanguinolent accompagnant parfois l'hématurie, il est à supposer que des causes communes le provoquent.

Le traitement varie selon les causes. Dans la simple congestion mammaire, on donne le sulfate de soude et le nitrate de potasse ; on pratique même une saignée à la veine mammaire, et on couvre le pis d'une couche de terre glaise vinaigrée. Les moyens locaux destinés à combattre la mastite conviennent dans l'inflammation.

La congestion passive, qui se caractérise par l'absence de tout phénomène d'excitation locale ou générale, est traitée par les astringents, comme l'hématurie passive. Des lésions internes de la glande s'opposant à la traite, on donne issue au lait en introduisant de petits tubes dans l'ouverture du mamelon.

5° *Lait acide.* La coagulation prématurée en est le caractère distinctif ; elle se manifeste spontanément au bout d'un certain temps de repos, ou après que le lait a été exposé au feu.

L'acidité du lait, cause première de la coagulation, se développe par de grandes chaleurs, des temps orageux, dans des chambres sans courant d'air, des vases malpropres, surtout dans ceux en bois. On a remarqué que les pâturages non ombragés favorisent la formation de l'acide ; la traite du matin étant bonne, celle du soir tourne. Le soleil dardant sur le pis provoque ce prénomène.

L'éloignement des causes prévient l'inconvénient ; celles qu'il n'est pas dans la puissance humaine d'empêcher sont neutralisées en mélangeant au lait une petite dose de bicarbonate de soude.

6° *Lait visqueux*. La traite donne un lait sain ; abandonné à lui-même, la crème ne s'en sépare qu'imparfaitement. Dès qu'on veut l'enlever, on s'aperçoit qu'elle est visqueuse, filante. La saveur est fade, pâteuse ; le beurre s'en extrait difficilement, il possède un goût désagréable et ne se conserve pas.

La fermentation muqueuse est la cause de ce phénomène ; elle transforme le sucre de lait en une matière ressemblant à la gomme. et dénature le caséum. En ajoutant au lait une matière en fermentation, on produit cette altération à volonté.

La ventilation des chambres à lait, le lessivage des vases sont les remèdes contre le retour de l'altération.

7° *Lait amer*. L'amertume du lait dont il est ici question ne dépend pas des aliments, elle est un produit de la décomposition.

La crème se prépare irrégulièrement ; par places elle est colorée en jaune ; la majeure partie a un aspect sale. A un degré plus développé de l'altération, ces taches jaunes semblent être produites par de l'huile de lin que l'on aurait versée dans la crème ; les globules butyreux s'en sont séparés, ont conflué et forment les taches. D'une saveur douce d'abord, la crème ainsi que le caséum laissent un arrière-goût d'amertume dans la bouche. Cette saveur n'est pas uniforme ; très prononcée dans certaines parties, elle n'existe pas dans d'autres. Le liquide finit par acquérir un goût rance, désagréable, repoussant. Ce lait donne un beurre rance et un fromage sans consistance ; la putréfaction s'empare vite de ses produits.

Un mauvais mode de conservation du lait contribue à développer le ferment qui donne lieu à la décomposition. L'absence d'un local ayant cette destination, des chambres, des caves non aérées exercent leur influence sur ce genre d'altération ; aussi est-il plus commun chez les petits cultivateurs privés des ressources nécessaires pour se ménager une bonne place destinée à la conservation du lait.

8° *Lait bleu.* La traite fournit un liquide blanc ; endéans vingt-quatre à soixante et douze heures, il prend une couleur bleue d'indigo. Le phénomène commence par quelques points isolés de la surface ; ils gagnent insensiblement en étendue et en profondeur ; la presque totalité du liquide prend cette nuance, ou bien les taches de la surface gagnent en profondeur et forment des colonnes isolées. Indépendamment de la couleur, le lait bleu éprouve encore d'autres modifications : il ne s'acidifie pas autant qu'un lait sain du même âge ; le caséum donne un caillot moins consistant ; le beurre, d'un blanc sale, a une saveur désagréable. Une goutte de lait examinée au microscope présente des myriades d'infusoires du genre vibrion. Lorsqu'on en mélange une trace avec du lait sain, le même phénomène se produit.

Dans une exploitation rurale, le lait de toutes les vaches ne subit pas la transformation ; sur un troupeau, il n'en est ordinairement qu'une ou deux ; mais par le mélange du produit de la traite de toutes les bêtes, la masse totale est infectée. Il faut donc conserver isolément le lait de chacune d'elles, afin de connaître celle d'où l'altération procède. Soumise à un examen, elle ne présente aucune affection morbide, et l'on ne connaît aucun moyen de modifier la sécrétion laiteuse dans le sens de la disparition du phénomène, qui, du reste, est passager.

En agissant sur le lait, on parvient à empêcher la coloration de se produire. Le liquide tarde longtemps à s'aigrir ; si l'on y ajoute une cuillerée à café de lait battu par litre et qu'on rende le mélange uniforme, il conserve ses qualités, mais il est aussi nécessaire de prévenir l'infection : dans ce but, on ne saurait trop recommander le lessivage de tous les instruments servant à la laiterie, ainsi que la ventilation du local où l'on conserve le lait.

9º *Lait jaune*. Un infusoire du même genre que le précédent donne au lait une nuance jaune. Les considérations que nous venons de faire valoir pour le lait bleu sont applicables au lait jaune.

MÉTÉORISATION OU INDIGESTION
(TYMPANITE).

La fermentation des matières alimentaires dans le premier estomac des ruminants y dégage des gaz dilatant considérablement ce réservoir et la paroi abdominale. Ce dégagement gazeux constitue la tympanite ou la *météorisation*.

Symptômes. L'affection se déclare subitement : le creux du flanc gauche se remplit, se vousse avec une grande rapidité ; lorsqu'on le percute, il résonne comme un tambour. L'appétit et la rumination cessent ; l'animal fait des efforts expulsifs de défécation ; il est inquiet, anxieux ; une grande gêne se fait remarquer dans la respiration, qui est accélérée. Si, par de prompts secours, on ne parvient à fixer ou à évacuer le gaz, une attaque d'apoplexie, l'asphyxie, une rupture de la panse, du diaphragme mettent bientôt un terme à la vie.

Des éructations sont un signe favorable ; elles annoncent l'évacuation des gaz.

Causes. La tympanite se développe par des aliments verts, succulents, couverts de rosée, de givre, mouillés par la pluie ou que l'on a laissés s'échauffer en tas. Des boissons froides administrées immédiatement après des fourrages verts ; les trèfles, la luzerne, les vesces avant la floraison ; les feuilles de choux, de betteraves favorisent la fermentation ; toute substance alimentaire d'une végétation luxuriante, regorgeant de sucs ; des racines qui ont subi un commencement de décomposition putride ; l'abus de l'usage des résidus des brasseries, des distilleries donnent naissance à la tympanite.

Traitement. Dans les maladies fréquentes et à marche rapide des animaux domestiques, on a recours à tous les agents qui tombent sous la main ; les remèdes les plus variés s'infiltrent ainsi dans la médecine populaire et acquièrent parfois une renommée qu'ils sont loin de justifier. L'énumération des moyens qui ont été préconisés contre la météorisation formerait une liste fort longue ; on peut convenablement les vouer à l'oubli.

Quelque grave que soit cette maladie, l'art en triomphe par une succession de remèdes simples

Le premier moyen à employer, celui qui mérite d'être placé en première ligne, est tout mécanique ; il consiste dans la compression. Le côté droit du malade est placé contre une paroi résistante, soit un mur, un arbre, et, à défaut de soutien, on le fait maintenir par un aide. Les deux mains croisées et appliquées sur le flanc gauche, on exerce une compression forte et continue ; de temps à autre on fait exercer par un aide une traction sur la langue. Au bout d'une minute, on sent un léger mouvement sous la main ; il devient plus prononcé, une forte éructation lui succède. En persistant dans cette manœuvre pendant six à sept minutes, l'animal se trouve hors de danger ; elle dispense de l'emploi des médicaments. Si ce moyen ne donne pas de résultat vers l'époque indiquée, on administre une demi-once d'ammoniaque liquide dans un demi-litre d'eau et on renouvelle cette dose après quelques minutes.

Lorsqu'on a épuisé ces deux médications sans obtenir d'amendement, il reste l'application de la sonde œsophagienne et du trocart ; ces deux instruments demandent à être maniés par une main exercée.

Un gros de teinture d'ellébore blanc dans un demi-litre d'eau provoque chez la bête bovine des nausées à la faveur desquelles les gaz s'échappent. Nous considérons ce mélange comme plus efficace que l'ammoniaque.

La tympanite, souvent suivie d'une faiblesse du réservoir gastrique, est très sujette à récidiver ; on la prévient en administrant, les jours suivants, quelques breuvages d'infusion de camomille, et dans le cas où le régime alimentaire ne saurait être modifié, on fait manger à l'animal avant son repas une forte poignée de bon foin, ou un mélange du foin aux fourrages verts ; ce procédé est plus efficace.

NON-SÉPARATION DE LA CRÈME.

La crème se présente sous forme de taches du diamètre d'une noisette; elles sont fort minces. Lorsqu'elle se sépare complétement, la couche se brise et s'enfonce. La fermentation se fait avec dégagement de gaz; les taches sont de légères couches de crème soulevées, sous lesquelles se trouvent des bulles de gaz. Le moyen que nous venons de préconiser est tout aussi efficace dans le cas qui nous occupe.

NON-SÉPARATION DU BEURRE.

Une couche peu épaisse de crème surnage; entre elle et le caséum se forme une couche très liquide. Le beurre ne se sépare de la crème qu'après de longues manipulations, ou ne s'en sépare pas du tout; celle-ci conserve l'aspect d'une émulsion, mousse, déborde l'appareil, et enfin il se forme de petits caillots qui ne se prennent pas en masse.

Ce défaut se présente exclusivement en été; on le fait disparaître en ajoutant du vinaigre de vin à la crème, avant d'en extraire le beurre.

PLEUROPNEUMONIE EXSUDATIVE
DE L'ESPÈCE BOVINE.

Maladie contagieuse, exclusive à la bête bovine, caractérisée par l'inflammation des poumons, avec exsudation de matière plastique organisable dans le tissu cellulaire interlobaire. L'inflammation se transmettant à la plèvre, un liquide séreux, ainsi que de la limphe plastique, s'épanche dans le sac pleural correspondant. La dégénérescence du tissu pulmonaire, le poids considérable qu'il acquiert, lui donnent un aspect qui ne permet pas de méconnaître cette affection spécifique.

Symptômes. La symptomatologie offre deux périodes bien tranchées : la période d'évolution et la période fébrile.

1re *période*. Les symptômes morbides annonçant l'évolution de la pneumonie sont assez insignifiants pour ne pas s'étonner qu'ils passent souvent inaperçus. Le phénomène saillant consiste en une toux particulière, courte, rare, d'un timbre sec ; l'on n'entend ordinairement qu'une seule émission, surtout le matin, au sortir de l'étable, ou quand les animaux se lèvent et pendant qu'ils boivent ; plus tard la toux augmente en fréquence, et l'appétit devient irrégulier. L'animal éprouve des frissons, ou plutôt des alternatives de chaud et de froid, à la base des oreilles et des cornes ; le poil se dresse le long de la colonne vertébrale, qui est très sensible quand on la pince. Sur les autres régions du corps, le poil est ébouriffé, feutré, sans lustre ; la nourriture ne profite pas, les bêtes maigrissent ; la sécrétion laiteuse diminue ; le lait est plus séreux. La durée de cette période varie de quelques jours à quelques semaines.

2° *période*. Une pneumonie aiguë accompagnée d'une réaction fébrile s'empare du malade. La respiration laborieuse s'accélère, les flancs sont agités et les naseaux dilatés ; une toux petite, avortée, douloureuse, se fait entendre ; la pression de la poitrine, le pincement du garrot éveillent la sensibilité. Les malades ne se couchent plus, les coudes sont écartés du corps, la tête et l'encolure sont tendues. S'ils s'affaissent sur la litière, c'est pour se relever aussitôt, et pendant ce court décubitus, ils se reposent du côté du poumon malade, ou les jambes ployées sous le corps. La fièvre accélère la circulation ; le pouls plein, dur ou tendu, donne une soixantaine de pulsations par minute ; les muqueuses sont injectées ; le mufle sec ; les animaux mangent peu ou point, le lait finit par se tarir : des mucosités s'écoulent par les naseaux. Arrivé à la période fébrile, la pneumonie prend une marche rapide ; la respiration de plus en plus pénible devient suspiriante, la toux augmente en fréquence, le pouls est petit, serré, intermittent ; la maigreur fait des progrès, et l'animal périt par suffocation. Si son existence se prolonge au delà du huitième jour et que la pneumonie continue à s'avancer vers une issue ɟatale, la fièvre prend un caractère adynamique. La respiration râlante, des plus laborieuses, s'exécute la bouche ouverte, la langue protractée ; l'air expiré, le flux nasal répandant une mauvaise odeur, les yeux chassieux s'enfoncent dans leurs orbites, et les animaux succombent après quatorze jours à trois semaines de souffrance.

Dans quelques cas, la toux fait rejeter des masses de matière plastique exsudée et accumulée dans les bronches ; les avortements ne sont pas rares.

L'auscultation et la percussion de la poitrine sont des moyens précieux pour reconnaître la pneumonie. La percussion de la poitrine correspondant au poumon malade, car ordinairement il n'y en a qu'un, et presque toujours c'est le poumon gauche, donne un son mat ; il est creux du côté opposé. L'application de l'oreille à diverses régions de la poitrine fait entendre le murmure respiratoire et un bruit de frottement dans le poumon sain ; ce bruit est nul ou presque nul dans le poumon malade. Il est à observer que ces moyens de diagnostic ne donnent quelque certitude que vers la portion antérieure du thorax ; le vaste développement des réservoirs gastriques empêche de les appliquer avec succès à la partie postérieure de cette cavité.

La guérison radicale n'a lieu que dans la période d'évolution ; au début de la période fébrile, ce fait devient déjà rare. Ordinairement la guérison est incomplète, mais dans cet état les bêtes bovines peuvent encore jouir d'une santé relative. Souvent une toux opiniâtre, des embarras respiratoires persistent. Ces accidents secondaires n'empêchent pas l'animal de prendre du corps et de s'engraisser ; ce n'est là qu'un rétablissement passager, car la maladie récidive, ou bien la phthisie met un terme à l'existence.

La pneumonie se déclare avec des symptômes plus violents chez les animaux robustes, bien nourris ; elle ne traîne pas en longueur, et la fièvre de réaction a un caractère inflammatoire. La maladie paraît, au contraire, plus bénigne sur des bêtes faibles, cachectiques, sur de vieilles vaches laitières, mais elle n'en est que plus insidieuse ; elle se prolonge davantage, et la fièvre ne tarde pas à prendre le caractère adynamique.

Autopsie. Pratiquée à la période d'évolution, l'autopsie fait découvrir, dans les poumons pâles et flasques, des noyaux hépatisés d'un rouge foncé et du

volume d'une noisette à celui d'un œuf de pigeon.
Dans la période fébrile, le poumon, siége de la maladie, est dur, compacte, volumineux, pesant de 10
à 20 kilogr. ; il a perdu sa perméabilité, s'enfonce
dans l'eau, et est couvert de fausses membranes
d'un demi-pouce à un pouce d'épaisseur. Découpé,
il offre sur la section un aspect marbré : des stries
blanc jaunâtre d'une à deux lignes le traversent et
contiennent dans leurs intervalles les lobules pulmonaires colorés en rouge, en violet, etc. Les fausses membranes recouvrant la surface des poumons
tapissent aussi les plèvres, qui contiennent un liquide trouble, dans lequel nagent des flocons membraneux.

Causes. La pneumonie se développe spontanément,
et elle se transmet par contagion d'un individu malade à un individu sain. Quelles sont les causes du
développement spontané? Toutes les influences directement ou indirectement nuisibles au bétail ont
été invoquées sans que l'on soit parvenu à préciser
une série de causes dont la réalité ne soulève ni
doute ni objection. Dans ce chaos, nous devons
avouer notre ignorance et recommander envers le
bétail l'observance des règles d'une hygiène rationnelle.

La contagion est plus positive; l'élément contagieux se trouve lié à l'air expiré; il ne s'étend guère
au delà de l'atmosphère de l'animal malade. Ce n'est
pas seulement pendant la période fébrile que les
malades exhalent le virus; les exemples ne manquent pas de bêtes convalescentes qui ont infecté des
animaux sains. Il existe aussi des cas de transmission
de la pneumonie exsudative de la mère au fœtus.

Traitement. L'on ne peut compter sur le succès qu'à la période d'évolution ; l'invasion du stade fébrile rend la guérison infiniment plus incertaine. Il faut donc saisir le moment où la maladie, cachée en quelque sorte, se prépare sourdement à éclater. Durant la première période, la médication consiste à pratiquer à des animaux dans de bonnes conditions une ou plusieurs saignées abondantes, et à leur administrer le nitrate de potasse ou le tartre stibié ; la potasse et l'eau de goudron, un révulsif au fanon, complètent la cure. Ces derniers moyens sont utilisés dès le principe chez les bêtes faibles, cachectiques.

Le traitement par lequel on éprouve le moins de pertes dans la période fébrile est celui que l'on applique à une pneumonie ordinaire, et qui comprend l'emploi des moyens que nous venons de citer : les saignées, le nitrate de potasse et les révulsifs. Quand la fièvre se calme, le calomel et le tartre stibié sont indiqués. Dans les affections chroniques secondaires, l'eau de goudron, contenant de la potasse en solution, produit souvent de bons effets.

Les aliments doivent être légers, de facile digestion, les étables tempérées et remplies d'un air pur. L'on n'interdira pas les pâturages dans la période d'évolution, et pendant la convalescence, l'on donne une alimentation substantielle qui ne surcharge pas les organes digestifs.

La saine appréciation des conditions morbides a une grande influence sur le succès du traitement. La constitution du malade et le caractère inflammatoire règlent les émissions sanguines et l'emploi des sels antiphlogistiques. L'application de révulsifs est toujours indiquée ; on veille à ce qu'ils produisent des effets prompts. Une constitution cachectique, à laquelle vient bientôt se joindre l'adynamie, ne présentant guère d'espoir de réussite, mieux vaut sacrifier de semblables animaux. Il paraît se confirmer tous les jours davantage qu'il faut renoncer à la découverte d'un spécifique.

Le meilleur parti à tirer des bêtes guéries est de les engraisser ; elles doivent être exclues de la reproduction ; celles qui restent chétives, auxquelles la nourriture ne profite pas, occasionnent moins de pertes à leur propriétaire, en les sacrifiant à temps, que si l'on cherchait un rétablissement impossible.

Mesures de police sanitaire. La pleuropneumonie exsudative étant contagieuse, le premier devoir consiste à séparer les malades des bêtes saines, et à désinfecter le local que les premières ont occupé.

Le bétail encore sain est tenu en observation ; l'on considère comme suspects les animaux qui font entendre la toux dont nous avons parlé.

Quand on recherche l'origine de la maladie dans une étable, l'on découvre bien souvent que la première bête atteinte, achetée sur une foire ou marché, a été récemment introduite dans le troupeau. Afin de prévenir ces germes d'infection, nous conseillons de faire subir une quarantaine, dans toute l'acception du mot, à tout animal de l'espèce bovine dont l'origine est inconnue, et que l'on achète pour compléter son troupeau. Si le germe se développe, du moins l'on évitera la transmission.

Les bêtes convalescentes qui ont échappé à la maladie doivent également subir cette quarantaine.

PISSEMENT DE SANG (HÉMATURIE).

L'évacuation d'urines mélangées de sang est le résultat d'une congestion qui se porte vers les reins, ou d'une atonie de ces organes ; dans l'un et l'autre cas, il y a rupture de quelqu'un de leurs vaisseaux. L'hématurie, avec ou sans fièvre, attaque tous les animaux domestiques, mais plus particulièrement la bête bovine et le mouton, chez lesquels elle prend au printemps une extension enzootique.

Symptômes. La maladie s'annonce par des besoins d'uriner et par l'évacuation douloureuse d'un liquide sanguinolent, mélangé de caillots. A l'exception d'un léger abattement, on ne remarque pas d'autres phénomènes généraux saillants. L'urination devient de plus en plus douloureuse ; les maladies ne satisfont à ce besoin qu'en poussant des gémissements ; ils restent, longtemps encore après avoir accompli la fonction, le dos voussé, la queue soulevée et écartée du corps.

Une terminaison rapide par la gangrène et la mort constitue un fait rare ; le cours habituel est la mort par épuisement : elle survient au bout de deux à trois semaines.

Autopsie. Tantôt les reins sont gorgés de sang et enflammés, ainsi que la vessie ; d'autres fois, ces organes se présentent flasques.

Causes. L'hématurie enzootique, étant une maladie printanière qui attaque le bétail soumis à certaines conditions alimentaires, elle doit prendre sa source dans les causes locales. L'envoi prématuré dans des pâturages avoisinant les sapinières porte les bêtes,

qui ne trouvent pas une nourriture suffisante, à
manger les pousses de ces arbres résineux ; les
propriétés diurétiques dont elles sont douées appellent le sang en plus grande abondance vers les
reins. On a encore accusé la chenille processionnaire
et plusieurs végétaux. En France, on est si bien
persuadé que le genêt détermine l'hématurie, que
la maladie en a reçu le nom de *genestade*. La mer-
curiale, le poivre d'eau sont aussi considérés comme
suspects.

Traitement. La rentrée du bétail à l'étable et l'administration de boissons mucilagineuses, à l'invasion de la maladie, l'enraient assez souvent ; elle
est suivie d'une prompte convalescence. Si l'inflammation des reins est évidente, s'il y a constipation,
le traitement de la néphrite se trouve indiqué. L'hématurie atonique est combattue par des breuvages
de lait aigri, d'eau acidulée avec le vinaigre, avec
l'eau de Rabel, des décoctions de la racine de tormentille et autres astringents, tels que l'alun, à la
dose d'une once par jour, l'acétate de plomb, à la
dose d'un gros à un gros et demi, les ferrugineux.

PIQURES DES INSECTES.

Il est bon de faire passer dans une rivière ou un
étang les bestiaux piqués par des insectes, et même
de leur laver de temps en temps la peau avec une
grosse éponge humide en manière de bouchon ; cela
suffit pour guérir les piqûres ordinaires ; mais lorsqu'elles produisent des tumeurs, il faut les étuver
avec du suc de persil ou de l'urine tiède. Si ces tumeurs sont inflammatoires, on les fomentera avec la

décoction de plantes émollientes; si on soupçonne
que la mouche-asile ait déposé ses œufs sous la
peau, à l'endroit de ces tumeurs, il convient de les
inciser, pour en tirer les œufs ou les vers et y appliquer les remèdes prescrits pour les contusions, ou
un morceau de mie de pain trempé dans de l'eau de
puits, ou seulement frotter de saindoux salé.

POUX.

Ces insectes vivent sur tous les animaux domestiques; une espèce spéciale est propre à chacun d'eux.
Leur séjour de prédilection est le cou, le dos, la base
de la queue et celle des cornes.

Les poux se montrent sur des animaux mal tenus
et mal nourris, qui vivent dans la malpropreté, chez
lesquels les soins de la peau sont négligés. Une maladie, dont la genèse pédiculaire constitue le principal caractère, est connue sous le nom de *phthiriasis*. Les poux sont innombrables; ils pénètrent dans
la peau, les naseaux, les oreilles, les yeux; cette
affection a été observée chez le porc et la bête bovine.

Un grand nombre de moyens ont été préconisés
pour détruire les poux; l'onguent mercuriel compte
parmi les plus actifs, mais son emploi est dangereux chez le bœuf et le mouton. Les décoctions de
semence de cévadille, de staphysaigre, de racine
d'elliébore blanc, de tabac, les lessives de cendres,
etc., sont aussi actives, sans présenter les inconvénients de l'onguent mercuriel. Dans le phthiriasis,
on recommande le vinaigre arsenical. Une bonne
nourriture et des soins de propreté sont des accessoires indispensables.

PART LABORIEUX.

Nous avons vu que, lorsqu'une vache est trop grasse, ou couverte par un taureau trop gros, son fruit trouve un passage trop resserré au moment de la mise-bas. Tâchez alors de distendre le col de la matrice, en injectant de l'eau tiède et mucilagineuse, soit un litre de décoction de mauve, guimauve ou graine de lin. Tirez le veau de force. Si l'on ne peut y parvenir, et que l'on veuille conserver la vache, il faut que l'artiste vétérinaire se frotte les bras d'huile, s'arme d'un bistouri, et, pénétrant jusqu'au jeune sujet avec les plus grands ménagements, le coupe en deux, d'un coup assuré, sans être trop fort ; en même temps on donnera du vin chaud à la vache pour la fortifier et faciliter l'extraction des parties du veau.

On sait que le veau doit se présenter les deux pattes de devant allongées et rapprochées, avec la tête en dessus. Quand les deux pattes se présentent seules gardez-vous de tirer le veau, car la tête est peut-être renversée sur les épaules, ce qui occasionnerait un trop violent effort; repoussez plutôt rapidement le jeune sujet dans le corps de la mère, afin que la tête reprenne sa position naturelle. Pour toute autre position contre nature, huilez la main et remettez le veau en situation. On tire le veau en lui passant un nœud coulant de corde à la mâchoire inférieure; mais il ne faut user de ce moyen que lorsqu'on ne peut faire autrement et que la mère est très faible; des breuvages toniques, comme vin, cidre, bière, dans lesquels on aura délayé 31 grammes d'extrait de genièvre et 16 grammes d'extrait de gentiane, et même quelque peu d'eau-de-vie, en cas de grandes difficultés, animent la vache, lui font faire des efforts et sont de beaucoup préférables. En même temps on donne deux lavements tièdes d'une infusion de feuilles de sauge.

La trop forte constriction de la matrice ne cause guère moins d'obstacle à la sortie du veau que sa faiblesse : pour la relâcher, saignez la vache au cou, à la quantité d'un litre ; si cette saignée est infructueuse, réitérez-la six heures après ; dans l'intervalle, administrez souvent des lavements de mauve, ou simplement d'eau tiède.

Dans tous les cas de rétention du veau, mettez sur les reins de la vache un drap plié en quatre doubles et imbibé dans l'eau tiède que l'on ne laissera pas refroidir ; donnez-lui pour nourriture du son légèrement mouillé et de l'eau tiède, jusqu'à ce qu'elle ait mis bas.

Quand une vache porte deux veaux, la mise-bas du second tarde plus ou moins ; on reconnaît sa présence en ce que la mère ne fait aucune attention au premier-né, s'agite, regarde continuellement son flanc et continue de faire des efforts et de pousser des mugissements ; si cet état fatiguant se prolonge, aidez la vache en lui faisant prendre une bouteille de vin chaud ou un litre et demi de bière, ou deux litres de cidre, et en l'excitant à éternuer en irritant les naseaux avec un peu de tabac, ou de la racine d'iris de Florence en poudre.

RENVERSEMENT DE LA MATRICE.

Les efforts expulsifs peuvent amener le déplace-

ment de la matrice, sa sortie du vagin et son renversement, de manière que sa face externe vienne à
l'extérieur.

Pour la remettre en place chez une grande femelle ou la réduire, on place la bête sur une épaisse
litière représentant un plan incliné d'arrière en
avant. L'arrière-train se trouvant dans une position
plus élevée facilite le replacement de l'organe.

Dégagée de l'arrière-faix, s'il est encore adhérent,
débarrassée de tout ce qui pourrait la souiller, la
matrice est lavée avec du lait tiède, et soutenue, par
deux aides, sur une pièce de toile. Le praticien, les
mains graissées, refoule d'abord les cornes; pres-
sant ensuite sur le corps de l'organe, il le fait rentrer portion par portion; suspendant son travail à
chaque effort expulsif que fait l'animal, tout en
maintenant les portions déjà rentrées, il continue
lorsque le calme est rétabli.

Une précaution essentielle consiste à ne jamais
presser du bout des doigts; on s'exposerait à per-
forer la matrice. Afin d'éviter ce grave inconvénient,
l'on n'opère qu'avec le poing à demi fermé.

La réduction opérée, des efforts expulsifs capables de ramener l'utérus au dehors se reproduisent.
L'accident est prévenu à l'aide d'un bandage composé de deux cordes entrelacées par le milieu, ou
d'un anneau auquel sont fixées quatre cordes. L'anneau est appliqué contre la vulve, et les quatre cordes viennent s'attacher à une sangle qui entoure
la poitrine. Les deux cordes supérieures passent de
chaque côté de la queue, et les deux autres entre les
jambes.

Lorsque la matrice sortie depuis un certain temps

est rouge, infiltrée, et que l'on ne parvient pas à la réduire, on commence par la dégorger en y pratiquant des scarifications.

La réduction n'offre pas à beaucoup près les mêmes difficultés chez les petites femelles. On soulève l'animal par les pattes de derrière, et on presse la matrice sur un de ses côtés.

La portion rentrée se maintient à l'aide du doigt et ainsi de suite, jusqu'à réduction complète. L'on peut se dispenser des moyens de contention.

RHUMATISME DES AGNEAUX, DES VEAUX ET DES PORCS.

Le mouvement est roide, gêné, comme si ces jeunes animaux marchaient à l'aide de piquets ; les muscles de la partie souffrante sont tendus et durs.

Causes. Les refroidissements.

Traitement. Deux fois par jour on leur fait prendre un bain d'eau froide, et immédiatement après on les couvre de fumier. Si ce traitement occasionnait trop d'embarras, on le remplacerait avantageusement par une mixture composée d'une once d'aloès et d'un demi-litre d'eau de savon. On fait prendre une cuillerée à bouche toutes les quatre heures aux agneaux, toutes les deux heures aux veaux et aux porcs.

RÉTENTION D'URINE.

L'urine ne pouvant s'excréter s'accumule dans la vessie et donne lieu à une rétention complète ou incomplète de ce liquide.

Symptômes. Outre les phénomènes de colique que présente l'animal, il se campe et fait des efforts pour uriner. Il ne s'évacue pas de liquide (*ischurie*), ou il s'écoule difficilement (*dysurie*), ou bien il ne sort que goutte à goutte (*transgurie*), avec douleur et ténesme vésical. L'exploration de la vessie par le rectum fait sentir le réservoir plein, tendu ; la pression éveille de vives douleurs. La rétention se prolongeant, la fièvre s'éveille et au bout de vingt-quatre à trente-six heures la mort survient par gangrène ou rupture de la vessie.

La bête bovine vit encore huit à dix jours avec un épanchement d'urine dans l'abdomen. Les phénomènes annonçant cet accident sont l'odeur urineuse de la perspiration cutanée, et dans le ventre une collection liquide qui donne lieu à une fluctuation semblable à celle de l'épanchement hydropique.

Causes. La rétention d'urine est déterminée par le spasme du col de la vessie ou par un obstacle mécanique, tel qu'un calcul arrêté dans l'urètre, circonstance assez fréquente chez le bœuf ; la compression de ce canal par des tumeurs empêche aussi le libre écoulement des urines.

Traitement. Quelle que soit la cause de la rétention, la première indication consiste à vider la vessie ; par la main introduite dans le rectum, on exerce sur ce réservoir une légère pression dirigée d'avant en arrière, vers le canal de l'urètre. Cette manipulation et des frictions sèches exercées sous le ventre en avant du fourreau et le long de l'urètre suffisent assez souvent pour provoquer une évacuation. Si le spasme persiste, on administre une émulsion d'un gros de camphre, additionné de deux gros de vin d'opium, plus des lavements. L'application de la sonde est de rigueur lorsque la dilatation de la vessie peut faire craindre sa rupture. La seconde série de causes appartient à celles qui doivent être écartées par l'instrument tranchant ou le traitement spécial des tumeurs qui forment l'obstacle.

SAIGNEMENT PAR LES NASEAUX

(HÉMORRHAGIES DES VOIES RESPIRATOIRES).

Elles se présentent rarement; on les observe chez le cheval et la bête bovine. Le sang est fourni par les cavités nasales ou par les poumons.

Symptômes. Dans l'hémorrhagie nasale ou *épistaxis*, le sang s'écoule goutte à goutte ou par un filet continu. Le liquide est d'un rouge vermeil ou foncé, non écumeux; il sort d'une narine, rarement des deux. Quoique la perte du sang puisse être grande, l'arrêt de l'épistaxis est ordinairement spontané.

Le sang dans l'hémorrhagie pulmonaire ou *hémoptysie* possède le même aspect que le précédent, mais il est écumeux et sort par flots des deux naseaux; le flux est accompagné d'accès de toux et d'une respiration courte, laborieuse.

Causes. Ces hémorrhagies sont déterminées par une congestion vers la tête ou les poumons, particulièrement quand l'animal se livre à des mouvements violents, et doit précipiter sa course pendant les chaleurs de l'été. L'excitation locale, la lésion, l'ulcération de la muqueuse nasale provoquent également l'hémorrhagie, comme on le remarque dans la morve; il arrive aussi qu'elle se produise sans cause apparente.

Traitement. La saignée est indiquée dans les fortes hémorrhagies nasales, lorsqu'elles ne sont pas produites par des ulcérations de la pituitaire; l'on y joint des aspersions d'eau froide sur la tête. Les injections d'eau vinaigrée, de liquides astringents, le tamponnement de la cavité nasale restent inefficaces. Les hémorrhagies ordinaires s'arrêtant spontanément ne demandent pas de traitement.

La saignée devient de rigueur dans l'hémoptysie, chez les animaux qui ne sont pas épuisés; puis la diète, des boissons acidulées par l'acide sulfurique; le repos absolu et un local frais. Des décoctions d'écorce de chêne sont administrées aux animaux faibles.

SAVEUR ET ODEUR DU LAIT.

Certaines substances alimentaires et médicamenteuses communiquent au lait leur saveur et leur odeur. Celles que des expériences positives ont fait connaître, sous ce rapport, sont :

a. Les plantes de la famille des alliacées, qui transmettent au lait une odeur et une saveur d'ail très prononcées.

b. L'absinthe lui donne un goût amer.

c. Les carottes données en abondance jaunissent le lait; la garance le teint en rose.

d. Le camphre, à haute dose, communique son odeur au lait; l'aloès le rend légèrement amer; la rhubarbe lui donne une nuance jaunâtre.

e. Les mamelles sont une voie d'élimination pour

l'iode et ses composés, ainsi que pour l'arsenic. Le lait d'une femelle soumise à un traitement arsenical doit donc être exclu de la consommation ; la dernière trace du poison ne disparaît que le trente-huitième jour après la dernière administration.

TOUX CHRONIQUE.

Toux qui se prolonge au delà du terme d'un rhume ordinaire et sans fièvre.

Nature. Cette toux peut tenir à différents principes : 1° à un état de spasme des organes respiratoires. La toux est vive, par quintes ou accès plus ou moins longs, après lesquels il y a un moment de repos. C'est la *toux convulsive, coqueluche.*

Quelquefois cette maladie accompagne l'asthme, d'autres fois elle n'est qu'un symptôme d'embarras gastrique ; enfin elle peut exister isolée.

Elle n'est accompagnée d'aucune excrétion considérable de matière. Cette toux devient très alarmante si elle continue longtemps ; elle conduit alors l'animal à la phthisie.

2° La *toux pituiteuse.* Cette toux provient d'un état de laxité des organes pulmonaires et de la trachée-artère qui sécrète une grande abondance de mucus, laquelle gêne la respiration et agace le larynx. La toux procure l'expulsion de ces matières. La toux n'est pas quinteuse, mais revient de temps à autre, quand un nouveau mucus s'est rassemblé. Elle n'est jamais vive et sèche, mais toujours pleine et grasse. Le plus souvent elle est sans danger, et dure ainsi quelquefois toute la vie de l'animal sans inconvénient. Mais d'autres fois elle est suivie de la pousse (asthme). Il n'est pas rare de voir la toux pituiteuse accompagner l'asthme.

3° *Toux stomacale.* Elle tient uniquement à des embarras gastriques ; l'estomac affecte les poumons par sympathie. Elle redouble après les repas ; il n'y a point d'appétit. Elle est profonde et sourde. Il y a ou non excrétion de mucus. Elle devient dangereuse en proportion du désordre de l'estomac, et souvent l'animal tombe dans le marasme par défaut de nutrition. Les jeunes veaux y sont surtout sujets.

Traitement. 1° *Toux nerveuse.* On purgera l'animal avec le bol purgatif suivant :

> Aloès . . . . 100 grammes.
> Jalap . . . . 30 »
> Miel, quantité suffisante.

pour s'assurer de l'état de l'estomac.

Après ce remède, on consultera l'état de l'animal. Si le pouls est fort, que les membranes apparentes soient rouges, les veines des yeux infiltrées de sang, on le saignera ; on lui donnera le breuvage mucilagineux :

> Graine de lin . . . . . 2 pincées.
> Pariétaire. . . . . . . une poignée.

Faites bouillir dans 1 litre d'eau ; donnez froid.

Et si la toux ne cédait pas encore, on emploierait le breuvage anti-spasmodique.

> Racine de valériane en poudre. . 120 grammes.

Faites bouillir dans deux litres d'eau, et faites réduire au tiers.

Faites y fondre :

> Assa-fœtida . . . . . . 30 grammes.

Et les bains de rivière. Enfin, on reviendrait à la purgation.

Mais si le pouls est faible hors le temps des quintes de toux, les membranes de l'animal pâles, et l'ensemble de la constitution peu vigoureux, on fera succéder à la première purgation le bol anti-spasmodique :

    Opium. . . . . 1 gramme 1/2.
    Diascordium. 16   »

2° *Toux pituiteuse*. On donne à l'animal le bol béchique incisif :

    Gomme ammoniaque . . 30 grammes.
    Miel, quantité suffisante .

On le continue pendant quelque temps. Mais le plus souvent il est difficile d'obtenir une guérison complète.

3° *Toux stomacale*. On commence par le purgatif :

    Aloès . . . . 120 grammes.
    Jalap 30   »
    Miel, quantité suffisante.

On fait succéder à ce remède l'usage de la poudre magnésienne :

    Magnésie en poudre . . 30 grammes.

dans une quantité suffisante de farine d'orge mouillée que l'on donne le matin. Quatre ou cinq heures après, on donne le bol stomachique :

    Aunée . . . . 60 grammes.
    Extrait de genièvre, quantité suffisante.

TYPHUS CHARBONNEUX.

Forme ordinaire sous laquelle il se déclare chez le mouton ; on lui donne le nom de *maladie de sang*. En ce qui concerne la fréquence de cette forme, le bœuf vient en seconde ligne ; le cheval et le porc en sont plus rarement atteints. La forme foudroyante prend ses victimes parmi les animaux les plus forts, les mieux nourris ; c'est par elle que s'annonce habituellement le début d'une épizootie charbonneuse.

Symptômes. Tout en mangeant et paraissant jouir de la meilleure santé, les animaux tombent et meurent dans les convulsions, en rendant du sang par la bouche, les naseaux et les autres ouvertures naturelles. Sur quelques individus, l'attaque n'est pas aussi foudroyante ; ils semblent revenir à eux, mais une seconde attaque ne tarde pas à mettre un terme à leur existence.

Quand la marche devient un peu moins rapide, des symptômes précurseurs graves annoncent l'issue fatale prochaine. Ces symptômes se concentrent sur le système nerveux cérébro-spinal ; la perturbation profonde de ses fonctions ne permet pas le doute sur la haute gravité du mal. Des animaux cessent tout à coup de manger, laissent pendre la tête et les oreilles, un tremblement universel s'empare d'eux, leur marche est chancelante ; on les dirait pris d'hallucinations, car ils semblent s'effrayer de tout, même de leur ombre, ou bien ils sont plongés dans le coma, ou bien encore une surexcitation provoque le délire ; les instincts et la vue sont abolis. Ils courent, se heurtant aux obstacles ; ils tournent en cercle et finissent par s'arrêter, les jambes écartées. La respiration, très accélérée, s'exécute irrégulièrement, par saccades ; le pouls, accéléré, est à peine perceptible ; les yeux, proéminents, injectés, sont brillants, égarés ; la peau est brûlante, ou le froid et le chaud

alternent. Aux approches de la mort, surviennent
des tremblements, des soubresauts des membres,
une respiration anxieuse, suspirante; les malades
chancellent, tombent, grincent des dents et meurent,
en perdant du sang par les ouvertures naturelles.
La durée de cet ensemble de phénomènes désordonnés ne dépasse pas une demi-heure, tout au plus
peut-elle se prolonger d'une à trois heures. A peine
l'animal a-t-il rendu le dernier soupir, que l'abdomen se météorise et que la putréfaction s'empare
du cadavre.

FIÈVRE CHARBONNEUSE DU CHEVAL
ET DU BOEUF.

Cette forme, un peu moins rapide dans sa marche est ou non accompagnée d'une éruption de tumeurs charbonneuses.

Symptômes chez le cheval. L'invasion subite s'annonce par des frissons suivis de chaleur à la peau,
dont la température devient fort variable. Pendant
cet accès fébrile, l'intelligence instinctive paraît abolie; les yeux, grandement ouverts, sont égarés, injectés, la conjonctive présente une teinte jaunâtre;
la langue est chargée. Le pouls est vite, irrégulier,
à peine perceptible; la respiration extraordinairement accélérée. A ces phénomènes vient se joindre l'inquiétude; les malades grattent du pied, se
couchent, se relèvent, se roulent comme s'ils étaient
atteints de colique; ou ils poussent au mur, se ca-
brent, montent dans la mangeoire; la sensibilité est
abolie. La respiration anxieuse s'accélère encore davantage, le pouls devient presque inexplorable; les

membres tremblent, sont pris de convulsions, de soubresauts, la sueur couvre le corps. Ces symptômes, sans succession régulière, surgissent d'une manière désordonnée ; ils sont rémittents ; de nouveaux accès, plus violents, plus désordonnés surviennent et l'animal succombe au bout de six à vingt-quatre heures ; parfois son existence se prolonge deux à trois jours. La guérison est rare, l'immobilité persiste ordinairement comme affection secondaire.

Symptômes chez le bœuf. De violents frissons, des tremblements musculaires, puis une chaleur brûlante caractérisent le début. Deux ordres de phénomènes surgissent après cet accès fébrile ; tous les deux décèlent le trouble des fonctions cérébrales : ou un hébétement comateux ou un délire furieux. Dans ce dernier cas, les yeux sont proéminents, injectés, le regard sauvage. Les muqueuses ont une teinte jaunâtre, le mufle est sec ; les excréments, durs, foncés, sont parfois mélangés de caillots de sang ; le lait, diminué, prend un reflet jaunâtre très prononcé. Le pouls, la respiration présentent les mêmes anomalies que dans l'espèce chevaline, et la bête périt dans les convulsions en un espace de douze à trente-six heures.

Lorsque la maladie prend une marche moins rapide, les symptômes n'ont pas cette violence désordonnée. Aux phénomènes cérébraux, sans exaltation, viennent se joindre la prostration et un amaigrissement qui fait des progrès prompts. Les yeux s'enfoncent dans les orbites, ils sont ternes, larmoyants ; une salive filante s'écoule de la bouche ; le mufle se parchemine et se gerce ; l'air expiré répand une odeur cadavéreuse ; une diarrhée sanguinolente enlève l'animal du troisième au septième jour.

Tumeurs charbonneuses. Pendant le cours de la
fièvre soit à son début, soit douze à vingt-quatre
heures après son invasion, des tumeurs s'élèvent à
diverses régions du corps ; petites d'abord, elles
croissent à vue d'œil et peuvent acquérir des dimensions énormes. Elles sont de trois espèces ; circonscrites, dures, chaudes et douloureuses ; bientôt elles
deviennent froides, insensibles, et passent à la gangrène. Leur contenu est une matière lardacée ; une
incision donne issue à une sérosité citrine sanguinolente. La seconde variété se compose de tumeurs
sans contours parfaitement limités ; elles sont molles, pâteuses, même fluctuantes, incolores et froides,
elles renferment un liquide citrin, traversé de stries
sanguinolentes. La troisième variété comprend
des tumeurs planes, qui deviennent vite emphisémateuses ; lorsqu'on passe la main sur la
peau, elle crépite comme du parchemin que l'on
froisse.

L'apparition des tumeurs est précédée d'une exacerbation des phénomènes morbides ; une amélioration décidée leur succède. Dans les cas favorables,
elles sont le point de départ de la guérison ; l'amélioration peut aussi n'être que passagère. Les symptômes reprennent leur gravité primitive, et la mort
arrive au terme que nous avons assigné.

Ces tumeurs frappent de gangrène les tissus sur
lesquels elles siégent, jamais elles ne suppurent.
Leur disparition spontanée est toujours une cause
de mort.

Symptômes chez le mouton. Lorsque la maladie du

sang ou le typhus charbonneux foudroyant se ralentit dans sa marche, on remarque un trouble des
fonctions cérébrales, qui disparaît. Le mouton
suit le troupeau, se met à prendre des aliments; une
nouvelle attaque survient, et, passant par ces alternatives d'exacerbation et de rémission, il succombe
en huit à dix heures. Les paralysies d'une oreille,
d'un membre, les hémiplégies ne sont pas rares à la
suite de ces attaques.

Les excréments, rares, durs, coiffés de mucus et
de sang, se trouvent bien aussi remplacés par du
sang pur; l'urine est souvent sanguinolente. Si la
maladie se prolonge de deux à trois jours, on rencontre dans le cadavre des dépôts de matière citrine
au pourtour des reins et du rectum.

Une forme, qui a reçu le nom d'*érésipèle charbonneux*, débute par la raideur dans la progression, ou
la claudication des membres postérieurs. En exami-
nant ces parties, on découvre à la face interne de la
cuisse une plaque foncée, bleu-rouge, qui ne tarde
pas à prendre de l'extension et à gagner le ventre,
ainsi que la poitrine. La peau devient violette, noirâtre; elle est tuméfiée, pâteuse ou crépitante, insensible et froide. La fièvre de réaction accompagne
ces phénomènes locaux, et en six à trente-six heures, le malade a cessé de vivre.

Symptômes chez le porc. Le début est précédé de
phénomènes généraux vagues, propres à plusieurs
affections graves et aiguës. Après douze ou vingt-
quatre heures, se montrent les symptômes caractéristiques; des taches rouge foncé, passant au violet,
au noirâtre et prenant une rapide extension, se présentent sur la peau du ventre, de la poitrine, du cou,

des membres postérieurs. La prostration prend le dessus, la peau se refroidit, et l'animal meurt dans les convulsions.

Autopsie. Les lésions constantes sont : météorisation, putréfaction presque instantanée ; écoulement d'un sang décomposé par les ouvertures naturelles ; muscles d'une couleur foncée, violette, ressemblant à de la chair cuite ; dans le tissu cellulaire, du sang épanché et une collection citrine, gélatiniforme, principalement dans le voisinage des ganglions lymphatiques, gangrène des tissus correspondant aux tumeurs charbonneuses. Épanchement d'un liquide sanguinolent dans les cavités ; organes membraneux de l'abdomen d'un rouge foncé, parsemés de stries et de taches sanguines ; foie, rate, poumons ramollis et gorgés de sang, surtout la rate dont le tissu est diffluent, et les poumons qui ressemblent à un caillot sanguin ; cerveau ramolli, moelle épinière diffluente dans la région dorso-lombaire ; partout un sang fluide, noir, poisseux.

Causes. La prédisposition réside dans la force de la constitution ; les animaux pléthoriques, adultes, bien nourris, ceux à l'engrais sont attaqués de préférence. La principale cause occasionnelle est le miasme des marais, agissant sous l'influence et avec le concours de la chaleur. Aussi voit-on les épizooties charbonneuses perdre en intensité dès que les pluies d'orage rafraîchissent l'air, et si l'abaissement de la température persiste, elles s'éteignent, comme on observe leur déclin et leur extinction en automne et à l'entrée de l'hiver. Les affections charbonneuses sont peu communes dans les étés qui ne se distinguent pas par des chaleurs fortes et continues ; elles sont rares ou inconnues dans les contrées assainies, d'où l'on a fait disparaître les marais.

L'imperméabilité du sous-sol peut, sans que le terrain paraisse marécageux, engendrer toutes les funestes conséquences auxquelles entraîne l'effluve paludéen. Les mares exclusivement alimentées par les eaux pluviales, tarissant en partie pendant l'été, n'offrent plus qu'une boisson bourbeuse qui concentre le miasme marécageux ; ces eaux sont aussi fatales que le miasme lui-même. Les débordements des rivières, des fleuves, laissent, après la retraite des eaux, de la vase qui, recevant les rayons du soleil, dégagent l'effluve.

Il arrive que les maladies charbonneuses sévissent aussi en hiver; c'est qu'il existe encore une autre cause. Les cryptogames parasites qui attaquent les plantes fourragères sont aussi aptes à faire naître ce genre d'affection que le miasme paludeux et les eaux marécageuses.

Traitement. Il reste le même, quelle que soit la forme. On saisit le mal à l'invasion, et on pratique une large saignée. Quand la maladie a fait quelque progrès et sur des animaux d'une faible constitution, les émissions sanguines sont nuisibles. En même temps, on administre le sulfate de soude, dont on favorise l'action par des lavements. Dès que la liberté du ventre existe, on passe aux breuvages excitants, dont le camphre, l'essence de térébenthine, l'ammoniaque forment la base ; la boisson consiste en eau acidulée par l'acide sulfurique. Les douches et les bains d'eau froide, répétés tous les deux à trois heures, sont un puissant moyen, trop négligé. Dès que la maladie semble vouloir se ralentir, on passe des sétons fortement animés par l'essence de térébenthine.

Les tumeurs charbonneuses réclament un traitement spécial ; les tumeurs étendues, non circonscrites, les emphysèmes sont largement incisés, puis injectés avec l'eau de Rabel et pansés à l'essence de térébenthine. Les tumeurs circonscrites peu volumineuses sont extirpées ; on cautérise avec un fer rouge, et on couvre la plaie d'essence de térébenthine, d'onguent vésicatoire. Les pansements sont renouvelés jusqu'à cicatrisation.

Les douches, les bains d'eau froide, les boissons acidulées sont les seuls moyens que l'on applique au porc. Le mouton ne supporte pas l'eau ; cet agent occasionne sur cet animal une mort subite ou des paralysies. Dès que les tumeurs charbonneuses commencent à paraître sur les autres animaux, il faut discontinuer l'eau froide.

Préservation. Dans toutes les maladies qui attaquent promptement la source de la vie, l'art médical reste le plus souvent impuissant ; il faut donc invoquer l'hygiène et lui demander de détourner le fléau. L'hygiène, en effet, offre les moyens d'atténuer les causes, d'augmenter la force de résistance des animaux. Aussitôt qu'une épizootie charbonneuse éclate, les animaux sont retirés des pâturages et espacés dans les étables, sous les hangars, dans des granges, où on leur donne des aliments peu abondants et d'une facile digestion. Des fourrages verts, frais, succulents, des carottes, des pommes de terre, les fruits des vergers qui tombent avant leur maturité, sont les plus convenables. Une diète absolue d'un jour, pendant lequel on ne présente que des boissons d'eau pure ou légèrement acidulée, diète qui est renouvelée au besoin, constitue un élément essentiel de la préservation, car toute surcharge de l'estomac, des aliments très nourrissants renforcent la prédisposition.

Un séjour frais et aéré, des bains fréquents d'eau courante ; à leur défaut, des douches ; s'abstenir de soumettre les animaux à des marches longues et fatigantes, tels sont les éléments des mesures conservatrices.

Possibilité de fabriquer plusieurs qualités de beurre avec le même lait.

La crème retirée du lait à mesure qu'elle monte à sa surface, offre des différences sensibles dans la qualité du beurre qui en provient.

L'expérience suivante mettra ce fait hors de doute.

On remplit de lait un grand pot de terre, très profond, un pot à beurre, par exemple, qu'on place dans un endroit dont la température est de 10 degrés Réaumur ; au bout de six heures, on enlève la couche qui s'est formée, et on la met en réserve dans un vase bien clos ; douze heures après, on sépare une seconde couche qui est mise également à part, et enfin, au bout de 36 heures, on recueille la dernière crème qui s'est formée.

La crème du même lait, ainsi divisée en trois parties, agitée séparément et au même instant dans trois bouteilles, présente trois qualités distinctes de beurre. La première est plus fine et plus délicate que la seconde et celle-ci plus que la troisième. On peut donc dans une même exploitation et avec le même lait, fabriquer du beurre de plusieurs qualités.

(F. Défays.)

TROISIÈME PARTIE

MALADIES DES BÊTES A LAINE

INTRODUCTION.

Choix du bélier

Pour avoir un bon bélier, choisissez celui qui a la
tête grosse, le nez camus, les naseaux courts et
étroits, le front large, élevé et arrondi, les yeux
noirs, grands et vifs, les oreilles grandes et couver-

tes de laine, les cornes fortes et bien recourbées, l'encolure large, le ventre grand, les testicules gros, la queue longue et forte à sa racine : il importe surtout que sa laine soit bien tassée et garnisse bien l'animal jusqu'aux pattes et sous la poitrine. Toutes ces précautions sont indispensables, car le bélier communique sa constitution aux petits : le bélier vit douze à quinze ans ; il préfère les vieilles brebis aux jeunes.

Choix de la brebis.

Par la même raison qui doit rendre sévère sur le choix du bélier destiné à la propagation du troupeau, il faut l'être également pour les brebis. Une bonne brebis doit avoir le corps grand, les épaules larges, les yeux gros, clairs et vifs, le cou gros et droit, le dos large, le ventre grand, les tetines longues, les jambes menues et courtes, et la queue épaisse. Comme il n'y a que la laine blanche qui reçoive des couleurs vives par la teinture, il faut avoir soin que le bélier et les brebis soient blancs, ou tout au moins que celles-ci n'aient que quelques taches brunes par devant ; il est encore essentiel que le bélier et les brebis soient en parfaite santé.

De l'accouplement.

Le bélier et les brebis peuvent s'accoupler à dix-huit mois et même avant ; mais pour prévenir l'affaiblissement des parents et la mauvaise constitution des agneaux, on fera mieux d'attendre qu'ils aient deux ans révolus : à sept ou huit, l'un et l'autre commencent à s'affaiblir, par conséquent ce sont les agneaux des bêtes de cet âge qu'il faut vendre préférablement. Les brebis entrent en chaleur, pour l'ordinaire, depuis le mois de novembre jusqu'à la fin d'avril; elles y sont en tout temps lorsqu'on les nourrit de pain de chènevis, et qu'on leur donne beaucoup d'eau salée : mais il vaut mieux les faire couvrir à l'époque où elles sont en chaleur naturellement. Un des signes de cet état est de monter les unes sur les autres ; une agitation peu ordinaire à ces paisibles animaux, de longs et fréquents bêlements achèvent de la caractériser : la surabondance de graisse rend les brebis infécondes.

Plusieurs auteurs éclairés prétendent qu'un bélier suffit à cent brebis, d'autres ne lui en veulent donner que la moitié, et beaucoup d'agronomes conseillent de ne lui en faire servir que vingt-cinq à trente. Sans nul doute un bélier peut suffire au moins au nombre moyen ; mais pour l'empêcher de s'épuiser et avoir des agneaux plus vigoureux, ne lui en faites servir que trente à quarante. Les brebis retiennent ordinairement de la première visite du bélier ; celui-ci se bat à coups de cornes et de tête dans le temps qu'il est en amour ; il redevient ensuite paisible comme le reste du troupeau.

De la mise-bas.

La gestation de la brebis est de cinq mois; pendant ce temps le berger veillera avec un soin particulier à ce que rien ne l'effraie et ne la porte à se jeter contre les arbres, les murs, les portes ou à se presser fortement contre les autres brebis, ce qui la

ferait avorter ; les brebis pleines ne doivent pas non
plus être menées trop vite, ni exposées à sauter des
fossés, des arbres abattus, de grosses pierres, etc. ;
on les nourrira mieux qu'à l'ordinaire, et on évitera
qu'elles mangent les herbes de la classe des emmé-
nagogues.

Soins à donner pendant la naissance.

La brebis ne produit ordinairement qu'un seul
agneau, quelquefois deux, et très rarement trois,
même cela n'est pas à souhaiter, attendu la faiblesse
des petits et la difficulté de les nourrir. A moins que
la brebis qui a deux agneaux ne soit très forte et que
ses mamelles ne soient bien remplies, qu'en même
temps la saison ne soit déjà bonne pour les pâturages, il ne faut pas lui laisser ses deux petits, à plus
forte raison faut-il en tout temps lui ôter le troisième.

On reconnaît l'approche de la mise-bas par de
fréquents bêlements, le gonflement des tetines qui
se remplissent de lait, et par un écoulement de sérosité qui s'échappe des parties génitales, et que les
bergers appellent les *mouillures*. Le berger observera
la brebis en travail ; si elle souffre trop longtemps,
il s'assurera si cela vient de ce qu'elle est trop
échauffée, trop agitée. Les oreilles plus chaudes
qu'à l'ordinaire, le pouls plus prompt que dans les
autres brebis, la langue et les lèvres sèches, le battement des flancs, sont les symptômes de la force de
constitution qui nuit à l'extraction de l'agneau : saignez alors la brebis, ainsi que nous l'avons conseillé
pour la vache en pareil cas. Si on s'aperçoit au con-

traire que ce retard est l'effet de sa faiblesse, on lui
fera boire deux verres de vin légèrement trempé
d'eau, ou de piquette, ou de boisson, ou de bière, ou
de cidre, ou de poiré : si l'on veut donner du vin pur
et fort, un verre suffira.

L'agneau se présente-t-il bien et sort-il sans difficulté, on laissera la nature opérer ; s'il a peine à
sortir, le berger huilera ses doigts et le retirera peu
à peu et doucement, au même moment où la brebis
fait elle-même des efforts pour le pousser au dehors.
Pour se bien présenter il faut qu'il montre le bout
du museau à l'ouverture de la matrice, qu'on nomme
aussi portière, et qu'il ait les deux pieds de devant
rapprochés au-dessous du museau, et un peu en
avant ; les deux jambes de derrière doivent être re-
pliées sous le ventre et s'étendre en arrière à mesure
qu'il sort du ventre de la brebis. Si l'agneau n'est
point dans cette situation, le berger huilera de nouveau ses mains, et tâchera de le retourner ; si la matrice s'irritait trop, on y injecterait un verre de décoction tiède de racines de guimauve. Le forceps
s'emploie avec avantage quand l'agnèlement est trop
laborieux. Quelques heures après que la brebis aura
agnelé, vous lui donnerez environ un demi-litre
d'eau blanche tiède, du son, de l'orge ou de l'avoine,
et la meilleure nourriture que pourra vous offrir la
saison : ces deux derniers grains, mêlés avec du son,
des navets, des carottes, des panais, des salsifis, des
poix cuits ou mis légèrement en ébullition après
avoir trempé vingt-quatre heures, des fèves cuites,
des choux, du lierre, augmentent le lait de la brebis. Quand l'allaitement de la brebis est trop pro-

longé, elle maigrit, dépérit, et sa laine perd beaucoup de sa qualité.

Soins à donner après la naissanee de l'agneau.

Lorsqu'une brebis est morte en agnelant, ou qu'elle n'a pas assez de lait pour nourrir, il faut donner son agneau à une autre mère qui aura perdu son petit, ou à une chèvre. Si sa mère adoptive refuse de le recevoir, on le couvrira de la peau de l'agneau mort, si cette peau est encore fraîche, ou plus simplement encore, on frottera l'agneau mort contre celui que l'on veut lui substituer : ce moyen réussit ordinairement pour tromper toutes les femelles. Le berger veillera à ce que l'agneau tette bien, à ce que d'autres agneaux ne lui dérobent pas son lait, à ce que sa mère soit en bonne santé. Il prendra garde qu'il ne souffre pas du froid ; en ce cas, il enveloppera le jeune animal d'un linge chaud, ou le couchera près d'un feu doux, de manière à ce que la tête revienne vers le ventre. Si la brebis a beaucoup de lait on peut la traire plus ou moins, selon la quantité de lait qu'elle peut avoir ; on met quelques grains de présure dans ce lait, et on le mange lorsqu'il est pris : cela s'appelle *de la caillette*, et fait de bons goûters pour l'été ; on en fait aussi des fromages,

Si l'on n'a ni brebis ni chèvre pour allaiter l'agneau privé de sa mère on le nourrit au biberon, comme il a été dit pour les veaux, soit au moyen d'une éponge ou d'un linge allongé en forme de pis, et que l'on trempe dans du lait tiède de brebis, de chèvre ou de vache ; on lui présente le biberon aussi souvent qu'il aurait teté sa mère, et on le tient bien chaud dans un panier rempli de plumes, afin de remplacer la chaleur qu'il aurait trouvée en se couchant contre elle ; si l'on veut ménager le lait, on peut de temps en temps donner à l'agneau de l'eau tiède chargée de farine d'orge.

Au bout de dix-huit à vingt jours, si l'agneau commence à brouter l'herbe, on peut lui donner la nourriture suivante, dans des auges peu profondes : de la farine d'avoine seule ou mêlée avec du son et des pois crevés dans l'eau bouillante (les bleus sont plus tendres et plus nourrissants que les gris, on les nomme pois de brebis) ; on peut écraser ces pois dans du lait pur ou coupé d'eau ; on peut aussi se servir de la farine d'orge, mais elle dégoûte les agneaux, parce qu'elle reste dans leurs dents ; de l'avoine ou de l'orge, en grain, le foin le plus fin, la paille d'avoine battue deux fois pour la rendre plus douce, du trèfle sec, des gerbées d'avoine, du sainfoin, des herbes des prés bas, au reste, ne donnez que très peu longtemps, et très rarement, du grain aux agneaux, parce que cette nourriture leur cause des indispositions.

On mange les agneaux à l'âge de trois semaines au plus tôt, à un mois et demi à deux mois au plus tard ; aux environs des villes on vend une grande quantité d'agneaux ; mais à moins qu'ils ne soient faibles, mal constitués, que les brebis n'en aient plus d'un, on aurait bien plus de bénéfice à les élever.

CONNAISSANCES PRÉLIMINAIRES.

DE LA SAIGNÉE.

Ordinairement on saigne les moutons à la jugulaire, à la saphène et à la veine angulaire. On pratique la saignée de la manière suivante : La personne qui aide l'opérateur assujettit le mouton entre ses jambes, en l'acculant dans l'angle d'un mur, afin qu'il ne puis se reculer, et lui soulève la tête. Après avoir coupé la laine à l'endroit de la saignée, l'opérateur étreint circulairement le bas du cou avec un lien qui fait gonfler la jugulaire. Il fait ensuite usage d'une petite flamme et du bâtonnet comme pour le cheval, ou bien il saigne à la lancette ; après avoir fixé la veine bien gonflée entre le pouce et l'index de la main gauche, il enfonce la lancette et la relève de manière à ce que l'ouverture ait un centimètre de longueur.

Le terme moyen du sang que l'on tire à un mouton, est de 250 à 275 grammes. La saignée s'arrête avec une épingle et du fil.

La saignée à la saphène (veine qui rampe à la face interne de la cuisse) n'exige aucune précaution particulière ; mais l'animal doit être assujetti d'une manière différente. La petite plaie se ferme de la même façon.

La saignée angulaire est conseillée par Daubenton comme étant plus facile, pouvant être pratiquée par un seul homme et n'exposant pas l'animal aux inconvénients que peuvent présenter les deux autres.

« Cette saignée, dit-il, se fait sur le bas de la joue

du mouton à l'endroit de la racine de la quatrième dent, qui est la plus épaisse de toutes, sa racine est aussi la plus grosse. L'espace qu'elle occupe est marqué sur la face externe de l'os de la mâchoire supérieure, par une tubérosité assez saillante pour être très sensible au doigt, lorsqu'on touche la peau de la joue. Cette tubérosité est un indice très certain pour trouver la veine angulaire qui passe au-dessus. Cette veine s'étend depuis le bord inférieur de la mâchoire du dessous, près de son angle, jusqu'au-dessous de la tubérosité qui est à l'endroit de la racine de la quatrième dent mâchelière; plus loin, la veine se recourbe et se prolonge jusqu'au trou sourcilier.

« Pour faire la saignée à la joue, le berger commence par mettre entre ses dents une lancette ouverte; ensuite il place le mouton entre ses jambes, et il le serre pour l'arrêter; il tient son genou gauche un peu plus avancé que le droit; il passe la main gauche sous la tête de l'animal, et il empoigne la mâchoire inférieure de manière que ses doigts se trouvent sur la branche droite de cette mâchoire, près de son extrémité postérieure, pour comprimer la veine angulaire qui passe dans cet endroit, et pour la faire gonfler. Le berger touche, de l'autre main, la joue droite du mouton, à l'endroit qui est à peu près à égale distance de l'œil et de la bouche. Il y trouve la tubérosité qui doit le guider; il peut aussi sentir la veine angulaire gonflée au-dessous de la tubérosité. Alors il prend de la main droite la lancette qu'il tient dans sa bouche, et il fait l'ouverture de bas en haut, à un demi-travers de doigt au-dessous du milieu de l'éminence qui lui sert de guide.

« La saignée à la joue est donc aussi sûre que facile, puisqu'on ne peut pas se méprendre à la situation du vaisseau, et qu'il est assez gros pour fournir
une quantité suffisante de sang. »

DE L'AMPUTATION DE LA QUEUE.

« Dans beaucoup de pays, dit M. Tessier, et en
« certaines saisons, les bêtes à laine, qui vivent
« d'herbes tendres, éprouvent des diarrhées qui sa-
« liraient leur queue, et celle-ci salirait la laine des
« cuisses ; la terre molle s'y attacherait aussi, le pis
« des femelles, distendu par le lait quand elles al-
« laitent, deviendrait sensible et douloureux s'il
« était frappé par cette queue chargée de crotte ; les
« brebis portières, à qui on a fait cette opération
« dans leur jeunesse, reçoivent mieux le mâle, et
« agnèlent sans que le cordon ombilical s'embar-
« rasse. »

L'amputation de la queue des jeunes agneaux se
fait dans les deux premiers mois de leur naissance.
On fait la section de la queue au moyen d'un cou-
teau bien tranchant, à 8 ou 10 centimètres de sa
naissance. Avant de faire cette amputation, on remonte la peau le plus possible, du côté de l'origine
de la queue, afin qu'elle puisse recouvrir plus facilement la plaie, qui se cicatrise promptement.

BOUQUET OU NOIR MUSEAU.

Ce mal, que l'on nomme encore, suivant les lieux,
*biquet, barbonquet, charbon, paire, faux nez, gra-
telle, feu sacré, verreine,* est une espèce de gale au

museau, qui s'étend parfois jusqu'aux tempes et au-
dessous de l'oreille ; récente, cette maladie se guérit au moyen d'un onguent de soufre et d'huile d'o-
lives, avec lequel on frotte le museau une fois par
jour ; ancienne, et par conséquent plus tenace, cette
gale veut l'emploi d'un onguent composé de parties
égales de chènevis pilé, de soufre, ellébore noir,
euphorbe, le tout incorporé ensemble.

Le *bouquet*, spécialement nommé *gratelle*, attaque
les agneaux qui ont mangé de l'herbe humide, et
presque toujours il est mortel pour ceux qui tettent
encore : employez un mélange d'hysope ou autre
herbe pilée, et de sel ; frottez-en le museau, et lavez
avec du vinaigre.

Comme le plus grand nombre des maladies du
mouton, celle-ci se communique ; en se frottant
au râtelier, les bêtes malades y déposent le virus,
que les bêtes saines touchent ensuite de leurs lèvres : il est donc important d'isoler les premières ;
et lorsqu'il les aura pansées, le berger, avant de rentrer dans la bergerie, se lavera les mains avec du
vinaigre. Si le mal persiste, il faudra saigner l'animal à la jugulaire, de la même manière que les
bœufs, mais avec un canif, et ne lui tirer qu'un quart
de litre de sang.

CLAVELÉE.

Ce nom a été donné à la variole du mouton, parce
que les pustules ressemblent à la tête d'un clou. La
clavelée, fréquente dans certains pays, n'apparaît
que de loin en loin en Belgique.

Symptômes. A des phénomènes fébriles précur-

seurs très prononcés, succèdent en plus ou moins
grand nombre, à diverses régions du corps, principalement à la tête, à la face interne des cuisses et
aux parties les moins garnies de laine de la poitrine et du ventre, de petites taches rouges, ressemblant à des morsures de puce. Du troisième au quatrième jour, de petit boutons s'y élèvent ; trois ou
quatre jours après, l'épiderme est soulevé par une
lymphe claire, limpide, qu'on appelle *claveau*. Celui-
ci se trouble, devient purulent, et les pustules
prennent un aspect blanc jaunâtre ou bleuâtre ; elles sont entourées d'une auréole. Deux à trois jours
après la période de suppuration, la pustule commence à se flétrir et à sécher ; l'épiderme s'épaissit,
perd sa transparence et forme avec le pus désséché
une croûte d'un brun noir, sous laquelle un nouvel
épiderme se régénère. Du huitième au quatorzième
jour, la croûte tombe ; la place qu'elle a occupée est
rouge, dégarnie de laine ; les poils laineux qui
viennent par la suite restent clair-semés.

La fièvre au début gagne en intensité pendant la
période d'éruption ; les yeux sont rouges, larmoyants ;
une matière limpide qui devient épaisse, muqueuse,
s'écoule par les naseaux ; la bouche laisse échapper
de la bave, et la perspiration cutanée répand une
odeur douceâtre spécifique, nauséeuse.

Lorsque les pustules sont parvenues à maturité,
la fièvre se calme, pour se réveiller pendant la période de suppuration ; elle disparaît lorsque commence la période de dessication, et l'animal entre
en convalescence. Dans les cas qui doivent avoir
une issue fatale, la fièvre redouble, prend un caractère adynamique ; les sécrétions de la bouche et des

naseaux répandent une mauvaise odeur; une diarrhée colliquative met un terme à la vie.

La durée totale de la maladie, y compris la chute des croûtes, est de trois à quatre semaines. Endéans les quatorze premiers jours, la tendance favorable ou défavorable qu'elle veut prendre n'est pas équivoque.

Marche. Lorsque la clavelée éclate dans un troupeau, elle commence par attaquer un ou deux individus; puis le nombre augmente à des intervalles correspondant à la durée de la période d'incubation, soit huit à quatorze jours. Ultérieurement le nombre des malades s'accroît chaque jour; mais il se passe plusieurs mois avant que toutes les bêtes soient atteintes. Quelques individus, que l'on peut évaluer à deux ou trois pour cent, en restent préservés.

Différences. Dans le cours d'une épizootie claveleuse, il se présente des déviations de la marche ordinaire, qui méritent d'être signalées.

Sur des animaux faibles et par des temps froids et pluvieux, les pustules ne se développent pas, elles ne contiennent que des traces de sérosité. La marche n'en est pas moins normale, seulement la maladie ne parcourt point ses périodes avec la même rapidité. Ou bien la sérosité fait complétement défaut, l'éruption irrégulière reste à l'état boutonneux. Les pustules sont isolées, *discrètes,* ou très nombreuses et serrées; elles se confondent et deviennent *confluentes.* Cette circonstance est toujours fâcheuse; elle donne lieu à la tuméfaction de régions étendues de la peau, à des ulcérations profondes, à la gangrène. Des fœtus contractent la clavelée dans le sein de leur mère.

Quel que soit son état de simplicité ou de complication, la clavelée constitue une maladie fort grave. Dans les conditions les plus favorables, la perte peut aller de dix à vingt pour cent, atteindre même cinquante pour cent et au delà. On doit s'attendre à des pertes considérables, lorsque l'éruption est abondante, irrégulière.

Autopsie. A l'inflammation des organes internes vient se joindre l'évolution des pustules sur les membranes muqueuses et parfois sur les séreuses.

Causes. La clavelée a un développement spontané dont l'origine est inconnue; sa genèse la plus commune dépend de la contagion, à laquelle plusieurs voies sont ouvertes. Le contact avec un mouton claveleux ou convalescent; le parcours de pâturages, de sentiers par où ont passé peu auparavant des troupeaux malades; le transport du virus par des corps auxquels il adhère, tels sont les peaux, le fumier, les hommes, etc. Le virus imprègne la lympe des pustules, les sécrétions et les excrétions; il est volatil et se transmet par l'air aux troupeaux voisins, à une distance de plusieurs centaines de pas.

Traitement. La maladie doit parcourir toutes ses périodes; il n'est pas d'agent capable de l'arrêter dans sa marche, sans mettre la vie de l'animal en danger. Les efforts doivent tendre à neutraliser toutes les circonstances capables de rendre la clavelée irrégulière, maligne. Les bêtes vieilles, cachectiques, sont à écarter du troupeau; mieux vaut les sacrifier immédiatement que les conserver. Des bergeries resserrées, étouffantes, des temps froids, pluvieux, chauds et humides, les orages sont autant de conditions défavorables que l'on évite, autant qu'il est en son pouvoir de le faire

Ces précautions préliminaires prises, on choisit un séjour spacieux, frais, où l'air se renouvelle ; on observe la plus exquise propreté; on veille à ce que le corps ne s'échauffe pas par le mouvement, ni ne se refroidisse par la pluie. Des racines, du vert en petite quantité, des boissons à la farine, au son, auxquelles on ajoute du nitrate de potasse, si la fièvre d'éruption est forte, voilà le traitement, il est entièrement hygiénique ; la clavelée n'en réclame pas d'autre, aussi longtemps qu'elle ne dévie pas de sa marche normale. Quand elle en dévie, la médication est compliquée, fort coûteuse et très incertaine. Il est donc préférable de sacrifier les malades ou du moins de les éloigner du troupeau.

Mesures de police sanitaire. Elles tendent à garantir de la contagion les animaux sains. Comme les propriétaires ne comptent pas sur la visite de la clavelée, ils ne prennent point d'avance leurs dispositions économiques ; d'ailleurs, les mesures préconisées n'offrent aucune garantie. L'isolement du troupeau infecté ne saurait empêcher l'air imprégné de particules virulentes de pénétrer dans un domaine. Il ne reste qu'un moyen de conjurer le danger, c'est d'avoir recours à la clavelisation.

Clavelisation. Cette pratique a pour but de communiquer artificiellement la maladie à des bêtes saines. Elle offre l'immense avantage d'imprimer un cours bénin à la clavelée, de diminuer considérablement la mortalité, qui se réduit à un ou deux pour cent, et qui parfois est nulle ; de mettre en quelques semaines un terme à la maladie qui, abandonnée à son cours naturel, se prolonge pendant des mois. Comme la clavelée n'attaque un individu qu'une fois dans sa vie, la maladie artificielle l'en préserve, aussi bien que la naturelle prévient les récidives.

Dans les contrées où la clavelée fait de fréquentes apparitions, on inocule, chaque année, les agneaux âgés de quelques mois ; on choisit à cet effet la saison la plus favorable. Là où la maladie est rare, on n'y a recours que quand le danger devient imminent ou que déjà le mal a pénétré dans le troupeau. On s'empresse d'en séparer les malades et d'inoculer les bêtes saines.

Procédé. La clavelisation consiste à insérer sous l'épiderme, au moyen de l'aiguille ou de la lancette, la lymphe des pustules ou le claveau.

Le claveau clair, limpide, est puisé dans des pustules parfaitement développées, du sixième au huitième jour après l'éruption naturelle, du dixième au douzième après une première clavelisation. Dans le premier cas, on donne la préférence aux éruptions bénignes ; dans le second, on puise sur les individus dont les pustules accessoires sont le moins nombreuses.

La région la plus convenable à l'insertion est la face interne de l'oreille et la face inférieure de la queue, à deux ou trois pouces de distance de l'anus. Pour l'oreille, l'animal reste debout, maintenu par un aide ; pour la queue, on le fixe sur une table. L'aiguille ou la lancette chargée de claveau est introduite sous l'épiderme, il suffit d'une seule piqûre.

Marche. Du troisième au quatrième jour apparaît

une tache rouge, au centre de laquelle se forme un bouton qui a acquis son entier développement du huitième au neuvième jour; du dixième au onzième, la pustule parvient à maturité ; du douzième au treizième, la dessication commence, et huit à quatorze jours après, la croûte tombe.

Les précautions à prendre à l'égard des bêtes clavelisées consistent à leur donner un séjour frais et sec. Une température élevée, l'encombrement ont des conséquences fâcheuses. En été, on les laisse à l'air; en hiver, on les renferme dans des bergeries bien aérées.

Le régime diététique, durant la période d'éruption, est le même que celui recommandé pour la maladie naturelle.

Une dizaine de jours après la clavelisation, on passe le troupeau en revue, et on réinocule ceux sur lesquels la première opération n'a pas réussi.

DARTRES.

Les dartres produites ordinairement par les mêmes causes que la gale, demandent aussi presque le même traitement.

Les cataplasmes appliqués sur les dartres seront composés de farine de lin bouillie dans du lait. On les frottera sur la fin avec parties égales d'huile de laurier et d'onguent mercuriel.

Quand les dartres sont très anciennes, il faut se contenter de les laver plusieurs fois le jour avec du lait coupé d'eau, et les frotter le soir avec l'onguent populéum. On l'enlève le matin pour lotionner de nouveau.

FIÈVRE INFLAMMATOIRE.

La fièvre est rémittente quand elle présente des moments de bien-être, où la chaleur fébrile continuant cependant toujours, l'appétit renaît un peu et le pouls cesse aussi d'être agité.

Ces moments de rémittence se présentent surtout le matin. Ordinairement cette fièvre présente des symptômes moins graves que l'inflammatoire continue, et le pouls n'est jamais aussi fort. Mais si elle dure, elle peut affecter, à la longue, la constitution de l'animal et causer sa perte.

Souvent cette maladie se présente avec des phénomènes gastriques. On y observe alors la couleur jaune des membranes apparentes.

Causes. Les causes des fièvres inflammatoires et bilieuses modifiées par l'état du sujet.

Traitement. La cure indiquée pour les fièvres inflammatoires ; on ne saignera point, ce qui est ordinairement inutile, la fièvre présentant beaucoup moins de force.

S'il y a des symptômes gastriques, on emploiera les remèdes suivants : la boisson acidulée :

> Décoction de chiendent . . . . 2 litres.
> Nitrate de potasse (sel de nitre). 4 grammes.

On place cette boisson froide devant le mouton qui en prend à sa soif.

Le lavement tempérant :

> Décoction de mauve. . . . 1/4 de litre.
> Nitrate de potasse. . . . . 5 grammes.

On donne ce lavement froid.

Le breuvage purgatif :

> Séné. . . . . 16 grammes.

Faites infuser dans un verre d'eau bouillante. Passez dans un linge, en ayant soin de bien presser ; ajoutez :

> Sulfate de magnésie . . . 16 grammes.

On emploie également le petit-lait, en leur administrant un ou deux verres.

FOURCHET DU MOUTON.

Le mouton possède entre les rayons inférieurs des membres un canal dont l'inflammation constitue le *fourchet*.

Symptômes. La matière sébacée que sécrète le canal s'y accumule ; cette matière, blanche, épaisse, en sort sous la forme d'un ver, quand on fait mouvoir les onglons et qu'on les presse légèrement l'un contre l'autre. Le mouton boite et cette circonstance appelle l'attention sur le mal qui, négligé, conduit à l'ulcération et produit de graves désordres dans le pied.

Cause. L'introduction accidentelle de corps étrangers dans le canal.

Traitement. La manœuvre précitée fait sortir la matière sébacée du canal ; celle-ci entraîne avec elle les corps étrangers. On y introduit ensuite quelques gouttes d'une solution de sulfate de cuivre.

Si le fourchet ne cède pas, on extirpe le canal. Cette opération se pratique en y introduisant la pointe d'un instrument tranchant ; on le fend supérieurement, ainsi que la peau ; le canal, maintenu à l'aide d'une pince, est séparé du tissu cellulaire et extrait en entier. La plaie qui en résulte, enveloppée d'une bande, ne tarde pas à se cicatriser.

FRACTURE DES CORNES.

Quand le mouton s'est cassé une corne, et qu'elle n'est pas tombée entièrement, on la coupe à l'endroit de la rupture avec un fer tranchant rougi au feu ; on peut encore la scier jusqu'à l'os qui forme la seconde corne : on tiendra bien ferme la tête de l'animal.

On emploie aussi ces moyens lorsque les cornes se recourbent de manière à blesser l'animal. Si la première opération produit beaucoup de sang, pilez une poignée d'orties et de sel, appliquez sur la partie, et garnissez-la d'étoupes. Employez aussi l'amadou, et la poudre de lycoperdon.

GALE DU MOUTON.

Cette affection est une calamité pour le troupeau dans lequel elle s'introduit, non pas qu'elle menace davantage la vie du mouton que celle des autres animaux, mais parce qu'elle détériore considérablement la laine, le principal produit des bergeries.

Symptômes. La gale se déclare spontanément dans les troupeaux, lorsqu'ils sont exposés à des pluies froides continues. La toison trempée d'eau se sèche difficilement ; elle dissout le suint, matière savonneuse qui ramollit l'épiderme ; le derme s'infiltre, l'épiderme se détache ou se gerce, et il suinte un sérum âcre, jaune verdâtre. Placés dans de meilleures conditions ou par suite d'un changement dans

l'état de l'atmosphère, ces phénomènes se dissipent.
Si la cause persiste, la gale se déclare chez quelques
animaux ; bientôt tout le troupeau est infecté, et en
cherchant avec un peu de soin on découvre l'acare
sur le bord des croûtes.

Le mouton galeux se frotte contre les corps à sa
portée, il se gratte avec les pieds, et se mord là où
il éprouve des démangeaisons. La laine se feutre, se
salit, elle est arrachée par flocons ; de grandes étendues de la peau se dégarnissent, elles se couvrent
de croûtes ; la peau s'épaissit, ressemble à du parchemin ; les animaux maigrissent, toussent et périssent dans le marasme. Cette issue fâcheuse n'a
lieu qu'au bout de plusieurs mois.

Traitement. Deux modes se présentent : les frictions et les bains.

Par les frictions, les plaques galeuses sont couvertes d'un enduit ; par les bains, on plonge le corps
dans un liquide antipsorique ou on le lave avec ce
liquide.

Les frictions ont l'avantage de pouvoir être appliquées en toutes saisons ; elles offrent, par contre,
l'inconvénient de laisser échapper de petites plaques
galeuses et de n'être ainsi que des palliatifs. On a
recours aux frictions quand les circonstances ne
permettent pas d'utiliser les bains.

Le jus de tabac, les décoctions concentrées de tabac avec addition d'essence de térébenthine, d'huile
empyreumatique sont les moyens les plus efficaces ;
ils ont le grand désavantage de colorer la laine.
Aussi leur préfère-t-on généralement les bains.

Les bains donnent la garantie d'une cure radicale,
et la possibilité d'extirper la gale d'un troupeau.

L'époque la plus opportune pour leur emploi est l'été, immédiatement après la tonte. Le bain de Tessier se compose d'un kilogramme d'arsenic, de dix kilogrammes de sulfate de fer et de quatre-vingt-quatorze litres d'eau. Il suffit d'y plonger une fois les animaux pour obtenir une guérison complète. On ne saurait méconnaître que l'énorme dose d'arsenic ne rende ce bain très dangereux et n'exige de grandes précautions. Ce n'est donc pas sans motif que l'on donne la préference au bain de Walz, tout aussi efficace, et n'offrant pas la chance d'empoisonner les animaux ainsi que ceux qui les manient dans les manœuvres du bain.

Ce bain se compose de :

Chaux vive	1,000 grammes.
Potasse.	1,250 »
Huile empyreumatique .	1,500 »
Goudron	0,750 »
Urine de vache	50 litres.
Eau.	200 »

On éteint la chaux vive par l'eau ; on ajoute insensiblement de ce liquide jusqu'à ce qu'elle arrive à l'état de bouillie, puis on y mélange la potasse, et à l'aide de l'urine, on forme du tout un lait de chaux assez consistant, auquel on ajoute l'huile et le goudron. On délaie le tout avec le restant de l'urine et de l'eau.

Ce liquide est préparé dans une grande cuve; deux autres cuves se trouvent à portée. Deux hommes prennent le mouton par les membres, un troisième tient la tête ; il est plongé dans le bain, où on le maintient assez de temps pour que la peau se mouille sur toute son étendue, la tête exceptée. L'animal, retiré du bain, est placé sur ses membres dans une cuve vide ; deux hommes expriment le liquide qui imprègne la laine, et frottent les plaques galeuses au moyen d'une brosse trempée dans la liqueur du bain ; toutes les croûtes sont enlevées. Le liquide qui s'écoule de la surface du corps peut de nouveau être utilisé.

L'opération terminée, les moutons sont exposés au soleil ; s'il pleut, on les renferme dans la bergerie pourvue d'une litière fraîche.

Après huit jours, on répète le bain, et dans l'intervalle on applique le liquide sur les croûtes, au moyen d'une brosse rude. Il est rare que l'on doive avoir recours à un troisième bain.

Mesures de police sanitaire. Si la gale du mouton ne se transmet pas aux animaux d'espèces différentes, elle est éminemment contagieuse pour ceux de même espèce, non seulement par le contact immédiat, mais encore par des corps intermédiaires. Des moutons sains, introduits dans des bergeries, des pacages occupés par des bêtes galeuses, passant près des arbres, des haies, contre lesquels ces dernières se sont frottées, contractent la gale, lorsque les flocons de laine chargés d'acares y sont restés appendus. Dans un intérêt conservateur, il faut donc que les autorités interdisent la libre circulation aux troupeaux galeux.

GONFLEMENT DES MAMELLES.

Symptômes. Lorsqu'on sèvre trop brusquement les agneaux, ou qu'on les tue sans prendre aucune précaution pour le lait de la mère, il en résulte des engorgements laiteux, extrêmement douloureux et suivis quelquefois d'accidents très graves.

Cause. La saleté du fumier peut engendrer le mal.

Traitement. Il faut suivre le même traitement que pour l'obstruction du lait des vaches, en ayant égard à la dose; outre cela, on fait boire à la brebis de l'eau mêlée de sel marin, c'est presque là sa seule nourriture.

Quand la maladie s'aggrave, il faut frictionner la mamelle avec un liniment volatil.

HYDRORACHITIS.

Agneau dans le premier mois de sa vie, ne pouvant pas se soutenir sur ses extrémités antérieures ou postérieures, et quelques jours après ce premier symptôme, ne pouvant plus soutenir sa tête et ayant les yeux égarés et convulsifs.

Symptômes. Par ses premiers symptômes, cette maladie se confond souvent, quand ce sont les extrémités postérieures qui sont attaquées, avec une maladie peu dangereuse, dont nous avons traité sous le nom de *lombaire* (*faiblesse*). Mais il arrive le plus souvent, dans l'hydrorachitis, que ce sont les extrémités antérieures qui donnent les premières des signes de faiblesse. L'animal conserve pourtant sa gaîté, son appétit, mais il est forcé de s'appuyer sur les genoux ou sur les fesses.

Du cinquième au dixième jour les symptômes empirent. L'animal ne peut plus se soutenir; il ne tette plus avec appétit; il a le dos voûté, la tête pendante, les yeux égarés, chassieux, convulsifs. La mort ne tarde pas à suivre ces symptômes. A l'ouverture, on trouve une grande quantité de liqueur séreuse rassemblée entre les membranes de la moelle épinière. Le cerveau participe le plus souvent à l'épanchement, et l'hydrocéphale complique ainsi l'hydrorachitis.

Causes. La cause déterminante de la maladie est obscure. On l'a attribuée à la mauvaise lactation, à la nourriture malsaine de la mère, sans qu'on ait pu citer un fait décisif à cet égard.

Traitement. On emploie les frictions sèches sur l'épine, l'application de la charge :

Opium. . . . . 4 décigrammes.
Vin chaud . . . . . 1 verre.

sur les reins et sur plusieurs autres points de la colonne vertébrale. On donne l'eau martiale pour unique boisson, et chaque matin le breuvage fondant :

Eau de forge . . . . . 1 verre.
Huile de cade . . . . 8 grammes.

Une heure avant l'administration de celui-ci, on donne six à huit gouttes d'éther sulfurique dans un demi-jaune d'œuf.

MALADIE DE SANG, CHALEUR OU LOURDIE.

C'est, à proprement parler, l'apoplexie du mouton. La pléthore en est la première cause ; la grande ardeur du soleil, une nourriture trop considérable et trop nutritive, de fortes courses, en sont les causes secondaires, et suffisent quelquefois pour déterminer les attaques. Le mouton tient la bouche ouverte pour mieux respirer ; il râle, il bat des flancs, il rend le sang par le nez, et le globe de l'œil devient rouge ; de tels symptômes ne souffrent pas d'hésitation ; saignez promptement à la veine angulaire, c'est-à-dire à celle qui passe au bas de la joue ; laissez ensuite l'animal couché à l'ombre et tenez-le à la diète pendant un ou deux jours.

MAL DE SOLOGNE OU MAL ROUGE.

Malgré la ressemblance des symptômes, ne confondez point, dit le savant Teissier, *le mal de sologne avec la maladie du sang, ou lourdie* ; vous saignerez le mouton de même à l'instant, quoique souvent cette saignée ait peu d'efficacité : si vous parvenez à le guérir, empressez-vous de le vendre, car il ne tarderait pas à éprouver une rechute mortelle, ou tomberait dans la pourriture : la plus grande différence entre la maladie précédente et ce mal, c'est que, dans ce dernier cas, l'animal est déjà languissant, qu'il bave, tandis que dans l'autre, il est plein de vigueur et ne rend que du sang.

MALADIE DES BOIS, MALADIE GRAVE
DE CHABERT.

Inflammation de l'estomac, manifestée par la tension, la chaleur et la sensibilité de la région de l'estomac (vers la onzième côte à gauche), qui se remarque, surtout quand on veut y porter la main, aux mouvements de l'animal. Un pouls dur et fréquent. L'animal reste presque constamment couché.

Symptômes. Soif véhémente, perte de l'appétit, cessation de la rumination, convulsions dans les jambes, battements des flancs, gémissements, tels sont les symptômes qu'elles présentent, réunis à ceux que nous avons indiqués aux caractères généraux.

Chez elles, ce mal procède avec rapidité et cause la mort en 48 heures.

Causes. Les substances âcres, irritantes que l'animal peut avoir englouties, le poivre long, l'arsenic, le sublimé corrosif, les purgatifs âcres, les jeunes pousses de bois. Cependant il survient aussi dans les sujets très irritables, pour des causes moins graves et pour des erreurs de régime : l'abus de l'avoine, des gerbées, des courses violentes, la boisson froide, les refroidissements.

Traitement. On donnera à boire à l'animal une grande quantité de décoctions froides de graine de lin, de guimauve, de l'huile d'olive ou du lait, et on continuera à en faire engloutir tant que les symptômes dureront.

Le corps sera entouré de draps, que l'on baignera aussi dans les mêmes décoctions ou dans l'eau froide, et sous lesquels on appliquera des feuilles de mauve cuites.

On donnera un grand nombre de lavements mucilagineux :

> Feuilles de mauve. . . 2 poignées.

Faites bouillir dans un litre d'eau.

On administre tiède.

Si la suppuration s'établit, on soutiendra les forces de l'animal par des croûtons, de la farine d'orge, les lavements nutritifs suivants :

> Lait de vache ou autre lait. . 1 litre 1/4.
> Jaunes d'œufs au nombre de trois.

Battez bien ensemble.

Et en même temps on donne beaucoup de boissons pour entraîner les matières. Si le pouls baisse, on donne le breuvage fortifiant :

> Thériaque . . . . 8 grammes.

dissous dans un verre de vin chaud.

Si les signes annoncent la gangrène, on donnera le bol tonique excitant :

> Rue en poudre. . . . . . 60 grammes.
> Extrait de genièvre . . . 1 kilogramme.

et le breuvage fortifiant dont il est parlé plus haut à des distances rapprochées.

Cette dose servira pour donner en deux fois, à 20 moutons malades, à raison de 1 once 1/4 par fois à chaque bête malade. Elle servirait donc pour trente à quarante fois à une bête malade.

MÉTÉORISATION OU INDIGESTION.

Symptômes. Cette maladie débute par le gonflement du ventre et surtout du flanc gauche. L'animal est triste, immobile et comme stupéfié, il respire difficilement ; bientôt cette difficulté de respirer augmente, il chancelle et tombe asphyxié. La maladie marche si rapidement que trois ou quatre heures suffisent quelquefois pour amener la mort.

Causes. Elle se manifeste principalement quand les animaux mangent du trèfle ou de la luzerne après des pluies ou de fortes rosées.

Traitement. Dans ce cas, on donne le breuvage éthéré suivant :

> Infusion de genièvre froide. 1 verre.
> Éther sulfurique. . . . . 2 grammes.

Dans les cas pressés, on donne l'éther dans un peu d'eau et de vin.

On peut les remplacer par l'eau de savon ou l'ammoniaque, à la dose de 20 à 25 gouttes dans de l'eau.

Dans tous les cas, il est bon de presser doucement les flancs de l'animal avec les mains, et on tâche de le faire frotter jusqu'à ce qu'il ait fienté et que l'enflure soit diminuée.

MUGUET DU MOUTON.

Inflammation vésiculeuse de la muqueuse buccale des nouveau-nés des espèces ovine et bovine.

Symptômes. Légers mouvements fébriles ; chaleur et rougeur de la cavité buccale ; les jeunes animaux prennent souvent le mamelon, qu'ils abandonnent aussitôt. Visitant la bouche, elle se montre très rouge ; les gencives sont tuméfiées. Il s'élève sur la membrane des points blancs ou jaunâtres qui se transforment en vésicules ; elles s'ouvrent ; la muqueuse se détache par plaques et se couvre d'une couche formée de mucosités et de végétations cryptomagiques. Cet état aggrave la maladie en ce qu'elle empêche les jeunes sujets de prendre la mamelle ; ceux d'une faible constitution, ne pouvant résister à ces privations, sont pris de diarrhée ; les places dénudées s'ulcèrent ; ils tombent dans le marasme et périssent. Sur les nourrissons vigoureux et bien entretenus, l'épithélium se régénère, la chaleur disparaît, ils se remettent à teter avec d'autant plus d'avidité qu'il y a eu privation.

Causes. On accuse les succions inutiles, lorsque

les mères n'ont plus de lait ; un lait gras et riche, son séjour trop prolongé dans la caillette ; les aigreurs des premières voies.

Traitement. La bouche est lavée avec du lait et de l'eau, qui sert aussi de boisson. Dès que les vésicules se sont ouvertes, on promène plusieurs fois par jour, dans la cavité buccale, une baguette à l'extrémité de laquelle est fixé un linge trempé dans une infusion de sauge additionnée de miel, et d'alun ou de borax.

Les malades sont tenus dans un local chaud et sec ; on leur fait avaler du lait sous forme de breuvage, et on a soin de traire les mères, si les mamelles continuent à sécréter.

PARALYSIE DES AGNEAUX.

Rien dans le cours de cette maladie, ne justifie le nom de *paralysie* qui lui a été donné. Les phénomènes que présentent les organes locomoteurs, leur trouble fonctionnel dépendent d'une affection des organes digestifs, qui se traduit ordinairement sur le cadavre par l'inflammation des quatre réservoirs gastriques.

Symptômes. L'abattement, le dégoût, la lenteur, le décubitus fréquent, les oreilles pendantes sont les phénomènes précédant de vingt-quatre à quarante-huit heures le début de la maladie. L'attitude des jeunes animaux dénote la souffrance ; ils restent immobiles, le dos voussé ; la marche est roide ; couchés, on parvient difficilement à les faire lever ; ils sont constipés. Incapables bientôt de se tenir debout, ils se traînent sur les genoux ; enfin, ils restent couchés sur un côté et donnent à peine des signes de vie. A la constipation succède la diarrhée, qui les enlève vers le huitième ou le dixième jour. Si la maladie ne prend pas une tournure favorable, avant la manifestation des phénomènes diarrhéiques, la guérison devient un fait rare, et les convalescents sont en majeure partie enlevés par des maladies secondaires.

Autopsie. On ne rencontre pas de lésions constantes; l'inflammation des quatre estomacs, l'engouement du foie sont les altérations les plus ordinaires.

Causes. Les agneaux contractent cette affection vers l'âge de deux à trois semaines; elle est fort rare une fois qu'ils ont dépassé leur sixième semaine. Parfois elle prend un caractère épizootique et enlève de la moitié aux deux tiers des malades. Sa source découle d'un lait trop excitant, dû à une alimentation substantielle distribuée en excès aux brebis mères.

Traitement. La modification du régime des mères est la première indication; la seconde consiste à rétablir la liberté du cours du ventre des agneaux ; elle est remplie par une solution de sulfate de soude, administrée d'heure en heure.

PIÉTIN.

Affection particulière au mouton, qui débute par une inflammation suivie d'ulcération de la partie supérieure interne de l'onglon.

Symptômes. L'animal commence par boiter d'un pied ; l'onglon est chaud, sensible, et la peau interdigitée un peu plus rouge. Du deuxième au troisième jour, la peau dans le voisinage de la couronne, surtout postérieurement vers les talons, transsude un liquide limpide, visqueux, d'une mauvaise odeur ; il devient plus abondant et prend les caractères de la sanie. A cette période de la maladie, et même plus tôt, la corne se détache de la couronne. L'ulcération gagne en étendue, la sanie fuse dans la capsule cornée, et attaque les tissus mous, sans épargner les tendons, les ligaments et les os; l'onglon finit par tomber. Débutant par un pied, le piétin ne tarde pas à envahir les autres ; les malades sont hors d'état de se tenir debout, ils avancent en glissant sur les genoux. Les forces s'épuisent, la maigreur fait des progrès, et la mort vient mettre un terme à la maladie.

Causes. Les moutons à laine fine y sont particulièrement prédisposés; aussi le piétin n'est-il connu que depuis la multiplication de cette espèce. On ne connaît pas les causes occasionnelles du piétin, mais on sait qu'il est contagieux, et que la contagion constitue une voie par laquelle il se propage et se généralise dans un troupeau. Le liquide sécrété par le pied malade sert de véhicule au virus; celui-ci se transmet par les litières, les fumiers, les pâturages, les routes précédemment fréquentées par un troupeau atteint de piétin. L'humidité et principalement la chaleur humide sont favorables à sa propagation et lui impriment un caractère de malignité. Enraciné dans un troupeau, le piétin s'en extirpe difficilement et occasionne d'assez fortes pertes.

Traitement. Il est entièrement local, et consiste à enlever toutes les portions de corne décollées ou sur le point de se détacher des parties molles sous-jacentes. Mieux vaut aller au delà que de rester en deçà, car la régénération du tissu corné est fort active dans l'espèce ovine. On n'épargne donc pas la corne, dût-on l'enlever entièrement ; en même temps les fistules et les clapiers sont mis à découvert. Ce procédé fournit le double avantage d'une application immédiate des agents médicamenteux et d'empêcher les effets corrodants de la sanie. Dans les visites ultérieures, il convient de ne pas ménager davantage l'instrument tranchant : si la nouvelle corne ne s'unit pas intimement aux tissus mous, si la pression fait sortir le pus à la couronne, c'est qu'il existe encore des fistules ; elles doivent être détruites.

Un grand nombre de médicaments ont été préconisés ; tous sont actifs, pas un ne possède des propriétés spécifiques. Le sulfate de cuivre réduit en poudre mérite la préférence ; on en saupoudre les parties dénudées ; en s'y prenant à temps, le mal cède facilement et la guérison marche avec rapidité. Le chlorure de chaux mérite la préférence, quand la destruction ulcérative des tissus a fait des progrès. Dans ce cas, on a aussi recours à l'acide nitrique, agent puissant et énergique ; mais il occasionne de vives douleurs. Immédiatement après la cautérisation faite à l'aide d'une barbe de plume trempée dans l'acide, les parties dénudées sont enduites d'une couche d'huile empyreumatique ; elles ne réclament point d'autre appareil de pansement. L'acide nitrique possède encore l'avantage de remplacer en partie l'instrument tranchant, avantage qui n'est pas médiocre lorsqu'il s'agit d'un nombreux troupeau.

Le bon aspect de l'ulcère, après la chute de l'escarre, ne constitue pas une contre-indication à l'emploi de l'huile empyreumatique. On simplifie le traitement dans la carie d'un onglon, en l'amputant.

Des désordres graves dans plusieurs pieds, un grand dépérissement rendent le sacrifice de l'animal préférable, à moins qu'il ne soit précieux comme reproducteur.

La bergerie est pourvue d'une abondante litière ; on évite l'humidité, quelle que soit la forme sous laquelle elle se produise.

Mesures de police sanitaire. Le troupeau est partagé en trois lots, comprenant les bêtes malades, les saines, et celles en convalescence ; on les tient séparées les unes des autres à la bergerie et au pâturage. Toute bête boitant dans le lot sain va rejoindre la troupe malade, ainsi que celle dont on trouve les pieds chauds et sensibles dans les fréquentes visites auxquelles le troupeau est soumis. Les bêtes convalescentes ne le rejoignent qu'au bout de trois à quatre semaines.

Les débris des cornes et autres que l'instrument tranchant enlève sont soigneusement enfouis. Des routes de parcours sont assignées aux bêtes malades. En été, par un temps chaud et sec, il convient de les laisser jour et nuit confinées dans un pacage.

Après la cessation de la maladie, on procède à la désinfection. Le fumier est enlevé, ainsi que la superficie du sol de la bergerie à un demi-pied de profondeur. Ces matières sont immédiatement enfouies comme engrais et remplacées par de la terre et une litière fraîches. On recouvre les murs, les poteaux,

les mangeoires et les râteliers d'une couche de lait
de chaux, puis on aère.

PIQURES D'INSECTES.

Le mouton est attaqué extérieurement par deux
sortes d'insectes : l'hippobosque, qui se tient caché
dans sa laine et y produit des tumeurs en y dépo-
sant ses œufs. Un berger attentif a bientôt guéri le
mal ; il extrait la larve et frotte la tumeur de saindoux. Le second ennemi est l'œstre, mouche qui
s'introduit dans le nez des bêtes à laines pour y dé-
poser ses œufs. Depuis la moitié de l'été, époque où
l'œstre s'introduit, la larve vit neuf mois dans les
sinus frontaux du mouton, qu'elle inquiète à l'excès ;
il n'en résulte cependant aucun accident grave ;
mais l'animal mange moins, s'écarte davantage,
maigrit, et vous courez risque de confondre les signes de son inquiétude avec les symptômes d'une
maladie ; ayez donc soin, autant que possible, d'é-
carter l'œstre avec un rameau, et surtout en éloignant votre troupeau du grand soleil.

POURRITURE DES MOUTONS, CACHEXIE.

Tristesse d'une bête à laine, faiblesse et lenteur
du pouls, membranes décolorées ; laine s'arrachant
facilement, couleur de la peau pâle, au lieu d'être
rosée ; infiltration de la peau sous l'auge, et souvent
une tuméfaction molle à cette partie (bouteille).

Symptômes. Le plus souvent l'œil est décoloré,
les veines qui couvrent la conjonctive sont pâles, peu
apparentes ; ce dernier signe manque quelquefois,

il suffit de faire manger de l'avoine pendant quelques jours aux animaux malades, pour le faire disparaître momentanément; on produit quelquefois
aussi cet effet en leur insufflant des poudres irritantes dans l'œil. Ce symptôme est donc très insuffisant.

Les extrémités sont froides, les urines rares, le
tissu cellulaire infiltré; de manière que l'animal,
dans le premier période de la maladie, paraît avoir
engraissé. Il y a constipation; la croupe s'affaisse
sans résistance quand on la touche; l'animal ne se
débat pas avec vigueur quand on le saisit par une
jambe de derrière. Bientôt après survient l'apparition de la bouteille, qui grossit le soir et après la
fatigue et disparaît pendant le repos. Cette tumeur
augmente progressivement, et finit par embrasser
les joues et les oreilles. Les paupières participent à
l'empâtement général. L'animal maigrit alors; il
survient écoulement par les naseaux, diarrhée, dégoût, marasme, faiblesse extrême, résolution de la
bouteille, et quelques jours après la mort. Ces périodes se prolongent quelquefois pendant deux ou
trois ans.

Nature de la maladie. Cette maladie consiste en
une infiltration générale, une hydropisie de toutes
les grandes cavités, le ralentissement de la circulation et le défaut d'animalisation du sang.

La débilité constitutionnelle qui donne l'aptitude
à contracter la maladie, indépendamment des causes
auxquelles l'animal le plus sain n'échappe pas, se
communique de la mère à l'agneau, soit dès l'utérus,
soit par l'allaitement, et cette maladie a paru héréditaire, mais elle n'est pas contagieuse.

La pourriture est souvent compliquée par des *hydatides* qui causent des *tournis,* ou par des *vers* qui sont là autant de symptômes de la faiblesse générale et du défaut de réaction des organes.

Causes. Les pâturages marécageux, ceux qui ont été inondés d'une eau limoneuse, les bords des fossés dans lesquels passe une eau de pareille nature ; la boisson d'eau stagnante, les fourrages gâtés ; le défaut d'air d'ans les bergeries, le parcage sur les terrains argileux, humides; peut-être même le développement de vers et même de phalènes dans le foie et les autres viscères de l'animal, est-il une des causes premières de la maladie.

Traitement. Les soins préservatifs doivent consister à éloigner les différentes causes morbifiques indiquées.

La pourriture n'est pas incurable, mais le peu de prix des bêtes à laine et l'habitude de donner peu de soins à leurs infirmités sont cause qu'on tente rarement leur guérison.

D'ailleurs, elle devient sans doute incurable dans les derniers temps, quand il existe des désordres organiques considérables.

Quand on voudra traiter les animaux malades dans les premiers périodes de la maladie, on pourra le faire avec quelque espérance de succès, par les moyens indiqués ci-après.

On met les animaux affectés à l'usage de l'eau ferrée ou eau martiale pour toute boisson. Ce moyen seul suffit quelquefois de préservatif, et même il guérit les animaux chez lesquels la maladie n'est que commençante, et ne se manifeste encore que par un peu de pâleur de l'œil et des membranes.

On donnera tous les matins aux animaux affectés à ce degré un verre d'infusion chaude de baies de genièvre, ou de sommités fleuries d'absinthe, ou de feuilles de sauge, ou le suivant :

> Eau martiale ou eau des forgerons. 1 verre.
> Huile de cade . . . . 8 grammes.

Dans les animaux plus grièvement affectés, on joint le soir à ce remède un demi-verre de vin blanc dans lequel on fait dissoudre quatre onces de savon blanc.

Ce traitement est peu coûteux et ordinairement efficace. On recommande une infinité d'autres remèdes qui rentrent, pour la plupart, dans la classe de ceux que nous avons prescrits, et peuvent aussi produire de très bons effets. Nous en citerons trois que l'on peut essayer.

Toggia vante beaucoup une solution de bleu de Prusse, une demi-once dans une livre de bon vin rouge. Je présume que ce médicament doit être administré par verre.

Arthur Young fait un grand éloge de la térébenthine donnée à la dose d'une cuillerée dans l'eau tous les trois jours.

M. Lullin propose un traitement plus coûteux et qui ne peut convenir qu'à des animaux de prix ; il consiste : 1° eau martiale avec infusion d'écorce de chêne pour boisson ; 2° eau seconde de chaux à la dose d'un demi-verre tous les deux ou trois jours ; 3° chaque matin, à jeun, le bol suivant : poudre de grain de genièvre, trois poignées ; conserve de genièvre, quantité suffisante : faites des bols de la grosseur d'une noisette, dont on donne deux à chaque animal ; 4° un quart d'heure après le bol, on donne le breuvage suivant : vin rouge, six onces ; quinquina en poudre, un sixième d'once ; graine de genièvre en poudre et tamisée, demi-once; sel marin, une cuiller à café : faites bouillir un moment. Je crois ce traitement très efficace, mais je ne vois pas l'utilité de l'eau seconde de chaux.

Les animaux soumis à l'un des traitements indiqués seront nourris entièrement au sec, et au grain s'il est possible ; et pendant leur convalescence, on leur administrera chaque matin un peu de foin sec, avant de les envoyer au pâturage.

POUX OU POUILLOTTEMENT.

Cette maladie, qui, comme tant d'autres, est due en partie à la malpropreté, attaque principalement les agneaux et les *anthénoises*, c'est-à-dire les jeunes bêtes à laine de deux ans. Un des meilleurs remèdes est le bain complet après la tonte; s'il était insuffisant, on frotterait avec l'onguent gris qui s'emploie pour tuer les poux des veaux. On s'aperçoit des poux, parce que la laine que les bêtes se tirent a des mèches plus longues, nommées *tirons*.

RHUMATISME DES AGNEAUX, DES VEAUX
ET DES PORCS.

Le mouvement est roide, gêné, comme si ces jeunes animaux marchaient à l'aide de piquets; les muscles de la partie souffrante sont tendus et durs.

Causes. Les refroidissements.

Traitement. Deux fois par jour on leur fait prendre un bain d'eau froide, et immédiatement après on les couvre de fumier. Si ce traitement occasionnait trop d'embarras, on le remplacerait avantageusement par une mixture composée d'une once d'aloès et d'un demi-litre d'eau de savon. On fait prendre une cuillerée à bouche toutes les quatre heures aux agneaux, toutes les deux heures aux veaux et aux porcs.

TOURNIS DU MOUTON.

Cette affection, essentiellement chronique, est déterminée par la présence dans le cerveau d'un ou de plusieurs vers vésiculaires, auxquels on a donné le nom de *cœnures cérébraux*.

Symptômes. L'évolution du tournis se manifeste par des phénomènes plus ou moins prononcés de congestion cérébrale, que décèlent la rougeur de la conjonctive, la sécheresse de la bouche, parfois la chaleur de la tête. Les mouvements s'exécutent avec une certaine précaution, ou l'équilibre n'est pas assuré ; les bêtes marchent la tête basse et rapprochée du sol ; elles s'écartent du troupeau, s'arrêtent souvent ou se couchent. D'autres fois, les malades témoignent d'une excitation extraordinaire ; ils se livrent à des sauts, à une course désordonnée entrecoupée par des accès de vertige amenant la chute, des grincements de dents, des cris plaintifs. Ces troubles cérébraux démontrent à l'évidence une lésion de l'organe de l'intelligence. A un degré plus avancé, l'instinct devient obtus ; la bête, plongée dans la torpeur, paraît éprouver des accès de frayeur ; l'agitation de la tête pendant le décubitus dénote une certaine inquiétude.

Ces symptômes sont accompagnés de la diminution de l'appétit, de la préhension lente des aliments, du ralentissement de la rumination, ou bien ces deux fonctions, appétit et rumination, ont cessé ; les matières excrémentitielles sont rares, sèches.

L'état que nous venons d'esquisser persiste à un degré d'intensité variable, durant quelques jours ; il disparaît spontanément ou cède au traitement ; puis vient une période de guérison apparente, qui se prolonge de quelques jours ou de quelques semaines.

Le tournis bien caractérisé succède à cet avant-coureur. Faible et intermittent au début, il gagne en intensité et en durée ; les orages surtout donnent lieu aux accès. Les bêtes paraissent étourdies ; elles ne suivent pas le troupeau, s'en écartent ; elles interrompent leurs repas, les mouvements progressifs sont vacillants, la tête leur pèse, elles se couchent ou s'arrêtent brusquement, soulèvent la tête, poussent un bêlement anxieux, puis se mettent à manger ou à marcher tranquillement.

Avec les progrès de la lésion cérébrale et de l'hébétude, la marche devient de plus en plus irrégulière ; cette irrégularité varie : tantôt les animaux inclinent latéralement et finissent par tourner en cercle, la tête étant baissée et dirigée de côté ; c'est le fait le plus commun. Tantôt ils s'avancent d'un mouvement incertain, la tête relevée, le nez au vent ; ils chancellent et perdent facilement l'équilibre. D'autres fois, la progression est accélérée, elle s'exécute en ligne droite, la tête rasant le sol ; on comprend que cette allure occasionne des chutes fréquentes. Il arrive encore qu'ils marchent la tête relevée, embrassant une grande étendue de terrain avec un membre antérieur, sans que le postérieur

vienne au point d'appui convenable. La bête incline
constamment vers le côté de ce membre, et après
quelques pas, elle tombe de ce côté. Dans cette forme
du tournis, les facultés intellectuelles ont éprouvé
une perturbation bien moins profonde.

A une période avancée de la maladie, l'on découvre souvent sur le crâne un point circonscrit qui
cède à la pression. Quand on le comprime, les moutons sont pris d'inquiétude, les yeux se contournent
dans leurs orbites, l'effet consécutif consiste en une
dépression plus considérable encore des facultés
intellectuelles. Enfin, le décubitus est presque permanent ; la stupidité, l'automatie prennent le dessus ;
les malades maigrissent, tombent dans l'épuisement, puis surviennent les convulsions, les soubresauts et la mort, après une durée de plusieurs mois.

Le cœnure peut avoir son siége dans la moelle
épinière ; une paralysie incomplète d'abord, ensuite
complète, de l'arrière-train, en est la conséquence.

Le tournis attaque aussi, mais plus rarement, la
bête bovine ; la maladie se présente avec une physionomie semblable à celle du mouton.

Autopsie. L'examen du cerveau pendant la période
d'évolution fait découvrir quelques taches circonscrites, du diamètre d'une lentille et d'une coloration rouge ou jaunâtre ; ou bien l'on aperçoit une ou
plusieurs élevures, du volume d'une tête d'épingle,
entourées d'une étroite aréole rouge. Elles se transforment en petites vésicules contenant un fluide limpide, celles-ci prennent du développement, des points
troubles s'y forment, ce sont les germes des têtes
futures du ver. Les vésicules peuvent acquérir le volume d'un œuf de poule ; elles sont tapissées d'un

grand nombre de têtes qui se trouvent coupées. La présence de la vésicule atrophie la substance cérébrale et les os du crâne ; elle est entourée d'une exsudation plastique, surtout à l'endroit correspondant aux têtes du cœnure.

Causes. Le mode d'évolution de ce ver vésiculaire est inconnu ; il demeure néanmoins constant qu'il se trouve dans un rapport intime avec la congestion du cerveau. L'observation et l'expérience sont d'accord pour admettre que toutes les circonstances favorisant une congestion cérébrale contribuent au développement de la maladie, pour peu que les sujets y soient prédisposés.

Cette prédisposition se rencontre chez les agneaux dont le développement physique est prématuré. Les jeunes bêtes robustes, bien nourries, d'une croissance rapide ; celles d'abord faibles, chétives, et qui, ensuite, acquièrent leurs forces en peu de temps, sont particulièrement exposées au tournis ; la seconde dentition lui est aussi favorable, il paraît encore qu'il se transmet par voie d'hérédité.

Les causes occasionnelles sont nombreuses, celles qui paraissent le mieux prouvées comprennent une alimentation forte, luxuriante, d'une digestion pénible ; les légumineuses, le trèfle fort et sec, le foin de vesces. Le danger de cette nourriture croît avec la jeunesse du sujet ; les agneaux à la mamelle, ceux brusquement sevrés, ou préalablement soumis à un régime maigre, s'en ressentiront davantage.

Traitement. Le tournis doit être rangé au nombre des maladies incurables ; les essais de guérison tentés et suivis de succès sont de rares exceptions. Il reste donc préférable de livrer les malades à la boucherie à temps, alors que la viande a conservé sa valeur.

Les tentatives qui ont été faites se réduisent à l'extirpation du cœnure ou à l'évacuation du liquide que contient la vésicule. On y parvient en perçant la lamelle osseuse atrophiée, à l'aide d'un trocart ou d'une couronne de trépan. L'on a encore conseillé la cautérisation soit superficielle, soit d'outre en outre, du point qui cède à la pression. Des traitements internes dont l'inefficacité se trouve établie ont été préconisés ; nous nous abstiendrons de les énumérer.

Des causes sur lesquelles nous avons insisté découle naturellement le traitement préservatif. Tous les agents autres que ceux qui se rapportent au régime hygiénique, et que l'on a recommandés comme préservatifs, sont sans valeur ; ils ne méritent aucune confiance.

ULCÈRE DU BOUTRÉ.

Le boutré est l'extrémité du pénis, que la laine environnante imbibée d'urine, salie de fumier, ulcère assez fréquemment.

Traitement. Coupez bien la laine, lavez la partie malade avec une épaisse décoction de racine de guimauve, et frottez-la avec du beurre frais ou du cérat ; on doit souvent renouveler la litière.

QUATRIEME PARTIE

MALADIES DU PORC

ANGINE CHARBONNEUSE DU PORC.

Forme commune qui se distingue par la localisa-ion constante de la tumeur charbonneuse à la gorge.

Symptômes. Invasion subite; au bout de quelques minutes, respiration laborieuse, sifflante; voix rau-que; nausées douloureuses sans évacuations. Déve-loppement à la gorge d'une tuméfaction qui croît rapidement et s'étend le long de la trachée vers la poitrine ; rougeur cramoisie de la tumeur ; respiration de plus en plus difficile, mort par suffocation en quelques heures.

Traitement. Cautérisation de la tumeur, aspersion constante de l'animal à l'eau froide.

BOUCLE DU PORC.

Symptômes. Inquiétude, chaleur de la bouche, salivation, grincement des dents. En quelques heures, formation sur la langue, au palais ou sur toute autre partie de la bouche, d'une ou de plusieurs vésicules du volume d'un pois. Jaunâtres d'abord, elles passent au brun, au noir, détruisent les parties environnantes ; mort en vingt-quatre à quarante-huit heures.

Traitement. Il est basé sur la destruction des vésicules. On passe un bâton entre les mâchoires, la main enveloppée d'un linge tire la langue au dehors ; à l'aide d'une cuiller, on déchire la vésicule d'arrière en avant, en ayant soin que le liquide ne s'épanche pas dans la bouche. Afin de prévenir les conséquences de cet accident, on injecte du chlorure de chaux dans la cavité buccale. Si déjà la vésicule s'est ouverte spontanément, on cautérise les parties gangrenées et corrodées, puis on pratique dans la bouche de fréquentes injections de chlorure de chaux liquide.

CACHEXIE HYDATIGÈNE OU LADRERIE.

Cette maladie, aussi appelée *ladrerie*, est due à la présence d'un ver vésiculaire dans le tissu cellulaire du porc. Ce ver a reçu le nom de *cysticerque la-drique*.

Symptômes. Le cysticerque peut se rencontrer dans toutes les régions pourvues de tissu cellulaire; il habite néanmoins certaines parties de préférence, surtout s'il est multiplié : telles sont celles où le tissu cellulaire est abondant ou qui se trouvent rapprochées des séreuses. Le dessous de l'épaule, les muscles intercostaux, la face inférieure de la langue sont le séjour de prédilection du cysticerque. Il doit être très abondant pour qu'il aille se loger dans le lard. Le porc vit longtemps avec ces hôtes, sans que sa santé paraisse en souffrir; ce n'est qu'à la suite de leur excessive multiplication qu'ils la troublent. Dans ce cas, le porc maigrit, l'arrière-train se paralyse, il meurt dans l'épuisement.

La présence du cysticerque n'est pas toujours facile à reconnaître; s'il n'existe pas à la face inférieure de la langue, sous forme d'élévations arrondies, d'un reflet bleu-jaunâtre, on ne saurait affirmer que le porc est atteint de ladrerie.

Autopsie. Après la mort, le ver se découvre dans le tissu intermusculaire, sous la séreuse qui tapisse les parois de la poitrine; son volume varie d'une tête d'épingle à un pois; le reflet bleuâtre y devient d'autant plus saillant qu'il tranche avec la couleur rouge des muscles.

Causes. Le cysticerque ladrique paraît se développer de préférence sur les porcs qui, d'une alimentation maigre et chétive, passent subitement à la nourriture d'engrais. Rare chez les animaux au-dessous d'un an, il est plus commun chez les vieux porcs qui habitent des toits humides. Les cochons destinés au

commerce, qui font de longs voyages, pendant lesquels ils éprouvent des privations, sont très disposés à contracter la ladrerie. Les causes directes de
cette affection étant inconnues, on doit se borner à
énumérer les circonstances sous l'influence desquelles elle se développe.

Traitement. Malgré le nombre assez grand de remèdes préconisés pour détruire le cysticerque, la
vérité est que pas un n'atteint le but. Il semble donc
préférable, dès qu'on a reconnu la maladie, de sacrifier le porc pour la consommation. La viande est
inoffensive; toutefois, on écarte les parties qui contiennent des vers, car, après la cuisson, elle offre le
désagrément de craquer sous la dent, comme si elle
était parsemée de sable.

CHARBON A LA LANGUE ET GALAIS.

Symptômes. Inquiétude, chaleur de la bouche, salivation, grincement des dents. En quelques heures,
formation sur la langue, au palais ou sur toute autre partie de la bouche, d'une ou plusieurs vésicules du volume d'un pois. Jaunâtres d'abord, elles
passent au brun, au noir, détruisent les parties environnantes ; mort en vingt-quatre à quarante-huit
heures.

Traitement. Il est basé sur la destruction des vésicules. On passe un bâton entre les mâchoires, la
main enveloppée d'un linge tire la langue au dehors;
à l'aide d'une cuiller on déchire la vésicule d'arrière
en avant, en ayant soin que le liquide ne s'épanche
pas dans la bouche. Afin de prévenir les conséquences de cet accident, on injecte du chlorure de chaux

dans la cavité buccale. Si déjà la vésicule s'est ouverte spontanément, on cautérise les parties gangrenées et corrodées, puis on pratique dans la bouche
de fréquentes injections de chlorure de chaux liquide.

COLIQUE DU PORC.

On a distingué chez le porc plusieurs espèces de
coliques, qui peuvent être ramenées à l'indigestion
et à la tympanite.

Symptômes. Le porc se livre à des mouvements
désordonnés, il hausse le dos, ou tend le corps de
manière que l'abdomen touche le sol ; il se couche,
se roule dans la litière, gémit et fait entendre des
cris. Le ventre est tendu, la respiration accélérée ;
les oreilles et les membres sont froids ; les fonctions
naturelles sont suspendues ; des nausées, des envies
de vomir se manifestent.

Dans la tympanite, l'animal est moins agité, plus
calme ; la douleur ne se décèle pas moins par des
cris perçants. La tension de l'abdomen par des gaz
rend facile le diagnostic de cette espèce de colique.

Traitement. Dans l'indigestion, on administre en
une fois dix grains d'ellébore blanc ou de tartre stibié ; le calme se rétablit dès que les premières voies
sont débarrassées. Les infusions de camomille, de
menthe poivrée et les lavements à l'eau de savon
conviennent dans la tympanite.

GALE DU PORC.

Symptômes. Elle se manifeste par des pustules à
la face interne de l'avant-bras et de la cuisse. Le
prurit excite l'animal à se frotter, des croûtes se

forment, la peau s'ulcère, s'épaissit et prend un aspect lardacé. L'acare du porc ressemble beaucoup à celui de l'homme.

Traitement. Dans la gale récente, on emploie le jus de tabac, une décoction d'ellébore blanc; lorsqu'elle est invétérée, le vinaigre arsenical constitue l'agent le plus efficace.

Mesures de police sanitaire. La gale du porc, contagieuse pour les animaux de même espèce, l'est aussi pour l'homme. Cette médication doit faire étendre à la maladie les précautions précédemment recommandées.

SCORBUT DU PORC.

Symptômes. Les gencives tuméfiées sont douloureuses; elles saignent pendant la mastication; il s'en écoule un sang noir; la salivation est abondante. La peau paraît boursouflée; elle conserve l'empreinte du doigt; les soies se dressent, tombent spontanément, et quand on les arrache, on aperçoit une gouttelette de sang noir à la racine.

La maladie est essentiellement chronique, plusieurs mois peuvent s'écouler entre son début et sa terminaison. Une paralysie de l'arrière-train, suivie de diarrhées colliquatives, précède la mort.

Causes. Le scorbut attaque exclusivement les porcs qui habitent des toits humides où l'air pur et la lumière ne pénètrent pas, dont la stabulation est permanente, la nourriture débilitante ou avariée.

Traitement. Le mouvement à l'air libre, les bains, et, à défaut de mares, les arrosages à l'eau froide combinés à un régime fortifiant composé de pois, de féveroles, de petit-lait aigri, de boissons ferrugineuses, remplissent les indications. Si la saison le permet, on leur donne les fruits qui tombent avant la maturité, de l'oseille et de la racine de raifort hachées.

SOIE DU COCHON.

Dépression d'une partie de la surface du corps du cochon, avec douleur vive. Les soies de la partie malade sont hérissées, dures et ternes, avec fièvre pestilentielle.

Symptômes. La plaie déprimée est noire dans les cochons blancs, décolorée dans les noirs. Elle est ordinairement située aux côtés du cou, à la jugulaire, à la trachée, aux amygdales.

La prédisposition est manifestée par des signes généraux de dégoût, tristesse, inertie. Ils sont suivis d'une maladie pestilentielle. La prostration des forces est extrême ; l'animal est insensible aux coups. La bouche est brûlante, baveuse, la mâchoire inférieure dans un mouvement continuel, les yeux enflammés.

La maladie se termine en peu d'heures par la mort de l'animal, à moins qu'une diarrhée critique ne prolonge sa vie de quelque temps.

La soie est contagieuse comme les autres espèces de charbons, dont elle ne diffère que par la dépression qui l'accompagne, tandis que les charbons sont des tumeurs. La chair de l'animal qui est mort de cette maladie, serait fatale à celui qui s'en nourrirait.

Traitement. Il consiste dans la réunion très profonde de la partie malade, et l'application du feu dans le fond de la plaie.

La saignée réitérée, quand la dureté du pouls l'indique, et la boisson acide suivante :

> Décoction de chiendent . .   6 litres.
> Sel de nitre . . . .   16 grammes.

On place cette boisson froide devant les animaux, qui en prennent à leur soif.

On purgera l'animal avec le suivant :

> Sulfate de magnésie . . .   16 grammes.

dans une quantité suffisante d'eau, et on lui administre le sudorifique suivant :

> Fleurs de sureau . . . .   3 pincées.

Faites infuser dans un litre d'eau bouillante; un verre de ce liquide suffit pour favoriser l'éruption des bubons.

VARIOLE PORCINE.

La variole du porc a plus d'affinité avec la variole humaine que celle des autres espèces ; elle est contagieuse pour l'homme, celle de l'homme se transmet au porc.

Symptômes. Des mouvements fébriles précèdent l'éruption ; celle-ci se caractérise par des taches rouges sur le groin, les paupières et la face interne des cuisses.

En vingt-quatre heures les taches atteignent le diamètre d'une pièce d'un à deux centimes. Du centre s'élève un petit bouton qui prend du développement et acquiert, après deux ou trois jours, l'étendue de sa tache, sauf un cercle rouge qui forme aréole. Une lymphe limpide soulève l'épiderme; elle devient bientôt purulente; la pustule se déprime, se couvre d'une croûte brune qui tombe, en laissant une cicatrice à la peau.

Le nombre des pustules varie ; d'abord il se borne à quelques pustules clair-semées ; d'autres fois elles se multiplient considérablement, confluent, prennent une teinte noirâtre, et impriment à la maladie un caractère de malignité insolite.

Causes. La variole se développe spontanément sur les porcs de tout âge ; elle attaque de préférence les gorets ; et comme elle est contagieuse, sa propagation dans un troupeau ou une porcherie se fait rapidement. De la paille, des habits imprégnés du virus varioleux de l'homme infectent le porc.

Traitement. Cette maladie ne réclame qu'un traitement hygiénique composé d'un séjour tempéré et de boissons de petit-lait aigri.

Mesures de police sanitaire. Les malades sont séparés des individus encore sains ; ces derniers sont soumis à l'inoculation, pratiquée à l'oreille. On a aussi préconisé la vaccination, mais l'efficacité des tentatives peu nombreuses de l'application de la vaccine est encore trop incertaine pour la recommander sans réserve.

Les porcs varioleux ne seront soignés que par des personnes vaccinées ou qui ont eu la variole ; il faut se garder de faire servir comme litière aux porcs sains la paille et les objets de couchage des varioléux, ou de les mettre en contact avec des hardes imprégnées des émanations de ces derniers.

CINQUIÈME PARTIE

MALADIES DES CHIENS

FIÈVRE CATARRHALE.

Symptômes. Au début de la maladie, frisson, tremblement, lassitude, perte de l'appétit.

Au second jour et même quelquefois dès le premier, se déclarent tous les symptômes du catarrhe ; le nez devient brûlant, les yeux rouges et larmoyants, l'animal éternue, tousse quelquefois, et il lui sort du nez des mucosités plus ou moins épaisses. Au bout de quelques jours, le chien est complétement rétabli.

Causes. La fièvre catarrhale est toujours la suite d'un refroidissement ; les petits chiens d'agrément, d'une constitution délicate, y sont plus sujets que les chiens de grande taille qui prennent beaucoup d'exercice.

Traitement. Garantir l'animal du froid sans cependant le tenir trop chaudement. S'il tousse, lui donner l'électuaire suivant :

        Réglisse pulvérisé. . . .   30 grammes.
        Fleur de soufre   8   »
        Semence d'anis.   8   »
        Baies de genévrier . . .   15   »

On concasse ces derniers ingrédients, on mélange le tout et l'on y ajoute parties égales de suc de carottes et de suc de sureau pour donner à la composition la consistance convenable.

La dose est, pour un gros chien, de 8 grammes le matin et 8 grammes le soir ; elle est de 4 grammes pour un petit chien.

Le remède suivant, quoique très simple, est aussi efficace. On fait dissoudre :

        Jus de réglisse. . . . .   15 grammes.
        Bière brune. . . . . .   1/4 de litre.

L'on donne de trois à six cuillerées à bouche, le matin, à midi et le soir.

FIÈVRE INFLAMMATOIRE.

La fièvre inflammatoire n'existe jamais seule ; elle est toujours la conséquence de l'inflammation d'un organe intérieur ou d'une plaie.

Nous indiquerons donc d'abord les symptômes généraux de cette fièvre, et nous ferons ensuite connaître les signes auxquels on peut distinguer quel est le siége de l'inflammation.

Dans cette sorte de fièvre, l'animal éprouve d'abord du frisson, ensuite de la chaleur ; le pouls est dur et rapide, la respiration accélérée ; le chien bat des flancs, laisse pendre sa langue hors de sa bouche et est très altéré ; il a la peau brûlante, surtout à la tête et aux oreilles, les yeux rouges et enflammés ; il reste presque toujours couché ; son sommeil est agité et il aboie ou gémit en dormant.

FIÈVRE PUTRIDE ET NERVEUSE.

Symptômes. L'animal est triste et abattu, et reste presque continuellement couché. Il est très altéré et a perdu l'appétit ; il a le pouls rapide et très faible, les yeux troubles, la tête brûlante, la langue sèche, les yeux demi-fermés, il pousse des hurlements et il est agité de mouvements convulsifs.

A ces symptômes se joint souvent la diarrhée dont les matières sont quelquefois sanguinolentes, la sueur et les excréments du chien ont une odeur fétide. Lorque l'animal est sur le point de succomber, sa respiration devient accélérée, et les battements de son cœur presque insensibles.

Causes. L'échauffement et des fatigues excessives sont les causes les plus ordinaires de la fièvre putride et nerveuse ; elle attaque aussi les chiens qui ont mangé une trop grande quantité de viande, ou de chair provenant d'un animal mort d'une affection maligne, par exemple du charbon.

Traitement. On mettra l'animal dans un endroit frais, et on lui donnera à boire de l'eau mélangée d'une petite quantité de vinaigre.

S'il mange encore, on lui présentera du bouillon.
On lui administrera en outre l'infusion suivante :

> Valériane . . . . 30 grammes.
> Calamus 8   »
> Fleurs d'arnica. 2   »

Hâchez le tout, versez dessus de l'eau bouillante,
laissez infuser pendant une demi-heure, passez à
travers un linge et ajoutez un peu de sucre.

La dose est d'une demi-cuillerée toutes les trois
heures pour un petit chien, et de deux cuillerées
pour un chien adulte. S'il y a de la diarrhée et
qu'elle soit violente, ajoutez à cette boisson 24 gouttes de teinture simple d'opium.

GALE DU CHIEN.

Les affections cutanées sont fréquentes chez le
chien ; on les confond sous la dénomination générique de *gale*, car, jusqu'à ce jour, les caractères
différentiels entre les exanthèmes herpétiques et la
gale n'ont point encore été établis, parce que l'acare,
le seul caractère qui permettrait de faire la distinction, n'a pas encore été découvert chez le chien. Ce
diagnostic défectueux n'offre cependant pas d'inconvénients, puisque le traitement des deux affections reste le même.

On a trouvé sur l'espèce canine l'acare des bulbes
pileux, en tout semblable à celui de l'homme ; une
autre espèce a été découverte dans des ulcérations
du cartilage de l'oreille. Ces deux insectes ne doivent point être confondus avec l'acare de la gale.

Symptômes. La gale débute par de petites vésicules qui se transforment en excoriations : elles se

sèchent, les croûtes tombent, et l'épiderme se desquame. Le prurit est vif, la peau se dépile et s'épaissit ; de temps à autre, la gale semble se dissiper à une région pour prendre plus d'extension à une autre, et c'est ainsi qu'elle se perpétue pendant des années, et même jusqu'à la fin de la vie. Les animaux maigrissent ils répandent une mauvaise odeur ; leur aspect est repoussant ; le marasme ou une hydropisie met un terme à leur vie.

La gale ne se présente pas toujours sous la même forme, ce qui dépend de sa durée, de l'état d'embonpoint de l'animal et d'autres causes encore inconnues. On peut rapporter les formes à trois variétés, qui sont : 1° la gale *sèche*, dans laquelle l'épiderme tombe en lamelles plus ou moins forcées ; le poil tombe également sans subir de modification ; 2° la gale *rouge*, dans laquelle, après la chute du poil, le corps est couvert de papules rouges ; l'épiderme se desquame ; 3° la gale *humide*, qui se distingue des deux variétés précédentes par un liquide visqueux que suinte la peau, et qui, en séchant, forme des croûtes. Cette variété n'est qu'un degré plus avancé des deux précédentes ; elle survient à la suite du prurit et par les frottements.

La gale du chien constitue une affection rebelle ; elle a une grande tendance à récidiver. L'observation n'est peut-être pas exacte sous ce rapport, car, ainsi que nous en avons fait la remarque, on confond ordinairement la gale et les exanthèmes dartreux.

Traitement. Les chiens d'appartement, gras et bien nourris, sont soumis à un régime végétal et au lait ; on leur administre, suivant la taille, quinze à trente grains de calomel, comme purgatif. Le traitement local commence par un bain ou un lavage à l'eau de savon, moyen qui, répété chaque jour, est capable d'amener la guérison d'une gale à son début. Ne réussissant plus, lorsqu'elle date de quelque temps, on le remplace par un mélange de potasse et de nitrate de potasse (de chacun deux onces), d'eau et d'eau-de-vie (de chacune dix onces). On fait avec ce liquide deux frictions journalières. La décoction de tabac, d'ellébore blanc; une pommade de poudre d'ellébore blanc, de soufre, de nitrate de potasse et d'axonge donnent encore un moyen fort actif, ainsi que la pommade oxygénée, l'huile empyreumatique, le goudron, le sulfure de carbone, etc.

Mesures de police sanitaire. La gale du chien est contagieuse ; il n'est pas rare que les renards la communiquent aux chiens de chasse.

La gale du chien passe à l'homme, qui contracte un exanthème vésiculeux avec prurit, se dissipant spontanément en deux ou quatre semaines.

Les chiens galeux doivent donc être isolés, les chenils désinfectés, et les personnes qui les soignent éviteront de s'infecter en se lavant les mains au savon chaque fois qu'elles auront touché un malade.

MALADIE DES CHIENS.

Peu de chiens échappent à cette maladie ; elle les atteint dans la première année de leur existence et fait un grand nombre de victimes. La forme la plus commune sous laquelle elle se présente est une affection catarrhale des voies respiratoires ; mais il survient de nombreuses complications aggravant singulièrement le danger de cette affection , qui paraît bénigne à son invasion.

Symptômes. Variables suivant la forme; pour s'en faire une juste idée, il est nécessaire de décrire chaque forme séparément.

1° FORME CATARRHALE. Elle se caractérise par des éternuments, des ébrouements, ou par une toux courte et rauque. Les malades, nonchalants, recherchent les endroits obscurs pour se coucher. Ils ont des accès de fièvre commençant par des frissons, des tremblements, auxquels succède une chaleur répandue sur tout le corps; le bout du nez est sec et brûlant ; ces accès se remarquent surtout vers le soir. Dans les cas peu graves, on n'observe pas de fièvre. Après vingt-quatre à quarante-huit heures, un écoulement muqueux s'établit par les naseaux, les yeux sont larmoyants ; ils se couvrent de chassie. Le mucus s'épaissit, se concrète, colle les paupières, bouche les naseaux. Si la maladie prend une tournure favorable, l'amélioration ne tarde pas à se manifester, et au bout d'une huitaine de jours elle se termine par la guérison. Se prolonge-t-elle, au contraire, pendant trois à quatre semaines, une complication gastrique ou nerveuse est à redouter.

L'exposition des malades aux refroidissements provoque l'inflammation du pharynx, du larynx, des bronches et des poumons, plus celle très fréquente de la conjonctive et de la sclérotique. Dans ces cas la déglutition est difficile, la respiration râlante, les bâillements fréquents, une légère compression de la gorge suscite des douleurs. Ces inflammations sont fort graves.

2° Forme gastrique. La maladie débute par la perte de l'appétit, par des nausées, des vomissements ou par la diarrhée qu'accompagnent des phénomènes plus ou moins intenses de catarrhe et de fièvre. Ceux-ci peuvent aussi faire défaut pendant plusieurs jours. Dans cette forme, la faiblesse est grande ; elle se complique souvent de convulsions et de paralysie.

Complications nerveuses. Des convulsions partielles ou épileptiques, des paralysies les caractérisent. Ces phénomènes se déclarent dès l'invasion ou, ce qui est plus fréquent, après une certaine durée de la forme catarrhale ou gastrique. Les convulsions partielles se bornent à des muscles isolés ; elles se répètent à des intervalles très courts et persistent parfois la vie entière. C'est la *chorée* ou la *danse de Saint-Guy.*

Un accès de convulsions épileptiques commence par des mouvements de mastication ; la salive devient écumeuse ; le malade courbe la tête vers le côté ou vers le dos, et tombe ; les jambes se meuvent, la sensibilité est abolie. Après un accès qui est très court, le chien se relève pour se coucher dans un état d'affaissement, ou bien il tourne quelque temps en cercle.

La paralysie est la conséquence ordinaire des convulsions épileptiques et d'une diarrhée prolongée ; elle atteint l'oreille, la paupière, les lèvres, une jambe de derrière et le plus souvent l'arrière-train.

Un exanthème connu sous le nom de *variole du chien* accompagne parfois l'une de ces formes. Il siége à la face inférieure de l'abdomen, au prépuce, au scrotùm et principalement à la face interne des cuisses. C'est une éruption vésiculeuse qui n'a rien de commun avec la variole d'autres espèces animales.

Causes. Le chien âgé de moins d'un an est prédisposé à la maladie ; les refroidissements éveillent la prédisposition. Aussi l'affection est-elle moins fréquente en été qu'en toute autre saison. Parfois elle se généralise et sévit épizootiquement. L'influence du régime alimentaire n'est pas expérimentalement démontrée ; l'observation prouve cependant que les chiens recevant une nourriture substantielle et qui vivent à l'air libre sont moins sujets à la maladie ; elle a chez eux une marche plus bénigne, les complications sont plus rares que chez des chiens choyés dans les appartements.

Lorsque l'affection éclate dans un chenil, la plupart, sinon tous les animaux qui l'habitent sont atteints; on en a conclu à la contagion. Les conditions sous l'empire desquelles ils vivent étant communes, une maladie peut également devenir commune à tous, sans qu'il soit nécessaire d'invoquer un élément virulent. Il est certain que l'inoculation du mucus nasal, de la sérosité des vésicules, l'introduction de ce mucus dans le nez d'un chien sain, la cohabitation n'ont pas déterminé la maladie.

Traitement. Dans la forme catarrhale, au début, on administre comme vomitif un à deux grains de tartre stibié. Lorsque la sécrétion muqueuse devient épaisse et abondante, le moyen par excellence est le soufre doré d'antimoine associé au sel ammoniac, à la dose d'un demi à cinq grains de chacune de ces substances, toutes les deux à trois heures. On y joint deux à trois bains de vapeurs d'une infusion de se-

mence de foin ou de fenouil Si la toux est grasse,
si l'expectoration se fait sans souffrances visibles, on
délaie le soufre doré et le sel ammoniac dans une
infusion de racines de calamus, d'angélique. En
cas de grande faiblesse, de prostration, le quinquina avec l'éther sulfurique et le camphre est
indiqué.

Les inflammations catarrhales étant localisées et
surtout la pneumonie venant compliquer la maladie,
on soustrait quatre à dix onces de sang à un chien
de grande taille et une à trois aux petits animaux ;
on leur fait prendre, en outre, trois ou quatre fois
par jour, deux à quatre grains de calomel, jusqu'à
ce que leurs selles deviennent molles et prennent
une couleur verte. Le pourtour de la gorge est fric-
tionné avec le liniment volatif, et dans la pneumonie
on passe un séton.

Le vomitif convient également au début de la
forme gastrique, quand il n'y a pas diarrhée ; celle-
ci existant, on donne l'ipécacuanha ou la rhubarbe
dans un mucilage gommeux ; si elle se présente avec
ténesme, ces moyens sont remplacés par l'opium. A
la faiblesse consécutive on oppose une décoction de
quinquina ou d'écorce de chêne.

Les convulsions partielles sont traitées par des
frictions d'eau-de-vie camphrée, d'essence de térébenthine et par des potions d'infusion de valériane,
de racines d'angélique, avec addition d'huile de
corne de cerf, de térébenthine, de camphre. La noix
vomique et ses préparations se sont montrées utiles,
mais cette substance très vénéneuse demande à être
employée avec de grandes précautions.

Les convulsions épileptiques sont opiniâtres, et

comme les agents médicamenteux échouent dans la majorité des cas, que leur administration suffit souvent pour provoquer des accès, il vaut mieux abandonner le malade à la nature dans un lieu sec, calme et obscur en pourvoyant à ses besoins.

Le lait pur ou coupé, le bouillon faible servent de nourriture, et quand l'animal se rétablit, on lui donne de la viande et du pain.

Comme préservatif, on a préconisé la vaccine; l'expérience a démontré qu'elle n'enlève pas la disposition à contracter la maladie.

MORSURES ET BLESSURES DU CHIEN.

Traitement. On panse les blessures du chien avec du vin tiède, du saindoux ou du beurre frais.

OPHTHALMIE

OU INFLAMMATION DES YEUX.

L'ophthalmie peut être aiguë ou chronique; dans le premier cas, elle est plus intense et peut occasionner la perte de la vue.

Dans le second, les symptômes sont moins graves, et les bords des paupières ainsi que leur face interne sont plus malades que l'œil lui-même.

Symptômes. Les yeux sont gonflés, rouges, larmoyants, chassieux; les paupières sont même quelquefois entièrement collées par des mucosités; lorsqu'on les écarte, on voit le globe de l'œil rouge et terne.

Causes. Les causes peuvent être internes ou externes.

Les causes internes sont l'échauffement, la réplétion, le défaut d'exercice, une nourriture trop substantielle, et quelquefois la faiblesse.

Les causes externes sont la poussière, des coups, des contusions, un coup d'air, etc.

Traitement. Si le chien prend peu d'exercice, qu'il soit gras et replet, on le mettra à la diète, on lui retranchera complétement la viande, on le fera courir, on mettra sa niche dans un endroit frais, on l'empêchera d'approcher du feu, et on lui fera boire du lait aigre.

S'il est au contraire maigre et faible, on le mettra à un régime opposé à celui que nous venons d'indiquer.

Lorsque l'ophthalmie est violente, aiguë, et que le chien est sanguin et robuste, il faut lui faire une saignée à la jugulaire du côté de l'œil le plus malade ; on le purgera ensuite en lui donnant trois fois par jour, le matin, à midi et le soir :

Salpêtre . . . . 1 gramme.
Sel de Glaubert . . . . 500 grammes.

dissous dans un demi-verre d'eau.

On aura soin de laver plusieurs fois par jour l'œil malade avec de l'eau froide jusqu'à ce que l'inflammation soit passée.

Lorsque l'animal a été blessé à l'œil ou qu'il y a reçu une contusion, il suffit, pour le guérir, de laver fréquemment la partie maladie avec de l'eau froide.

RAGE.

Cette redoutable maladie, dont le nom seul inspire l'effroi, se déclare primitivement chez le chien, le renard, le loup et le chat. Par morsure ces animaux inoculent leur bave empoisonnée, et transmettent ainsi la rage aux autres espèces domestiques.

Rage du chien. Elle se caractérise par quelques symptômes constants qui existent toujours, mais il arrive que les signes extérieurs sous lesquels se présentent les cas isolés diffèrent ; il en résulte des variétés qui peuvent être ramenées à deux formes principales bien tranchées, la rage *vraie* et la rage *mue*.

La rage vraie débute par quelques changements dans la manière d'être habituelle du chien. Tantôt il est plus irritable ; tantôt ses allures sont empreintes de vivacité, il devient plus caressant ; d'autres fois il est triste et abattu. Le chien enragé aime à lécher les corps froids ; il est agité par une certaine inquiétude qui ne lui permet pas de rester long-temps à la même place ; ses mouvements vagues paraissent sans but, puis il va se coucher, en donnant la préférence à un réduit obscur. L'inquiétude le reprend, il recommence le même manége, se dirige vers la porte, s'échappe et parcourt une étendue de plusieurs lieues. Cet accès passé, il revient à son domicile.

Les aliments habituels sont refusés, mais par suite de viciation de l'appétit, des objets non alibiles, tels que du bois, de la paille, du cuir, de la laine, du verre sont avalés. Ces appétits dépravés sont constants dans la rage. L'horreur des liquides ou l'hydrophobie n'existe pas ; tous les chiens enragés lapent l'eau ; s'ils ne l'avalent pas, c'est que la tuméfaction ou la contraction spasmodique de l'arrière-bouche mettent obstacle à la déglutition. Le reflet seul de l'eau éveille l'horreur, car en la rendant opaque par un mélange de farine, le chien ne s'en éloigne plus.

Le symptôme le plus important, celui qui peut faire reconnaître un chien enragé enfermé dans un sac est l'altération spécifique que la voix a subie ; elle fait entendre un son rauque, l'émission commence par un aboiement se terminant par un hurlement.

Tôt ou tard se manifestent des envies de mordre ; d'abord ils attaquent les chats avec lesquels ils vivaient habituellement en bonne harmonie ; puis ils se livrent à des violences sur d'autres chiens et enfin sur l'homme.

La plupart des chiens enragés happent souvent dans l'air comme s'ils voulaient prendre des mouches. Les yeux se troublent, deviennent mats ; l'amaigrissement fait des progrès rapides, le train postérieur-faiblit et se paralyse, enfin survient la mort.

Le symptôme caractéristique de la rage mue est l'entr'ouverture de la bouche ; la mâchoire postérieure paralysée est pendante. Moins dangereux que les précédents, les chiens atteints de rage mue parviennent encore, pendant les accès, à rapprocher les mâchoires et à mordre.

Autopsie. Elle ne présente d'autre signe certain de l'existence de la rage que la présence de corps étrangers dans l'estomac.

Diagnostic. Quelques maladies de l'espèce canine peuvent être confondues avec la rage ; certains symptômes saillants sont propres à la gastro-entérite, à l'angine et aux fractures et luxations de la mâchoire inférieure.

Dans le gastro-entérite, le décubitus se fait habituellement sur le ventre, les animaux ne cherchent pas à s'échapper; c'est à peine si la voix a subi quelque altération ; il n'existe ni envie de mordre, ni appétit désordonné.

L'angine rend le chien inquiet, il a la bouche entr'ouverte; la voix est rauque. La roideur et la sensibilité du cou, la difficulté de la respiration, l'absence des envies de mordre et de l'aboiement se terminant par le hurlement établissent la différence.

L'entr'ouverture de la bouche existe dans la luxation et la fracture de la mâchoire postérieure ; l'obstacle que l'on éprouve en voulant la relever éloigne l'idée de la paralysie propre à la rage mue.

Rage du chat. La marche de la maladie possède de grands rapports avec la rage canine; les symptômes caractéristiques sont : la désertion du domicile; les envies de mordre; la dépravation de l'appétit; l'amaigrissement considérable; la raucité de la voix; la paralysie des membres postérieurs et de la mâchoire inférieure.

Rages des herbivores et du porc. Malgré les nombreuses modifications que l'espèce animale apporte dans l'expression de la rage, les phénomènes essentiels restent les mêmes. Ils se traduisent par la perte de l'appétit et la persistance de la soif; jamais il n'existe d'hydrophobie. La déglutition est difficile ou impossible; il y a constipation, et les urines sont rares.

Les animaux se trouvent habituellement dans un état d'excitation, parfois ils éprouvent des mouvements de frayeur, rarement ils sont plongés dans la torpeur.

La voix présente aussi l'altération spécifique ; elle est rauque, courte, interrompue.

Aux accès de rage, pendant lesquels le cheval et le porc cherchent à mordre, les ruminants à donner des coups de cornes ou de tête, succède une période de calme et d'épuisement.

La bouche laisse écouler une bave abondante.

Le regard est sauvage, égaré ; les yeux, brillants, sortent de l'orbite ; la pupille est dilatée.

Souvent les organes sexuels éprouvent une excitation frisant le satyriasis.

Les animaux maigrissent rapidement ; les forces baissent ; l'arrière-main faiblit, se paralyse ; des convulsions, des tremblements musculaires, des soubresauts tendineux précèdent la mort, qui arrive au bout de quelques jours.

La remarque que nous avons faite relativement à l'horreur des liquides ou l'hydrophobie chez le chien est applicable à tous les animaux. Il en est de même de la voix rauque ; le bœuf se fait le plus souvent entendre ; il mugit pour ainsi dire sans discontinuer.

Les accès de rage surgissent spontanément ; ils peuvent aussi être provoqués ; l'aspect d'un chien, des objets polis, brillants, la lumière sont autant de causes excitantes des accès. Ils sont accompagnés chez le cheval d'envies de mordre tellement irrésistibles, qu'il se déchire le corps ; cette même tendance est également très prononcée chez le porc.

L'on a observé sur ce dernier animal que les plaies cicatrisées faites par la dent du chien s'enflamment et s'ouvrent de nouveau avant l'invasion de la rage ; l'animal est tourmenté par un prurit qui paraît insupportable.

Causes. Il n'en est qu'une pour les animaux domestiques autres que le chien et le chat, c'est l'inoculation du virus rabique pratiqué par la dent d'un animal enragé. L'on a contesté la contagion de la rage des herbivores; c'est une erreur, elle se transmet aussi bien que celle des carnassiers.

La salive et le sang sont les véhicules du virus.

La durée de la période d'incubation varie ; la plus ordinaire est de quatre à huit semaines, elle peut se prolonger pendant trois à quatre mois, et n'être que de quelques jours.

Traitement. La rage est incurable, et, ne le fût-elle pas, le danger auquel elle expose devrait faire interdire les soins médicaux. Tout animal reconnu atteint de la rage doit être immédiatement sacrifié.

La cautérisation des plaies par morsure, à l'aide du chlorure d'antimoine ou d'un autre caustique, si celui-ci ne se trouve pas sous la main ; l'application d'un vésicatoire sur la plaie cautérisée, et l'entretien de la suppuration pendant un certain temps, sont les moyens prophylactiques les moins incertains.

RÉTENTION D'URINE.

Traitement. Faites boire à l'animal une infusion de sureau, de sabine, rhue et autres herbes diurétiques ; donnez-lui du petit-lait légèrement nitré.

SCORBUT DU CHIEN.

Symptômes. Teinte bleuâtre, tuméfaction et ramollissement des gencives ; il s'écoule de la portion qui embrasse le collet des dents un sang noir, décomposé; celles-ci branlent dans les alvéoles ; la mastication en devient difficile et la bouche répand une odeur d'une fétidité insupportable. Le dépérissement est rapide; la maladie, abandonnée à elle-même, tue en deux ou trois semaines. Vers la fin de la vie, des pétéchies, quelquefois des ulcères, couvrent les yeux ainsi que les muqueuses du nez et de la bouche.

Causes. Alimentation défectueuse, privation complète de viande, séjour prolongé dans des locaux malsains, privation d'air pur et de mouvement. Affection assez commune parmi les chiens d'appartement, mangeant des sucreries.

Traitement. La première condition de succès est un changement de régime, une nourriture animale, un séjour sain et sec. On administre des potions toniques et aromatiques; l'infusion de calamus, la décoction d'écorce de saule, de racine de tormentille, et, si le propriétaire veut en supporter les frais, la décoction de quinquina est le remède par excellence. Les gencives sont touchées plusieurs fois par jour avec une solution d'alun dans une infusion de sauge.

TIQUET OU PETIT INSECTE QUI S'INCRUSTE
DANS LA PEAU DES CHIENS.

Symptômes. Démangeaisons violentes suivies de boutons.

Préservatif. Visitez souvent le chien, étrillez-le, faites-le baigner.

Traitement. Lorsque les piqûres du tiquet produisent des boutons, frottez-les de saindoux et de sel.

TRANCHÉES DU CHIEN.

Traitement. On lui donne ordinairement des lavements de mauve, mais si ce soin ennuie trop le propriétaire du chien, qu'il lui fasse boire du lait chaud mêlé d'une décoction de mauve ou de graine de lin.

VERS.

Les chiens sont très sujets aux vers intestinaux, principalement aux lombrics et au tænia ou ver solitaire. Les premiers ont beaucoup de ressemblance avec les vers de terre ; ils sont cylindriques, lisses, luisants, d'une teinte blanchâtre tirant un peu sur le rouge et d'une longueur qui varie de 3 à 25 centimètres. Le tænia est au contraire aplati comme un ruban et d'une couleur blanche, quelquefois grisâtre ; il acquiert souvent une longueur considérable ; on a vu des vers solitaires qui n'avaient pas moins de 15 à 20 mètres de long.

Symptômes. Les signes qui annoncent la présence des vers chez les chiens sont très obscurs. On remarque seulement que l'animal maigrit tout en conservant de l'appétit et en mangeant beaucoup. Quelquefois il se mort le ventre et il est atteint de coliques.

Causes. Les jeunes chiens sont plus sujets aux vers que les vieux. On a remarqué que l'usage des aliments farineux, par exemple des pommes de terre et du pain mal cuit, les prédispose aux affections vermineuses.

Traitement. Le traitement doit varier suivant que

l'animal est tourmenté par des lombrics ou par le ver solitaire.

Dans le premier cas, on prend parties égales de scammonée et de feuilles de tanaisie ; on pulvérise les ingrédients et on y ajoute le double de miel. La dose est par jour de 4 grammes pour un petit chien, de 6 grammes pour un chien de grosseur moyenne et de 8 grammes pour un chien de grande taille.

Dans le second cas, lorsque le chien a le ver solitaire, on emploie avec succès le traitement suivant. On change la nourriture de l'animal, on lui donne beaucoup de viande et des carottes cuites, et on lui administre un mélange de 4 parties d'huile de lin ou d'olives et d'une partie d'essence de térébenthine. La dose est, pour un gros chien, de 80 grammes administrés en deux fois à quatre heures d'intervalle ; elle n'est, pour un petit chien, que de 16 grammes donnés par moitié soir et matin. Si le ver n'est pas entièrement expulsé, on répète ce médicament au bout de trois jours et l'on donne ensuite un purgatif, par exemple 8 à 32 grammes de sel de Glauber dans un demi-verre ou un verre d'eau.

SIXIÈME PARTIE

MALADIES DE LA POULE, DE L'OIE
ET DU PIGEON

AVANTAGES DE L'ÉLEVAGE DES POULES.

De l'éducation de la volaille.

M. F. Gazelis s'élève avec raison, dans le *Messager du Midi*, contre les cultivateurs qui négligent l'éducation des volailles ; il recommande de les tenir enfermées dans des locaux bien disposés, et prouve qu'une poule rapportant en moyenne 5 fr. par 100 œufs, nourrie avec du blé noir, coûte 2 fr. 68 c., avec du maïs, 3 fr. 25 c., avec de l'avoine, 3 fr. 96 c., avec du blé, 5 fr. 80 c.

Les poules ne doivent pas être nourries exclusivement avec du grain; il est bon de leur donner en supplément, après les rations que nous venons d'indiquer, des plantes vertes hachées. On peut donner en outre des pâtés de pommes de terre cuites, bien triturées et bien écrasées, qu'on mêle avec du son ; dans ce cas, la ration de grain devra être diminuée.

Quand on s'attache principalement au produit des œufs, il faut n'admettre dans sa basse-cour que les espèces réputées les meilleures pondeuses, telles que celles de la Flèche, le coucou de France, les Bantans, les poules de Bruges, le coucou d'Anvers, la poule du Brésil, les Brahma-poutra, les Cochinchinoises, les Javanaises et les Persanes.

Il faut en outre renouveler les pondeuses et ne les garder jamais au delà de cinq ans. On a constaté, en effet, que la grappe ovarienne de ces gallinacées ne se compose que de 600 ovules. Les poules ne peuvent donc faire dans tout le cours de leur vie, que 600 œufs environ, et voici comment ce nombre d'œufs est réparti en neuf années :

Première année de la naissance, de			15 à 20	œufs
Deuxième »	»	»	100 à 120	»
Troisième »	»	»	120 à 135	»
Quatrième »	»	»	100 à 115	»
Cinquième »	»	»	60 à 80	»
Sixième »	»	»	50 à 60	»
Septième »	».	»	35 à 40	»
Huitième »	»	»	15 à 20	»
Neuvième »	»	. »	1 à 10	»
	Total, de		496 à 600	œufs

(*Revue populaire des sciences.*)

MALADIES DE LA POULE.

DIARRHÉE.

Cause. Maladie produite par une nourriture trop mouillée et trop aqueuse.

Traitement. On nourrira la volaille de pois cuits, d'orge, de pain trempé dans une infusion de camomille faite avec du vin chaud.

GOUTTE.

Symptômes. On la reconnaît au gonflement des jambes et à la difficulté de marcher.

Cause. L'humidité du poulailler.

Traitement. On place les poules dans un lieu chaud et sec.

PÉPIE.

Symptômes. Perte de l'appétit, un air triste, la voix rauque et faible, le bec ouvert comme si la respiration était gênée.

Cause. Manque d'eau ou son impureté.

Traitement. Il se forme au bout de la langue une pellicule d'un blanc mat, qu'il faut enlever avec un canif ou une aiguille. Ensuite on lave la plaie avec du vinaigre, et on l'enduit de beurre frais. Pendant quelque temps, l'on nourrit l'animal de son mouillé.

PUSTULE.

Symptômes. Le cou et plusieurs autres parties du corps de la poule se couvrent de nombreuses petites tumeurs inflammatoires, qui se terminent par la suppuration.

Traitement. On donnera de la laitue hachée et de

l'eau à laquelle on mêlera une petite quantité de cendre de bois neuf passée au tamis.

On isolera les poules qui sont atteintes de cette maladie comme étant contagieuses.

ROUPIE.

Symptômes. Une humeur qui découle du cerveau, le tremblement, les yeux éteints.

Traitement. On tiendra les malades chaudement en leur donnant une bonne nourriture. Cette maladie étant également contagieuse, on emploiera les mêmes précautions que pour la précédente.

TOUX.

Symptômes. Toux sourde et haletante.

Cause. Cette affection est causée par une accumulation de petits vers dans le gosier.

Traitement. On emploie les décoctions d'absinthe, de tanaisie, de camomille, etc.

VERMINE.

Cause. La malpropreté du poulailler.

Traitement. On détruit la vermine par les lotions d'eau de savon avec une décoction de cumin et d'absinthe; pour prévenir l'accumulation de ces insectes, on place dans la basse-cour plusieurs petits tas de sable où elles pourront se rouler.

MALADIES DE L'OIE.

CONSTIPATION.

Symptômes. On reconnaît la constipation, lorsque l'oie s'arrête souvent pour fienter sans résultat.

Causes. La trop grande abondance de nourriture sèche, tels que le chènevis et l'avoine.

Traitement. On donnera deux cuillerées d'huile d'olives, et si l'oie refuse, on lui donnera de la farine de seigle délayée dans de l'eau avec un peu de manne et de la laitue hachée.

ÉTOUFFEMENT.

Symptômes. Étouffement.

Traitement. Il faut immédiatement saigner l'oie au pied, à une veine très apparente placée sous la peau qui sépare les ongles.

FRACTURE.

L'oie qui se casse une patte ou un ergot, il faut l'enfermer dans une grande pièce, où elle ne puisse trouver à se percher, avec une bonne nourriture. On ne doit pas lier la partie blessée.

INDIGESTION,

Les oies qu'on engraisse y sont sujettes.

Traitement. Il suffit de leur faire prendre un peu de manne délayée dans de l'eau chaude, en leur donnant quelques jours de liberté.

VERTIGE.

Symptômes. Les ailes traînantes, le cou allongé, elles secouent la tête, refusent la nourriture; ensuite l'animal est pris d'un vertige qui se termine par la mort, si on n'y apporte immédiatement remède.

Causes. L'afflux du sang au cerveau, par la présence d'insectes dans les oreilles.

Traitement. On sauvera l'oie en la saignant au pied, ainsi qu'il est indiqué à l'Étouffement.

MALADIES DU PIGEON.

APOPLEXIE.

Causes. Une trop grande ardeur à la reproduction et une nourriture trop échauffante.

Traitement. On saignera l'animal en lui coupant un angle à chaque patte et en les plongeant dans de l'eau tiède.

POLYPE.

Sorte d'excroissance charnue qui vient dans le gosier.

Traitement. Lorsque cela est possible, il faut couper adroitement cette excroissance et brûler sa racine avec la pierre infernale. Si le polype reparaît, . le pigeon est perdu.

CHANCRE (maladie contagieuse).

Causes. Par un faux changement de plumes.

Traitement. Il faut ouvrir le bec de l'oiseau, et enlever avec un pinceau de charpie, trempé dans du vinaigre coupé avec un peu d'eau, les mucosités qu'on verra dans sa bouche. S'il y a ulcération, il faut les brûler avec la pierre infernale.

DICTIONNAIRE

DES

TERMES LES PLUS USITÉS DANS LE COURS DE CET OUVRAGE

A

ABCÈS. Amas de pus dans une cavité qui se produit accidentellement au milieu des tissus.

ABSINTHE. On emploie les feuilles et les sommités sèches en infusion, en décoction et en poudre.

ABSORBANT. En chirurgie, on appelle absorbant des substances molles, spongieuses, propres à s'imbiber des liquides épanchés, comme la charpie, l'amadou, etc.

ACARDIONERVIE. On a appelé ainsi le défaut d'action nerveuse du cœur, qui se reconnaît à ce que l'on cesse d'entendre les bruits de cet organe.

ACCÉLÉRATION. Ce mot exprime, en physiologie et en pathologie, la vitesse la plus grande avec laquelle s'accomplissent et se répètent certains actes de la vie ; le pouls et la respiration sont accélérés.

ACCÈS. Ensemble de symptômes qui cessent et reviennent à des intervalles plus ou moins éloignés.

ACCESSOIRES. On dit sciences accessoires de la médecine, symptômes accessoires d'une maladie.

ACCIDENTS. On appelle proprement accidents d'une maladie, ou symptômes accidentels, les symptômes qui tendent à la rendre plus grave, comme une hémorrhagie, des convulsions, etc.

ACCOUCHEMENT. Ce mot exprime la fonction naturelle de la parturition.

ACCOUPLEMENT Rapprochement du mâle et de la femelle pour accomplir l'acte de la génération.

ACMASTIQUE. Les anciens donnaient cette épithète à toute maladie qui augmente graduellement d'intensité et décroît ensuite dans la même proportion.

ACROMPHALE. Extrémité du cordon ombilical qui reste attaché au fœtus après la naissance.

ACTUEL. Qui agit réellement, qui agit avec énergie. Fer rougi au feu dont on se sert pour cautériser une tumeur, une plaie.

ADÉNOSYNCHITONITE. On a proposé ce nom pour désigner l'ophthalmie des nouveau-nés, dans laquelle il y a inflammation simultanée des glandes de Meibomius et de la conjonctive.

ADHÉRENCES. En pathologie, on donne ce nom à l'union de certaines parties qui, dans l'état naturel, doivent être séparées : tels sont les bords des ouvertures naturelles, les viscères intérieurs, les membranes qui revêtent les cavités, les conduits excréteurs.

ADIAPNEUSTIE. Transpirer ; suppression de la transpiration.

ADOUCISSANTS. On donne ce nom aux médicaments mucilagineux ou muscos-osucrés qu'on emploie dans la première période des phlegmasies, surtout des catharres, dans tous les cas d'irritation, soit locale, soit générale. Les liquides émulsifs, le lait, les plantes mucilagineuses, sont les principaux adoucissants.

AFFÉRENTS. On appelle vaisseaux afférents les vaisseaux lymphatiques qui arrivent aux ganglions situés sur le trajet et y apportent pour ainsi dire les liquides absorbés.

AGALAXIE. Absence du lait dans les mamelles chez les nouvelles accouchées.

AGGRAVÉE. Maladie du pied du chien qui consiste en une inflammation du réseau vasculaire situé au-dessous de l'épiderme, épais et dur.

AGISSANTS. Remèdes très actifs.

AIGE. Tache blanche et opaque sur la cornée, au-devant de la pupille.

AIGRE-DOUX. Qui tient de l'acide et du doux ou fade.

ALCALI. Plante marine d'où l'on retire la soude, l'un des principaux alcalis.

ALLÉLUIA (Surelle, Pain de coucou). Plante herbacée fort analogue à l'oseille, dont elle peut tenir lieu.

AMAUROSE (Goutte sereine, Cataracte noire). Affaiblissement ou perte totale de la vue, qui survient sans qu'il existe aucun obstacle à l'arrivée des rayons lumineux au fond de l'œil.

AMPUTATION. Opération par laquelle on sépare du corps, avec l'instrument tranchant, un membre, une portion d'un membre, ou une partie saillante, telle que la mamelle, le pénis, etc.

AMYÈLOTROPHIE. Atrophie de la moelle épinière.

AMYGDALITE. Inflammation des amygdales ou tonsilles, appelée aussi angine tonsillaire, esquinancie.

ANGINE. On appelle communément angine toute affection inflammatoire plus ou moins intense de l'arrière-bouche, du pharynx, du larynx ou de la trachée-artère.

APOPLEXIE. Signifie toute maladie grave qui frappe subitement comme la foudre.

APHTHES. On désigne sous ce nom de petites ulcérations blanchâtres qui se développent sur la membrane muqueuse de la bouche et du tube digestif.

ARRIÈRE-FAIX. Ce qui reste dans la matrice après l'expulsion du fœtus.

ARTICULAIRE. Artères et veines articulaires; elles naissent des artères et veines poplitées, et appartiennent à l'articulation du genou.

ASTRINGENTS. On donne ce nom à une classe de médicaments qui ont la propriété de déterminer une sorte de crispation dans les parties avec lesquelles on 'es met en contact.

ATTEINTE. Blessure que se fait un cheval à la partie interne du boulet, soit avec un de ses fers, soit de toute autre manière.

AVIVE. Nom que les vétérinaires donnent à la glande parotide du cheval et à l'engorgement dont elle peut être affectée.

AVORTEMENT. L'avortement diffère de l'accouchement prématuré, qui est l'expulsion, avant le terme de la grossesse, d'un fœtus viable.

B

BLEIME. Irritation de la chair du pied du cheval, due à une contusion de la sole du talon, et quelquefois de celle des quartiers, par la marche sur du terrain dur ou caillouteux, par des cailloux logés entre le fer et la corne, ou par une mauvaise ferrure.

BOUCLE. Maladie du cochon et du bœuf, caractérisée par une espèce de vésicule qui se développe dans l'intérieur de la bouche, et qui y porte la gangrène.

BOUQUET ou Noir museau. Espèce de dartre qui affecte le museau des brebis, et qui s'étend quelquefois jusqu'aux tempes, au-dessous de l'oreille.

BOUTEILLE. Tumeur molle, froide et fluctuante, qui se développe dans le tissu cellulaire de l'auge, chez les moutons atteints de la maladie dite cachexie aqueuse. On la nomme aussi bourse.

BRULURE. Lésion plus ou moins grave produite sur une partie vivante par l'action plus ou moins prolongée du feu ou d'un corps fortement chauffé.

BRULE-QUEUE. Cautère actuel en forme d'anneau, dont les maréchaux se servent pour arrêter l'hémorrhagie après l'amputation de la queue des chevaux.

C

CACHEXIE AQUEUSE ou Pourriture. Maladie très grave, qui sévit épizootiquement sur les bêtes à laine, et à laquelle l'espèce bovine est également sujette.

CADUC. On a appelé l'épilepsie mal caduc, parce

que ceux qui en sont atteints tombent subitement.

CANON. Os de la jambe du cheval. Cet os unique est situé immédiatement au-dessous du genou ou du jarret et au-dessus du paturon.

CAPELET ou Passe-Campagne. Tumeur mobile, le plus souvent indolente, et de la grosseur d'une pomme d'api, qui croît sur la pointe du jarret du cheval.

CATARACTE. La cataracte consiste dans l'opacité du cristallin de l'œil.

CONSTIPATION. Difficulté d'aller à la selle, rétention des matières fécales dans le rectum.

CONTACT. Attouchement, état de deux corps qui se touchent; se dit des maladies contagieuses.

CONTUSION. Lésion produite dans les tissus vivants par le choc de corps orbes ou à surface plus ou moins large, sans solution de continuité à la peau.

CORNAGE ou Sifflage. On appelle ainsi un bruit que certains animaux font entendre en respirant, et que l'on a comparé à celui que produit une corne dans laquelle on souffle.

CORNARD, SIFFLEUR. Cheval qui est atteint de cornage, qui souffle bruyamment des narines et qui a la respiration courte.

CRAPAUD, CRAPAUDINE. Les vétérinaires nomment ainsi une crevasse que le cheval se fait aux pieds, par les atteintes qu'il se donne sur la couronne avec les éponges de ses fers.

CULS-DE-POULES. Ulcères dont les bords sont saillants et recourbés en dehors : telle est la disposition qu'on observe souvent dans le farcin.

D

DARTRES. Terme générique par lequel on a désigné beaucoup de maladies de la peau.

DÉLIVRANCE. La délivrance s'accomplit de la même manière et par les mêmes moyens que l'expulsion du fœtus. C'est le complément de l'accouchement.

DYSSENTERIE. Les symptômes principaux consistent dans de fréquentes évacuations de matières muqueuses ou puriformes, souvent mêlées de sang, avec tranchées et sentiment d'ardeur dans le trajet du côlon.

E

EAU MARTIALE. Éteignez à plusieurs reprises dans un seau d'eau, un fer rouge ; ou bien, laissez en digestion, dans ce seau, plusieurs livres de fer rouillé.

EAU DE GOULARD ou **EAU BLANCHE.** Mélange d'eau et de sous-acétate de plomb liquide. Goulard mettait 4 grammes d'extrait de saturne pour 500 grammes d'eau, et ajoutait 32 grammes d'eau-de-vie.

EAUX AUX JAMBES. Maladie cutanée qui a son siége au pied et à la partie inférieure de la jambe chez le cheval, et dont le symptôme caractéristique est le suintement d'une humeur semblable à de la sanie, à travers les pores de la peau.

ÉCART. Lésion de la région supérieure du membre thoracique du cheval, qui s'accompagne de claudication.

EFFORT. Contraction musculaire plus ou moins

forte, qui a pour objet soit de résister à une puissance extérieure, soit d'accomplir une fonction naturelle devenue accidentellement laborieuse.

ENCHEVÊTRURE. Excoriation ou plaie transversale plus ou moins profonde qu'un cheval se fait au pli du paturon ou même plus haut.

ENCLOUURE. Blessure faite au pied d'un cheval, lorsque le maréchal le ferre.

ENCOLURE. Nom que l'on donne au cou du cheval et des autres mammifères.

ENTÉRITE. Inflammation des intestins, phlegmasie de la membrane muqueuse du canal intestinal.

ÉPARVIN. On appelle ainsi, dans le cheval, une exostose qui survient à la partie latérale interne et supérieure du canon du membre postérieur.

ÉPONGE. Tissu fibreux, plus ou moins dense, plus ou moins flexible, enduit dans son état frais d'une sorte de gelée demi-fluide et très mince, dans laquelle on croit avoir observé quelques signes de vie.

ÉRYSIPÈLE. Maladie ainsi appelée parce qu'elle s'étend quelquefois de proche en proche sur les parties voisines. Inflammation superficielle de la peau, avec fièvre générale, tension et tumeur de la partie, douleur et chaleur plus ou moins âcre, rougeur tirant un peu sur le jaune, inégalement circonscrite, et disparaissant sous la pression du doigt, pour reparaître aussitôt après.

ÉTRANGUILLON. Nom que l'on donne à l'angine.

EXCROISSANCES. L'on appelle excroissances,

les verrues, les crêtes. Certains polypes, les végétations, etc., sont compris sous cette dénomination. .

EXTIRPATION. Action de retrancher une partie malade, par exemple un cancer, un polype, dont on enlève jusqu'aux dernières racines.

EXUTOIRE. Ulcère établi et entretenu par l'art, pour déterminer une suppuration permanente et dérivative.

F

FALÈRE. Espèce d'indigestion particulière aux bêtes à laine, et qu'on n'observe que dans les contrées méridionales.

FARCIN. On donne ce nom à une maladie, qui consiste dans l'inflammation, ordinairement chronique.

FILANDRES. C'est le nom que l'on donne aux chairs qui font saillie dans une plaie et s'opposent à la réunion et à la cicatrisation. Lorsque ces chairs s'endurcissent, on les nomme os de graisse.

FISSURE. Fente, Crevasse. On appelle fissure toute solution de continuité étroite et peu profonde; mais on donne particulièrement ce nom à une ulcération allongée et superficielle, qui se développe vers la marche de l'anus.

FISTULE. Ulcère en forme de canal étroit, profond, plus ou moins sinueux, entretenu par la présence d'un corps étranger.

FLAMME. Elle consiste en une lame tranchante qui sert pour saigner.

FOURBURE. On appelle fourbure, l'inflammation générale du tissu réticulaire du pied.

FOURCHET. Inflammation du canal interdigité du mouton.

FOURREAU, Étui, Gaîne. Nom vulgaire de la peau du pénis des animaux domestiques.

G

GANACHE. Région située au contour de l'os maxillaire inférieur chez le cheval.

GERÇURE. Petite fente ou crevasse peu profonde, que l'on observe particulièrement à la peau et à l'origine des membranes muqueuses, surtout aux lèvres et aux mamelons.

GESTATION. La gestation porte ordinairement le nom de grossesse chez la femme, sa durée est de neuf mois dans l'espèce humaine et pour la vache ; de onze pour la jument, et de cinq pour la brebis et la chèvre ; de soixante-trois jours pour la chienne.

GOURME. On donne ce nom à une maladie de l'espèce chevaline, que l'on remarque particulièrement chez les jeunes chevaux, lorsque l'on fait succéder trop brusquement une nourriture sèche et échauffante à l'herbe rafraîchissante des pâturages.

GRAS-FONDURE. On appelle ainsi une maladie, dont le signe éventuel est une excrétion de mucosités ou de glaires tamponnées et épaisses qui enveloppent les parties marronnées des excréments.

H

HÉMATURIE. Uriner ; sortie par l'urètre d'une certaine quantité de sang pur ou mêlé avec de l'urine.

HYDROPHTHALMIE. Hydropisie de l'œil ; affection qui dépend de l'humeur aqueuse ou de l'humeur vitrée, ou des deux à la fois.

HYDROPISIE. On donne généralement ce nom à tout épanchement de sérosité dans une cavité quelconque ou dans le tissu cellulaire.

HYDROPNEUMONIE. Maladie dont les caractères extrêmement vagues n'ont rien de commun avec l'affection décrite sous le nom d'infiltration séreuse du poumon.

HYPOPHTHALMIE. Inflammation de la partie intérieure de l'œil, au-dessous de la paupière inférieure.

I

INCONTINENCE D'URINE. Absence ou perte de la faculté de retenir l'urine pendant quelques heures.

INDIGESTION. Trouble passager et subit des fonctions digestives, qui survient ordinairement quelques heures après l'ingestion d'aliments trop copieux ou de mauvaise qualité.

INJECTION. Action d'introduire avec une seringue ou quelque autre instrument un liquide dans une cavité du corps, soit naturelle, soit accidentelle.

J

JARDE. Tumeur dure, quelquefois phlegmoneuse, qui se développe à la partie latérale externe du jarret du cheval, sur la partie postérieure-supérieure de l'os du canon.

JAVART. Tumeur phlegmoneuse, analogue au furoncle, qui se forme au pied du cheval et du bœuf, entre le paturon et la couronne, et qui détermine souvent des ulcères ou des fistules.

JETAGE. Écoulement par les naseaux du cheval d'un mucus plus ou moins abondant et de qualité variable.

JUGULAIRES. Les anatomistes ont appelé jugulaires, quatre veines placées sur les parties latérales du cou deux à droite et deux à gauche.

M

MORVE. Redoutable maladie, particulière aux chevaux, qui débute par une inflammation des membranes muqueuses, quelquefois aiguë, mais passant bientôt à l'état chronique, ou même affectant très souvent cette dernière forme.

MUGUET. On a donné ce nom à une inflammation aphtheuse assez fréquente chez les nouveau-nés, et le plus souvent contagieuse.

O

OPHTHALMIE. On désigne généralement sous ce nom toutes les affections inflammatoires du globe de l'œil, avec rougeur de la conjonctive.

P

PALPITATIONS. On donne ce nom aux battements du cœur plus fréquents ou plus forts et plus étendus qu'ils ne doivent l'être.

PARALYSIE. Abolition ou diminution de la contractilité musculaire d'une ou de plusieurs parties du corps.

PAROTIDE. Oreille; la plus considérable des

glandes salivaires, ainsi appelée parce qu'elle est située en partie au-dessous de l'oreille.

PATURON. Partie du membre du cheval, qui est située entre le canon et la couronne ; on dit que le cheval est long jointé ou court jointé, selon que le paturon est trop long ou trop court.

PÉRIPNEUMONIE. On désigne communément sous ce nom l'inflammation du parenchyme pulmonaire. Inflammation du poumon.

PHTHISIE. Le mot phthisie signifie proprement consomption, quelle qu'en soit d'ailleurs la cause.

PICA. Le désir de manger diverses substances non nutritives et qui répugnent plus ou moins dans l'état de santé, telles que la craie, du charbon, etc.

PIÉTIN. Affection particulière aux brebis, qui débute par une inflammation du tissu cellulaire de la partie supérieure et interne de l'onglon.

PINCE. On donne ce nom aux dents incisives des animaux herbivores et à la partie inférieure antérieure du sabot du cheval.

PLEURÉSIE. La pleurésie aiguë est souvent causée par des coups ou des chutes sur le thorax, par la suppression de la transpiration, etc.

PNEUMONIE. Inflammation du parenchyme pulmonaire.

POURRITURE. Maladie chronique des bêtes à laine.

POUSSE. Maladie des animaux solipèdes caractérisée par le soufflement, par le battement des flancs.

POUSSIF. Qui est affecté de la pousse.

PUSTULE. Ce mot désigne en général une très petite tumeur cutanée qui suppure au sommet, ce qui la fait différer du bouton.

Q

QUADRUPÈDE. Animal à quatre pieds.

QUARTIER. Partie latérale, tant interne qu'externe, du sabot du cheval.

R

RECTUM. Troisième et dernière portion du gros intestin, ainsi appelée à raison de sa direction presque droite.

REIN. Les reins sont les organes sécrétoires de l'urine.

RÉTENTION D'URINE. Accumulation d'urine dans la vessie.

RUMINATION. Fonction particulière aux animaux ruminants, par laquelle ils mâchent une seconde fois les aliments qu'ils ont déjà avalés.

S

SOLE. Partie concave et semi-lunaire de la surface plantaire du pied du quadrupède.

SUR-OS. On appelle ainsi une entorse qui se développe quelquefois sur l'un des côtés du canon du devant.

T

TÉTANOS. Maladie caractérisée par la rigidité, la tension convulsive d'un plus ou moins grand nombre de muscles et quelquefois de tous les muscles soumis à l'empire de la volonté.

TOURNIS. Maladie des bêtes à laine et bovines

dont le principal symptôme consiste à tourner d'abord fréquemment, puis continuellement.

TOUX. Expirations subites, courtes et fréquentes, par lesquelles l'air, en passant rapidement par les bronches et la trachée-artère, produit un bruit particulier.

TRANCHÉES. On appelle ainsi les coliques violentes.

TYMPANITE. Gonflement de l'abdomen causé par l'accumulation de gaz dans le canal intestinal. Affection ainsi nommée parce que le ventre est ballonné et résonne comme un tambour quand on le frappe.

U

ULCÈRE. Solution de continuité des parties molles, plus ou moins ancienne, accompagnée d'un écoulement de pus et entretenu par un vice local ou par une cause interne.

V

VAGIN. Canal cylindroïde, de 5 à 6 pouces de long, situé dans l'intérieur du petit bassin, entre la vessie et le rectum, continu par une de ses extrémités avec la vulve, dont il embrasse le col.

Z

ZONA. Phlegmasie cutanée qui entoure, sous forme de demi-ceinture, la poitrine ou l'une des trois régions de l'abdomen. C'est une éruption vésiculo-bulleuse qui semble tenir de l'érysipèle.

DÉFINITIONS
DES MATIÈRES MÉDICALES

On donne les médicaments sous forme solide, ou sous forme liquide.

On administre les uns ou les autres à l'intérieur, ou on les applique à l'extérieur.

Suivant ces différentes circonstances, ils prennent les noms dont nous allons donner la définition (1).

Médicaments solides administrés à l'intérieur.

Bol. Médicament de la consistance du miel pendant l'hiver. On le prend avec une spatule, on tire la langue de l'animal hors de la bouche, on place la portion de médicament vers la racine de la langue ; l'animal, en la retirant, est forcé d'avaler le remède.

Rarement doit-on augmenter la consistance des médicaments solides plus que celle d'un bol. Les pilules sont beaucoup moins commodes dans la médecine vétérinaire, et nous ne nous en servons presque pas.

Électuaire. Confection. Leur consistance est la même que celle des bols; mais on les trouve tout préparés chez le pharmacien. Nous employons avec succès, dans différents cas, la *thériaque*, l'électuaire

(1) Les principes qui vont suivre sont extraits de la MATIÈRE MÉDICALE de BOURGELAT, où ils sont beaucoup plus développés. Nous avons cru que l'extrait qu'on va lire était suffisant.

diascordium, la confection d'*hyacinthe*. Ces remèdes, vendus par les colporteurs dans les campagnes,
sont presque tous falsifiés, et ne produisent ordinairement aucun des effets qu'on en attend. Il faut en
faire sa provision chez un pharmacien auquel on aie
confiance.

Extraits. Ils ont aussi la même consistance, ou à
peu près. On doit les prendre chez les pharmaciens.
Nous nous en servons dans les différents cas indiqués par nos formules. Les extraits que nous indi-
quons le plus fréquemment, sont les extraits de
genièvre, d'*anémone des prés*, de *datura stramo-
nium*, etc.

Billots. Nouets. Médicaments que l'on suspend
dans la bouche, pour exciter la salivation, et dégorger les tuyaux capillaires de la cavité glossale. On
prend les substances qui doivent les composer ; on les
enveloppe dans un linge que l'on attache autour
d'un morceau de bois. On passe ce morceau de bois
dans la bouche de l'animal, et on l'assujettit par
une tétière de corde au-dessus de ses oreilles. On
l'y laisse tout le temps qui n'est pas destiné au
repas.

Poudres. On les mêle ordinairement avec un extrait ou avec du miel, pour en faire un bol. Il serait
difficile d'administrer des médicaments aux animaux
sous forme pulvérulente.

Médicaments liquides à l'intérieur.

Boisson. C'est un liquide dont l'animal peut s'a-
breuver lui-même et sans répugnance. Sa base ordinaire est l'eau, mais on y mêle souvent, suivant
les circonstances, diverses substances qui doivent

toutes être de nature à ne pas rebuter l'animal. On met la boisson devant lui, dans un baquet, et il s'en abreuve à volonté.

Breuvage. Potion. C'est un liquide médicamenteux dont le goût et l'odeur répugnent à l'animal, et qu'on est obligé de lui faire engloutir par force.

On fait avaler les breuvages au cheval, par le moyen d'un mors, portant à une de ses extrémités un entonnoir, dans lequel on verse la liqueur, et percé, dans son intérieur, d'un canal par lequel elle est portée dans la bouche.

Au défaut de cet instrument très commode, on élève la tête de l'animal, on la fixe par le moyen d'une corde qui passe dans une poulie élevée, et on verse le liquide dans la bouche de l'animal, avec une corne de bœuf percée, ou avec une bouteille. Cette méthode est moins commode.

Pour faire avaler un breuvage à un bœuf, il faut être deux hommes. Le premier se place à côté de l'épaule gauche de l'animal, saisit la corne gauche de la main gauche, place l'index et le doigt du milieu de la main droite dans les naseaux de l'animal, et appuie le pouce sur le mufle. Dans cette position, il pèse sur la corne qu'il tient, et renverse ainsi la tête de l'animal qu'il appuie contre son ventre. Le second se place du côté droit de l'animal, lui tire la langue hors de la bouche, et lui verse, de l'autre main, le liquide dans cette cavité.

On donne les breuvages aux moutons, en les saisissant entre les jambes, en élevant leur tête, et en versant peu à peu le liquide dans la bouche. Si on le versait en trop grande quantité, ou risquerait de les étouffer.

On renverse les cochons sur le flanc, on les assujettit en leur mettant le genou sur les côtes ; on profite ensuite des moments qu'ils crient pour leur verser le liquide dans la bouche. S'ils ne crient pas, on leur entr'ouvre les commissures, et on y verse le breuvage.

Les chiens n'exigent le plus souvent que les moyens prescrits pour les moutons, surtout si c'est leur maître qui leur présente le breuvage. Mais, d'autres fois aussi, il se défendent, et peuvent être dangereux : alors on les musèle, en ayant soin de placer entre leurs dents mâchelières un bâton qui tienne la bouche entr'ouverte, et c'est par cette ouverture qu'on verse les breuvages.

Les chats sont extrêmement difficiles, s'ils ne sont très abattus par la maladie. On leur injecte le breuvage avec une seringue par les commissures.

On ne doit introduire que peu à peu les liquides dans la bouche des animaux, et seulement quand ils ont avalé la dose qu'on leur a versée précédemment. Cette loi qui est moins stricte à l'égard des bêtes à cornes qui avalent facilement, est de rigueur pour les autres espèces.

Eaux, Esprits, Teintures. On les prend tout préparés chez le pharmacien.

Huile. On s'en sert dans différents cas chez les animaux. Outre l'huile d'olives, nous employons aussi l'huile de ricin, qui est un purgatif doux, très propre aux jeunes animaux.

Infusions. On met les espèces que l'on veut faire infuser dans un vase ; on verse dessus de l'eau bouillante ; on les bouche bien, et l'on fait prendre ce breuvage quand la température est convenable. Toutes les substances dont les principes sont très volatils, fugaces, sujets à se perdre par la décoction, sont traités de cette manière.

Décoctions. On met les espèces dans un vase avec dé l'eau froide, ou un autre liquide indiqué, et on les y fait bouillir. On coule ensuite à travers un linge, et on administre.

Macérations. On met la substance dans un vase avec un liquide froid, et on l'y laisse un espace de temps plus ou moins long, et suffisant pour que le liquide se charge des principes de la substance. On coule ensuite, et on administre.

Injection, Gargarisme, Lavement. C'est un liquide que l'on doit injecter dans une cavité, soit naturelle, soit accidentelle, de l'animal. On se sert, à cet effet, d'une seringue proportionnée au volume de la cavité.

Médicaments solides à l'extérieur.

Cataplasme. Médicament d'une consistance de bouillie, que l'on applique à l'extérieur. On fait bouillir les substances qui doivent le composer dans un liquide, et on les applique sur la partie malade. L'emploi des cataplasmes n'est pas facile dans la médecine vétérinaire ; il est bien peu de parties sur lesquelles on puisse les retenir par un bandage solide. Le plus souvent nous avons cherché à y suppléer, et nous ne les avons indiqués que quand leur emploi ne présentait pas de difficulté.

Charge, Céroène. Mélanges de substances résineuses, spiritueuses, etc., que l'on fait fondre sur le feu, et que l'on applique plus ou moins chauds sur les parties malades.

Emplâtre. Médicament que l'on étend sur un linge, ou sur de la peau, et que l'on applique ensuite sur la partie malade, où il s'agglutine.

Liniments, Embrocations, Frictions. Médicaments d'une consistance moyenne et huileuse que l'on applique sur une partie affectée, par le moyen d'une friction.

Si l'on ne fait que l'étendre légèrement et sans frotter, il prend le nom d'*Onction*.

Onguents. Médicaments sous forme graisseuse, que l'on étend sur la partie malade, où ils se maintiennent seuls. Il sont, en cela, plus commodes que les cataplasmes, quoique, d'ailleurs, ils ne soient pas sans inconvénients réels. Mais l'on doit calculer aussi sur les soins extraordinaires, et la dépense en bandage, que les cataplasmes ne manquent pas d'occasionner.

Pierre. On connaît sous ce nom une substance dure et caustique : la pierre infernale (nitrate d'argent).

Troschiques. Médicaments secs, destinés à être introduits entre cuir et chair, par le moyen d'une incision pratiquée aux téguments. On se sert souvent, pour cet effet, dans la médecine vétérinaire, de la racine d'*ellébore*.

Médicaments liquides à l'extérieur.

Collyres. Médicaments propres à être introduits dans les yeux. Les poudres soufflées dans les yeux des animaux, les rendent farouches, indomptables; on ne doit jamais se servir de ce moyen, mais employer les collyres ou les onguents ophthalmiques.

Douche. On fait tomber de haut, sur une partie du corps de l'animal, un liquide préparé à cet effet.

Injections. On se sert des injections à l'extérieur pour les plaies sinueuses, fistuleuses, dont on veut opérer la détersion. On les pousse avec une seringue dite *à injection*.

Lotion. Médicament liquide dont on imbibe une éponge, avec laquelle on lave ou on étuve la partie malade.

Bain. Liquide dans lequel on fait entrer l'animal, qui doit y rester un temps plus ou moins long. Si c'est seulement une partie de l'animal qui doive être baignée, on ne met que cette partie en contact avec le liquide ; le bain est alors local. On ne peut employer les bains locaux qu'aux extrémités ; autrement on est obligé de les administrer sous forme de douche ou de lotion.

Enfin, il me resterait à parler des *Fumigations*, qui n'appartiennent à aucune des divisions ci-dessus. Ce sont des substances que l'on brûle sur un brasier dont on dirige la fumée sur une partie indiquée. Dans beaucoup de cas, on pratique les fumigations sous le ventre, et alors on enveloppe l'animal avec des couvertures qui tombent jusqu'à terre, pour que la vapeur ne s'échappe pas, mais on a soin de faire sortir la tête.

Si la fumigation doit porter ses effets sur une partie interne, sur le poumon, par exemple, on enveloppe la tête avec des couvertures, et on place le réchaud sous la tête de l'animal. On a soin de temps en temps de donner de l'air, pour que l'animal puisse respirer.

DES VICES RÉDHIBITOIRES.

Art. 1er. — Sont réputés vices rédhibitoires et donneront seuls ouverture à l'action résultant de l'art. 1641 du Code Napoléon, dans les ventes ou échanges des animaux domestiques ci-dessous dénommés, sans distinction des localités où les ventes et échanges auront lieu, les maladies ou défauts ci-après, savoir :

Pour le cheval, l'âne ou le mulet : La fluxion périodique des yeux, l'épilepsie ou le mal caduc, la morve, le farcin, les maladies anciennes de poitrine ou vieilles courbatures, l'immobilité, la pousse, le cornage chronique, le tic sans usure des dents, les hernies inguinales intermittentes, la boiterie intermittente pour cause de vieux mal.

Pour l'espèce bovine : La phthisie pulmonaire ou pommelière, l'épilepsie ou mal caduc ; les suites de la non délivrance ; le renversement du vagin ou de l'utérus, après le part chez le vendeur.

Pour l'espèce ovine : La clavelée ; cette maladie reconnue chez un seul animal entraînera la rédhibition de tout le troupeau. — La rédhibition n'aura lieu que si le troupeau porte la marque du vendeur. — Le sang de rate : cette maladie n'entraînera la rédhibition du troupeau qu'autant que, dans le délai de la garantie, sa perte constatée s'élèvera au quinzième au moins des animaux achetés. Dans ce dernier cas, la rédhibition n'aura lieu également que si le troupeau porte la marque du vendeur.

Art. 2. —. L'action en réduction du prix, autorisée par l'art. 1644 du Code Napoléon, ne pourra être exercée dans les ventes et échanges d'animaux énoncés dans l'article 1ᵉʳ ci-dessus.

Aʀᴛ. 3. — Le délai pour intenter l'action rédhibitoire sera, non compris le jour fixé pour la livraison, de trente jours pour les cas de fluxion périodique des yeux et l'épilepsie ou mal caduc; de neuf jours pour tous les autres cas.

Aʀᴛ. 4. — Si la livraison de l'animal a été effectuée, ou s'il a été conduit dans les délais ci-dessus, hors du domicile du vendeur; les délais seront augmentés d'un jour par cinq myriamètres de distance, du domicile du vendeur au lieu où l'animal se trouve.

Aʀᴛ. 5. — Dans tous les cas, l'acheteur, à peine d'être non recevable, sera tenu de provoquer, dans les délais de l'article 3, la nomination d'experts chargés de dresser procès-verbal; la requête sera présentée au juge de paix du lieu où se trouve l'animal; ce juge nommera immédiatement, suivant l'exigence du cas, un ou trois experts, qui devront opérer dans le plus bref délai.

Aʀᴛ. 6. — La demande sera dispensée du préliminaire de conciliation, et l'affaire instruite et jugée comme matière sommaire,

Aʀᴛ. 7. — Si pendant la durée des délais fixés par l'art. 3, l'animal vient à périr, le vendeur ne sera pas tenu de la garantie, à moins que l'acheteur ne prouve que la perte de l'animal provient de l'une des maladies spécifiées dans l'art. 1ᵉʳ.

Aʀᴛ. 8. — Le vendeur sera dispensé de la garantie résultant de la morve et du farcin pour le cheval, l'âne ou le mulet et de la clavelée pour l'espèce ovine, s'il prouve que l'animal, depuis la livraison, a été mis en contact avec des animaux atteints de ces maladies.

Vente d'un cheval à l'essai.

Enregistrement 2 fr. p. 100.

Les soussignés (*nom, prénoms et profession*), demeurant à Mons, d'une part ;

Et (*nom, prénons et profession*), demeurant à Nimy, d'autre part ;

Ont fait la convention suivante :

M. (*nom*) vend, par ces présentes, à M. (*nom*) qui accepte,

Un cheval hongre âgé de cinq ans, taille d'un mètre 60 centimètres, sous robe bai brun, crins gris, pelote en tête, balzane postérieure hors du montoir, moyennant la somme de sept cents francs que l'acquéreur s'oblige à payer au domicile du vendeur à l'expiration du délai d'essai ci-après stipulé.

Cette vente est faite à l'essai et sous la condition expresse que M. (*nom*) se réserve d'éprouver l'animal qui en fait l'objet pendant l'espace de vingt jours à partir de ce jour ; et dans le cas où il ne lui conviendrait pas, il pourra le rendre à M. (*nom*) qui s'oblige à le reprendre, pourvu que la restitution soit faite avant l'expiration du délai fixé, et qu'il ne soit ni endommagé, ni détérioré par le fait de l'acquéreur.

Le délai ci-dessus stipulé étant de rigueur, la vente deviendra définitive après son expiration; sous la réserve que fait l'acquéreur d'intenter après ce délai, le cas échéant, son action en garantie résultant des dispositions de la loi du 20 mai 1838, sur les vices rédhibitoires.

Fait double à Mons, le cinq juillet mil huit cent soixante-six.

(Signatures.)

Formules relatives à la constatation des vices rédhibitoires.

FLUXION PÉRIODIQUE.

Requête.

Exemple d'enregistrement.

A Monsieur le juge de paix du canton de Maubeuge, arrondissement d'Avesnes, département du Nord.

Le sieur Philippe Hardy, propriétaire, demeurant à Cerfontaine, a l'honneur de vous exposer :

Que le quinze juillet du présent mois, sur le champ de foire de Maubeuge, il a acheté du sieur Célestin Dubois, cultivateur, demeurant à Beaufort, un cheval âgé de six ans, taille d'un mètre soixante centimètres, sous poil gris, moyennant la somme de sept cent cinquante francs ;

Que cet animal paraissant atteint d'un vice rédhibitoire, désigné sous le nom de fluxion périodique, il vous prie, Monsieur le juge de paix, de nommer un médecin-vétérinaire, à l'effet de procéder à la visite de ce cheval et constater s'il est atteint de fluxion périodique ou de tout autre vice rédhibitoire; ordonner aussi qu'en cas de mort de l'animal, le même expert puisse en faire l'ouverture et reconnaître les causes.

Et vous ferez justice.

Fait à Cerfontaine, le vingt-sept juillet mil huit cent soixante-six.

(*Signature.*)

Déclaration à donner par le vendeur dans le cas où l'acheteur désire prolonger le délai de la garantie.

Je, soussigné, reconnais avoir reçu du sieur Marcelin Servin, propriétaire, demeurant à Flavion, la somme de six cent cinquante francs, pour le prix d'un cheval, sous poil blanc moucheté, que je lui ai vendu ce jour, déclarant par la présente reculer les délais fixés par la loi sur les vices rédhibitoires, de vingt jours pour tous les cas spécifiés par cette loi.

Fait à Maubeuge, le vingt juin mil huit cent soixante-six.

(*Signature du vendeur.*)

Déclaration par le vendeur, lorsque l'acheteur désire rencontrer certaines qualités chez le cheval ou la vache.

Je, soussigné, reconnais avoir reçu du sieur Julien Latour, propriétaire à Bousset, commune de Morialmé, avec garantie que cet animal n'est âgé que de quatre ans, et qu'il est sain et net, et propre au service de trait (si c'est une vache, qu'elle donne vingt litres de lait par jour; on peut transcrire la clause que l'on voudra); m'engageant à reprendre cet animal, si, dans le délai de huit jours, les qualités garanties, indépendamment des vices rédhibitoires, n'existaient pas.

Fait à Bousset, le quinze mai mil huit cent soixante-six.

(*Signature du vendeur.*)

TABLE DES MATIÈRES

PREMIÈRE PARTIE.
Le cheval.

DEUXIÈME PARTIE.

Races bovines.

TROISIÈME PARTIE.

Maladies des bêtes à laine.

QUATRIÈME PARTIE.

Maladies du porc.

CINQUIÈME PARTIE.

Maladies des chiens.

SIXIÈME PARTIE.

Maladies de la poule, de l'oie et du pigeon. — — Avantages de l'élévation des poules. — De — l'éducation de la volaille.

Maladies de la poule.

Maladies de l'oie.

Maladies du pigeon.

SEPTIÈME PARTIE.

Dijon. — Imprimerie J. E. Rabutôt.

INDICATION DES VEINES OÙ L'ON SAIGNE LE BŒUF.

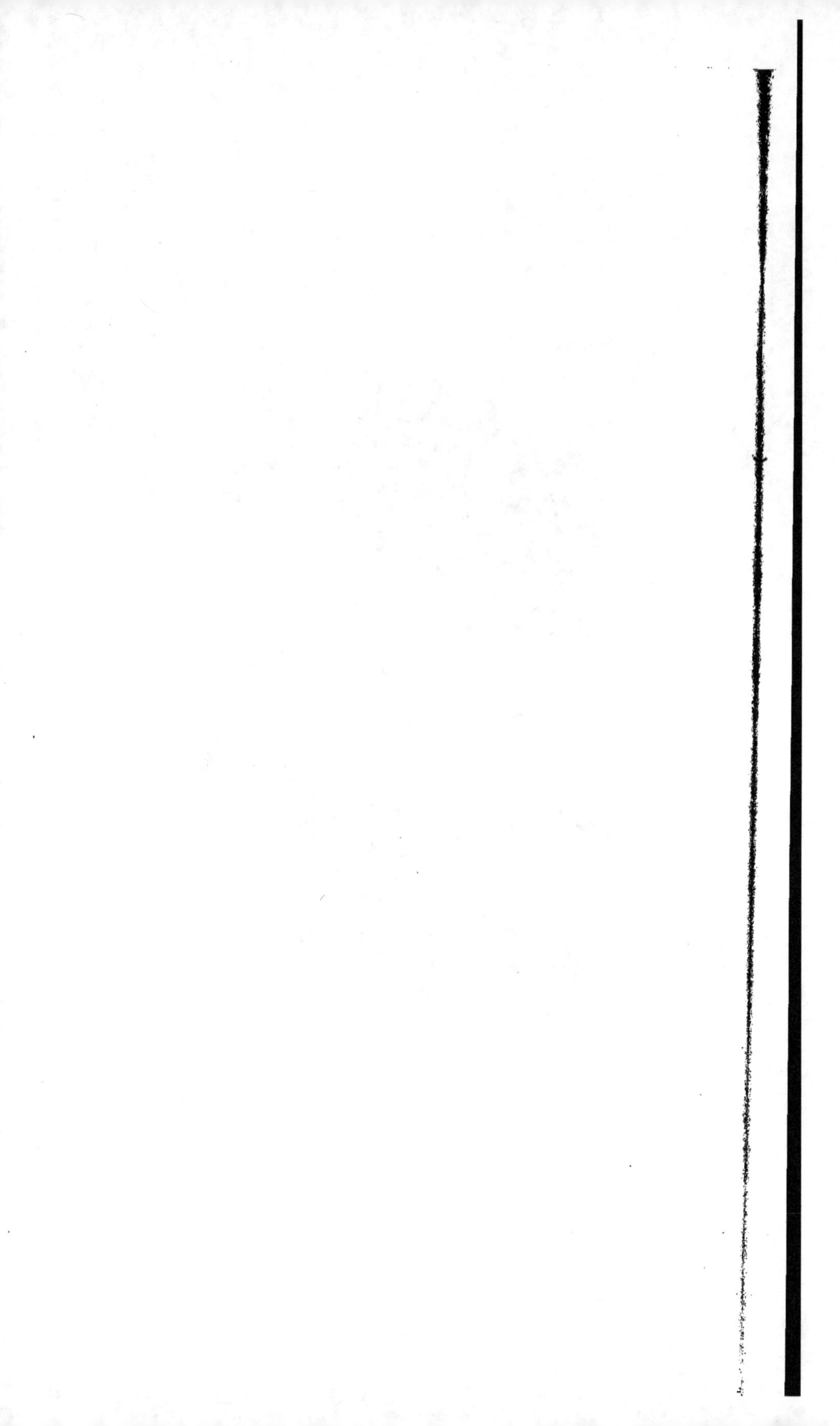

COQUELICOT.

BAIES DE LAURIER

RACINES ET FEUILLES FRAICHES DE CABARET.

GRANDE GENTIANE.

DOUCE AMÈRE.

TANAISIE (Herbe aux vers).

www.ingramcontent.com/pod-product-compliance
Lightning Source LLC
LaVergne TN
LVHW011221170726
843501LV00002B/323